全国高等农林院校研究生教材

超微细胞化学的原理与技术

周竹青 编著

科学出版社

北京

内 容 简 介

　　本书是在华中农业大学研究生课程"生物电镜技术与超微细胞化学"和生物学国家理科基地班课程"细胞化学"讲义的基础上编写而成的。全书分为上、下两篇，共10章。上篇系统介绍了超微细胞化学的常用仪器和样品制备技术，包括透射电子显微镜、扫描电子显微镜、扫描隧道显微镜、原子力显微镜和激光共聚焦显微镜等的工作原理和样品制备技术；另外，还对分析电镜技术、冷冻电镜技术、冷冻电镜三维重构技术等作了简单说明。下篇详细介绍了超微细胞化学的原理和技术，同时举例说明了相应技术在农业和生命科学研究中的应用，主要包括生物大分子及离子的常规定位技术、免疫电镜细胞化学技术、电镜放射自显影技术、显微细胞化学概述、超微和显微细胞化学在分子生物学中的应用等内容。

　　本书既可作为农林院校、医学院校和综合性大学研究生生物技术相关课程的教材，也可作为相关专业本科生细胞生物学等课程的参考书，同时还可作为农学、生物学科教师、科研人员及研究生的参考用书。

图书在版编目（CIP）数据

超微细胞化学的原理与技术/周竹青编著.—北京：科学出版社，2011.3
（全国高等农林院校研究生教材）
ISBN 978-7-03-030307-3

Ⅰ.①超… Ⅱ.①周… Ⅲ.①细胞学：生物化学-研究生-教材
Ⅳ.①Q26

中国版本图书馆 CIP 数据核字（2011）第 023099 号

责任编辑：丛　楠　刘　晶／责任校对：李　影
责任印制：张　伟／封面设计：北极光视界

科学出版社 出版
北京东黄城根北街 16 号
邮政编码：100717
http://www.sciencep.com

北京凌奇印刷有限责任公司 印刷
科学出版社发行　各地新华书店经销

*

2011年3月第　一　版　开本：787×1092　1/16
2023年4月第二次印刷　印张：16
字数：370 000

定价：69.80元
（如有印装质量问题，我社负责调换）

编著人员名单

主　　编　周竹青

参编人员（按姓氏笔画排序）

　　成祥旭　阳超男　张　楠　姜　珍　樊海燕

前　言

随着细胞生物学和分子生物学等学科的迅速发展及相互渗透，细胞生物学研究的新技术、新方法不断涌现，推动着生命科学研究的迅速发展。超微细胞化学作为细胞生物学的重要技术，能把细胞超微结构及其原位发生的生化反应有机地结合起来进行研究，以揭示细胞超微结构及其功能之间的内在联系，是一门生物学、化学和物理学的交叉学科。掌握超微细胞化学的原理和技术，对于从事生命科学基础和应用研究是十分必要的。随着后基因组时代的来临，对生物大分子的精细结构和相关功能进行系统研究成为必然趋势。利用超微细胞化学的一系列新技术、新方法，能使研究者借助生物电子显微技术在原位显示生物大分子分布情况，从而进行定性、定位和定量的分析，还能进一步分析其超微结构和功能，进而解释生命现象的本质。

自20世纪80年代以来，华中农业大学一直面向全校研究生开设"生物电镜技术"课程，重点介绍电子显微镜原理、操作和维护及细胞的超微结构。因其内容较全面、技术实用性较强，受到一致好评。为了适应生命科学的迅速发展，满足研究生教学和科研需要，我们对讲义进行了不断的修改，在延续原来教学内容的基础上，把重心放在生物电镜在生命科学中的应用方面，编撰成书。希望本书能成为一本完整介绍超微细胞化学原理与技术的教材。

全书共分为两篇。上篇系统介绍超微细胞化学的常用仪器和样品制备技术，包括透射电子显微镜和扫描电子显微镜的结构原理及样品制备，新兴的电子显微技术，扫描隧道显微镜、原子力显微镜、激光共聚焦显微镜的结构原理和在生命科学中的应用等。下篇重点介绍生物大分子（蛋白质、核酸、复合糖、脂类）及离子（阳离子、阴离子等）的常规细胞化学定位技术、超微免疫电镜细胞化学技术、电镜放射自显影技术和超微细胞化学在分子生物学中的应用等内容。另外，对显微细胞化学的原理和技术也作了简单介绍。本书的特色在于将理论教学与科研实际结合，有可操作性；介绍了最新的技术和方法，有前瞻性；直接服务于研究生的教学和科学研究，有适用性。书中附有大量图表和照片，使本书图文并茂，能加深读者的感性认识。附录中主要归纳了一些常用的试剂配方，以便于查阅。

本书编写过程中得到"华中农业大学研究生公共基础课程教学用书项目"和"华中农业大学研究生教育创新工程项目"资助，同时得到华中农业大学研究生处和生命科学技术学院相关领导及同仁的鼎力支持，在此致以真诚谢意。本书在编写过程中参考了国内外一些生物电子显微镜技术方面的书籍和文献，并引用了部分文献和照片，在此对原作者表示衷心感谢。本实验室毕业研究生王利凯、宋学芳、邓祥宜和李继伟提供了部分科研照片；研究生徐永向、刘阳、郭月静、杨文丽、徐秋涛为本书的编撰做了部分工作。同时感谢科学出版社编辑对此书出版所付出的辛勤劳动。

  由于本书首次出版，加上编者水平有限，难免存在许多不足，敬请同行专家批评指正，我们将在今后的教学和科研中不断补充和完善。

编　者
华中农业大学生命科学技术学院
2010 年 10 月 8 日于武昌南湖

目　　录

前言

上篇　超微细胞化学的常用仪器和样品制备技术

第一章　绪论 ⋯⋯⋯⋯⋯⋯⋯⋯⋯⋯⋯⋯⋯⋯⋯⋯⋯⋯⋯⋯⋯⋯⋯⋯⋯⋯⋯⋯⋯⋯⋯⋯ 3
 第一节　细胞化学的定义和发展 ⋯⋯⋯⋯⋯⋯⋯⋯⋯⋯⋯⋯⋯⋯⋯⋯⋯⋯⋯⋯⋯ 3
  一、细胞化学的定义 ⋯⋯⋯⋯⋯⋯⋯⋯⋯⋯⋯⋯⋯⋯⋯⋯⋯⋯⋯⋯⋯⋯⋯⋯⋯ 3
  二、细胞化学的发展 ⋯⋯⋯⋯⋯⋯⋯⋯⋯⋯⋯⋯⋯⋯⋯⋯⋯⋯⋯⋯⋯⋯⋯⋯⋯ 3
 第二节　超微细胞化学的研究内容 ⋯⋯⋯⋯⋯⋯⋯⋯⋯⋯⋯⋯⋯⋯⋯⋯⋯⋯⋯⋯ 4
  一、生物超微结构的定义 ⋯⋯⋯⋯⋯⋯⋯⋯⋯⋯⋯⋯⋯⋯⋯⋯⋯⋯⋯⋯⋯⋯⋯ 4
  二、超微细胞化学的定义 ⋯⋯⋯⋯⋯⋯⋯⋯⋯⋯⋯⋯⋯⋯⋯⋯⋯⋯⋯⋯⋯⋯⋯ 5
  三、超微细胞化学的研究内容 ⋯⋯⋯⋯⋯⋯⋯⋯⋯⋯⋯⋯⋯⋯⋯⋯⋯⋯⋯⋯⋯ 5
 第三节　超微细胞化学在生命科学研究中的应用 ⋯⋯⋯⋯⋯⋯⋯⋯⋯⋯⋯⋯⋯⋯ 6
  一、生物科学 ⋯⋯⋯⋯⋯⋯⋯⋯⋯⋯⋯⋯⋯⋯⋯⋯⋯⋯⋯⋯⋯⋯⋯⋯⋯⋯⋯⋯ 6
  二、农林科学 ⋯⋯⋯⋯⋯⋯⋯⋯⋯⋯⋯⋯⋯⋯⋯⋯⋯⋯⋯⋯⋯⋯⋯⋯⋯⋯⋯⋯ 6
  三、医学科学 ⋯⋯⋯⋯⋯⋯⋯⋯⋯⋯⋯⋯⋯⋯⋯⋯⋯⋯⋯⋯⋯⋯⋯⋯⋯⋯⋯⋯ 6

第二章　透射电子显微镜的结构原理和样品制备技术 ⋯⋯⋯⋯⋯⋯⋯⋯⋯⋯⋯⋯⋯ 7
 第一节　透射电子显微镜的发展过程 ⋯⋯⋯⋯⋯⋯⋯⋯⋯⋯⋯⋯⋯⋯⋯⋯⋯⋯⋯ 7
  一、从光学显微术到电子显微术 ⋯⋯⋯⋯⋯⋯⋯⋯⋯⋯⋯⋯⋯⋯⋯⋯⋯⋯⋯⋯ 7
  二、电子显微镜发展简史 ⋯⋯⋯⋯⋯⋯⋯⋯⋯⋯⋯⋯⋯⋯⋯⋯⋯⋯⋯⋯⋯⋯⋯ 8
  三、电子显微镜的分类 ⋯⋯⋯⋯⋯⋯⋯⋯⋯⋯⋯⋯⋯⋯⋯⋯⋯⋯⋯⋯⋯⋯⋯⋯ 10
  四、电镜技术发展概况 ⋯⋯⋯⋯⋯⋯⋯⋯⋯⋯⋯⋯⋯⋯⋯⋯⋯⋯⋯⋯⋯⋯⋯⋯ 11
 第二节　透射电子显微镜的结构原理 ⋯⋯⋯⋯⋯⋯⋯⋯⋯⋯⋯⋯⋯⋯⋯⋯⋯⋯⋯ 12
  一、透射电子显微镜的成像原理 ⋯⋯⋯⋯⋯⋯⋯⋯⋯⋯⋯⋯⋯⋯⋯⋯⋯⋯⋯⋯ 12
  二、提高生物样品反差的方法 ⋯⋯⋯⋯⋯⋯⋯⋯⋯⋯⋯⋯⋯⋯⋯⋯⋯⋯⋯⋯⋯ 17
  三、透射电子显微镜的结构 ⋯⋯⋯⋯⋯⋯⋯⋯⋯⋯⋯⋯⋯⋯⋯⋯⋯⋯⋯⋯⋯⋯ 18
 第三节　透射电子显微镜样品制备与观察 ⋯⋯⋯⋯⋯⋯⋯⋯⋯⋯⋯⋯⋯⋯⋯⋯⋯ 23
  一、取样 ⋯⋯⋯⋯⋯⋯⋯⋯⋯⋯⋯⋯⋯⋯⋯⋯⋯⋯⋯⋯⋯⋯⋯⋯⋯⋯⋯⋯⋯⋯ 23
  二、固定 ⋯⋯⋯⋯⋯⋯⋯⋯⋯⋯⋯⋯⋯⋯⋯⋯⋯⋯⋯⋯⋯⋯⋯⋯⋯⋯⋯⋯⋯⋯ 24
  三、脱水 ⋯⋯⋯⋯⋯⋯⋯⋯⋯⋯⋯⋯⋯⋯⋯⋯⋯⋯⋯⋯⋯⋯⋯⋯⋯⋯⋯⋯⋯⋯ 27
  四、渗透 ⋯⋯⋯⋯⋯⋯⋯⋯⋯⋯⋯⋯⋯⋯⋯⋯⋯⋯⋯⋯⋯⋯⋯⋯⋯⋯⋯⋯⋯⋯ 28
  五、包埋 ⋯⋯⋯⋯⋯⋯⋯⋯⋯⋯⋯⋯⋯⋯⋯⋯⋯⋯⋯⋯⋯⋯⋯⋯⋯⋯⋯⋯⋯⋯ 28
  六、切片 ⋯⋯⋯⋯⋯⋯⋯⋯⋯⋯⋯⋯⋯⋯⋯⋯⋯⋯⋯⋯⋯⋯⋯⋯⋯⋯⋯⋯⋯⋯ 33
  七、电子染色 ⋯⋯⋯⋯⋯⋯⋯⋯⋯⋯⋯⋯⋯⋯⋯⋯⋯⋯⋯⋯⋯⋯⋯⋯⋯⋯⋯⋯ 40
  八、透射电镜观察 ⋯⋯⋯⋯⋯⋯⋯⋯⋯⋯⋯⋯⋯⋯⋯⋯⋯⋯⋯⋯⋯⋯⋯⋯⋯⋯ 43

第三章 扫描电子显微镜的结构原理和样品制备技术 ········ 44
第一节 扫描电子显微镜的结构原理 ········ 44
一、扫描电子显微镜的原理 ········ 44
二、扫描电子显微镜的结构 ········ 45
第二节 扫描电子显微镜样品的制备 ········ 48
一、常规制样方法 ········ 48
二、直接观察样品的制备方法 ········ 53
第三节 环境扫描电镜技术简介 ········ 55
一、环境扫描电镜概述 ········ 55
二、环境扫描电镜结构特点 ········ 55
三、环境扫描电镜在生命科学中的应用 ········ 56

第四章 新型的电子显微技术 ········ 58
第一节 分析电子显微镜技术 ········ 58
一、分析电子显微镜概述 ········ 58
二、分析电子显微镜 X 射线显微化学原理 ········ 60
三、分析电子显微镜样品制备步骤 ········ 61
四、分析电子显微镜的应用 ········ 62
第二节 冷冻电子显微镜技术 ········ 62
一、生物样品的快速冷冻 ········ 63
二、冷冻固定方法简介 ········ 63
三、冷冻置换 ········ 65
四、冷冻超薄切片技术 ········ 67
五、冷冻断裂和蚀刻技术 ········ 71
第三节 冷冻电子显微镜三维重构技术 ········ 73
一、冷冻电子显微镜三维重构技术发展过程 ········ 73
二、冷冻电子显微镜三维重构原理 ········ 75
三、几种常用的电子显微镜三维重构技术及其应用 ········ 76

第五章 其他相关仪器的结构原理和应用 ········ 81
第一节 扫描隧道显微镜 ········ 81
一、扫描隧道显微镜结构原理 ········ 81
二、扫描隧道显微镜的生物样品制备 ········ 82
三、扫描隧道显微镜在生命科学中的应用 ········ 83
第二节 原子力显微镜 ········ 85
一、原子力显微镜工作原理 ········ 85
二、原子力显微镜样品的制备 ········ 87
三、原子力显微镜在生命科学中的应用 ········ 88
第三节 激光共聚焦显微镜 ········ 91
一、激光共聚焦显微镜成像原理 ········ 91
二、激光共聚焦显微镜基本特征 ········ 92

三、激光扫描共聚焦显微镜图像模式 …………………………………… 92
四、标本制备和图像采集 …………………………………………………… 94
五、激光共聚焦显微镜在生命科学中的应用 …………………………… 96

下篇　超微细胞化学的原理和技术

第六章　生物大分子及离子的常规超微细胞化学技术 ………………………… 105
第一节　蛋白质超微细胞化学定位 ……………………………………………… 105
一、结构蛋白的定位技术 …………………………………………………… 105
二、功能蛋白——生物酶的定位原理和方法 …………………………… 106
第二节　主要生物酶的超微细胞化学定位 …………………………………… 112
一、水解酶 …………………………………………………………………… 112
二、氧化还原酶 ……………………………………………………………… 116
三、其他酶类 ………………………………………………………………… 119
四、细胞中一些重要细胞器的标志酶定位 ……………………………… 121
第三节　核酸的超微细胞化学技术 ……………………………………………… 123
一、乙酸双氧铀染色法 ……………………………………………………… 123
二、孚尔根-六亚甲四胺银染色法 ………………………………………… 123
三、孚尔根-席夫-乙醇铊染色法 …………………………………………… 124
四、乙酸双氧铀-EDTA染色法 …………………………………………… 124
五、核酸酶抽提定位法 ……………………………………………………… 125
第四节　糖类的超微细胞化学技术 ……………………………………………… 126
一、过碘酸氧化法 …………………………………………………………… 126
二、静电结合法 ……………………………………………………………… 127
三、凝集素显示细胞中糖类 ………………………………………………… 129
四、淀粉酶消化法检测糖原 ………………………………………………… 130
第五节　脂类的电镜细胞化学技术 ……………………………………………… 130
一、保存脂类的包埋剂 ……………………………………………………… 130
二、保存胆固醇的毛地黄皂苷法 …………………………………………… 130
三、保存磷脂的铁氰化钾法 ………………………………………………… 131
第六节　细胞中相关离子定位技术 ……………………………………………… 131
一、阳离子的超微细胞化学定位 …………………………………………… 131
二、阴离子的超微细胞化学定位 …………………………………………… 133
三、自由基的超微细胞化学定位 …………………………………………… 133
第七章　免疫电镜细胞化学技术 ………………………………………………… 136
第一节　免疫电镜细胞化学原理 ………………………………………………… 136
一、免疫电镜细胞化学发展过程 …………………………………………… 136
二、免疫电镜细胞化学相关概念 …………………………………………… 136
三、免疫电镜细胞化学原理 ………………………………………………… 139
第二节　免疫电镜细胞化学制样方法 …………………………………………… 142

一、样品的前期处理 ………………………………………… 142
　　二、样品包埋 ………………………………………………… 143
第三节　胶体金标记免疫电镜技术 ………………………………… 145
　　一、胶体金的性质 …………………………………………… 145
　　二、胶体金的制备 …………………………………………… 146
　　三、蛋白质-胶体金的制备 …………………………………… 148
　　四、胶体金标记免疫电镜制样 ……………………………… 151
第四节　酶标记免疫电镜技术 ……………………………………… 155
　　一、酶标记抗体方法 ………………………………………… 155
　　二、酶标记免疫电镜技术制样举例 ………………………… 157
第五节　铁蛋白标记免疫电镜技术 ………………………………… 157
　　一、铁蛋白制备 ……………………………………………… 157
　　二、铁蛋白和抗体的结合 …………………………………… 158
　　三、铁蛋白标记抗体的纯化 ………………………………… 159
　　四、铁蛋白标记抗体的应用 ………………………………… 159
第六节　其他免疫电镜技术和发展 ………………………………… 160
　　一、冷冻超薄切片免疫电镜技术 …………………………… 160
　　二、冷冻蚀刻免疫电镜技术 ………………………………… 162
　　三、扫描免疫电镜技术 ……………………………………… 163
　　四、免疫细胞化学与图像分析简介 ………………………… 165

第八章　电镜放射自显影技术 ……………………………………… 167
第一节　电镜放射自显影技术的原理 ……………………………… 167
　　一、放射性同位素 …………………………………………… 167
　　二、核射线 …………………………………………………… 167
　　三、核乳胶 …………………………………………………… 168
　　四、有关参数 ………………………………………………… 168
　　五、电镜放射自显影基本原理 ……………………………… 169
第二节　电镜放射自显影的样品制备 ……………………………… 170
　　一、放射自显影样品制备过程和电镜观察 ………………… 170
　　二、图像的分析 ……………………………………………… 176
　　三、放射性防护 ……………………………………………… 177
第三节　电镜放射自显影技术在生命科学中的应用 ……………… 178

第九章　显微细胞化学概述 ………………………………………… 180
第一节　常规细胞化学技术 ………………………………………… 180
　　一、核酸的细胞定位 ………………………………………… 181
　　二、蛋白质的细胞定位 ……………………………………… 182
　　三、碳水化合物的细胞定位 ………………………………… 183
　　四、脂类的细胞定位 ………………………………………… 184
　　五、无机物质的细胞定位 …………………………………… 185

第二节　酶细胞化学 187
　　一、过氧化物酶 187
　　二、细胞色素氧化酶 188
　　三、琥珀酸脱氢酶 188
　　四、碱性磷酸酶 189
　　五、酸性磷酸酶 189
　　六、三磷酸腺苷酶 190
第三节　免疫细胞化学技术 190
　　一、免疫胶体金细胞化学 190
　　二、免疫胶体铁细胞化学 193
　　三、免疫酶细胞化学 193
　　四、免疫荧光细胞化学 195

第十章　超微和显微细胞化学在分子生物学中的应用 198
第一节　生物大分子展层技术 198
　　一、蛋白质大分子展层和电镜观察 198
　　二、核酸大分子展层和电镜观察 200
第二节　DNA 及 DNA 结合蛋白的电子显微术 202
　　一、扫描电镜和扫描透射电镜下的 DNA 及 DNA 结合蛋白成像 202
　　二、透射电镜下的 DNA 及 DNA 结合蛋白成像 203
第三节　核酸和核蛋白复合物的快速印迹法 203
　　一、电镜载网的制备 203
　　二、样品制备及电泳 203
　　三、核蛋白复合物转移固定到载网上 204
　　四、载网旋转金属投影及电镜成像 204
第四节　电镜原位核酸分子杂交的原理与技术 205
　　一、电镜原位杂交的种类 206
　　二、电镜原位核酸分子杂交制样步骤概述 206
第五节　电镜原位核酸分子杂交技术的应用 209
　　一、应用生物素标记 DNA 探针电镜原位杂交技术 209
　　二、应用地高辛标记 rRNA 探针的电镜原位杂交技术 211
第六节　显微细胞化学在分子生物学中的应用 212
　　一、光镜水平的核酸分子原位杂交 212
　　二、原位 PCR 方法 218

参考文献 220
附录Ⅰ　常用试剂的配制 225
附录Ⅱ　缩略语对应表 232
图版

上篇　超微细胞化学的常用仪器和样品制备技术

第一章　绪论
第二章　透射电子显微镜的结构原理和样品制备技术
第三章　扫描电子显微镜的结构原理和样品制备技术
第四章　新型的电子显微技术
第五章　其他相关仪器的结构原理和应用

第一章 绪 论

第一节 细胞化学的定义和发展

一、细胞化学的定义

细胞化学（cytochemistry）是研究细胞的化学成分及其在细胞活动中的变化和定位的科学。它在不破坏细胞形态结构的情况下，用生化和物理技术对各种组分做定性和定量分析，研究其动态变化，了解细胞代谢过程中各种细胞组分的作用。而组织化学（histochemistry）是指以常用的组织化学技术对细胞内主要化学成分和活性的一般性的研究。细胞化学和组织化学的发展是密不可分的，它们都建立在细胞学、组织学及生物化学的基础上。对细胞中的不同组分进行区别着色是细胞化学中最基础的工作。

二、细胞化学的发展

19 世纪初，法国植物学家拉斯帕伊在研究禾本科植物受精作用时，首次发现了淀粉的碘反应。此后他还建立了蛋白质的黄色反应、硫酸对于糖醛及蛋白质醛基的反应等鉴定方法，因此被认为是组织化学的创始人。

1867 年，珀尔斯用普鲁士蓝显示细胞中的铁质。1868 年，克文克用黄色硫化胺溶液与细胞中的铁质反应生成黑色的硫化亚铁，进行显色反应鉴定细胞中的铁质。1844 年，米利翁叙述了蛋白质反应中一种测定酪氨酸的方法。1862 年，本克首次将苯胺作为组织化学染料应用于生物组织结构的研究，这是组织学方法上的一次革命。在 1868 年和 1872 年，克莱布斯和施特鲁韦分别通过实验显示出组织中酶的存在。1895 年，埃尔利希用"纳笛"反应首次显示细胞色素氧化酶。

20 世纪 40 年代，随着细胞形态学和生物化学的发展，组织化学、细胞化学迅速发展。1936 年，比利时组织化学家利松的《动物组织化学》一书总结了组织化学的优缺点及发展方向，把组织化学推向高潮。

当前，发展比较快的是定量细胞化学，其目的是对细胞、细胞组分和细胞产物在其原位上和生活情况下进行定量化学分析，主要包括细胞光度学和原位定量测量两个方面。细胞光度学是对细胞内某些化学物质在光学上的数量进行分析，最常用的方法有吸收量度法、荧光测定法、干涉量度法、反射量度法等。原位定量测量包括对切片厚度的测定、对一个特定细胞化学反应区域的定量测量，以及对放射自显影颗粒的计数和自动影像分析。定量细胞化学虽是细胞化学发展的主要方向，但仍有不少困难。有关仪器方面的问题已逐渐得到解决，但在固定细胞、反应的化学计算方法和反应产物的弥散等方面仍存在不少困难。

原位细胞化学所用的方法多是把单层的培养细胞或冰冻切片放在一定溶液内温育，使待测的物质与染料或试剂发生专一性的反应，在原位上直接形成不溶解的产物，用光学显微镜观察产物颜色，或用荧光显微镜观察产物荧光，分析其在细胞内的分布规律和功能。细胞化学对酶的研究一般是将薄的冰冻切片用适宜的底物温育，来测定酶在细胞内的位置。

免疫细胞化学是用标记的抗体测定细胞内的抗原，在光学显微镜水平下找出抗原的位置，研究其分布特征和功能的方法。直接显示法的主要步骤是先将组织骤冷，制成薄的切片，然后用偶联的抗血清染色。常用的是间接显示法，其原理是用荧光染料或一种酶标记的第二抗体来加强第一抗原-抗体反应。免疫细胞化学方法在细胞生物学中日益显示出重要性，许多细胞骨架蛋白，如微管蛋白、肌动蛋白、调钙蛋白等均可用免疫细胞化学原理找到它们在细胞内的位置。随着生化提纯的蛋白质的增多，免疫细胞化学还会得到更广泛的应用。

显微细胞化学样品的观察是在光学显微镜下进行的，由于受到光学显微镜放大倍数和分辨率的影响，使显微细胞化学的应用受到一定程度的限制。20世纪40年代随着电子显微镜的出现及人们对细胞超微结构的认识，建立在细胞超微结构基础上的超微细胞化学技术得到了迅速发展，并且广泛地应用到对细胞结构和功能的研究中。

第二节 超微细胞化学的研究内容

一、生物超微结构的定义

人们对生物结构的认识经历了器官、组织、细胞和分子4个水平，其中各种仪器和设备，如光学显微镜、电子显微镜、X射线衍射仪等发挥了重要作用。目前，人们借助各种设备能够从0.1 mm的解剖学水平到1 nm的原子和分子水平对生物体结构进行全面研究（表1-1）。

表1-1 生物结构的不同层次水平

量度	范畴	结构	方法
0.1 mm（100 μm）以上	解剖学	器官	肉眼和简单放大显微镜
10～100 μm	组织学	组织	各种光学显微镜
0.2～10 μm（200 nm）	细胞学	细胞、细菌	X射线显微镜
1～200 nm	亚显微形态学 超微结构	细胞成分 病毒	偏光显微镜、电子显微镜
<1 nm	分子和原子结构	原子的排列	X射线衍射仪；扫描隧道显微镜、原子力显微镜等

自从1932年德国的鲁斯卡（Ruska）和诺尔（Knoll）设计并建造了第一台电子显微镜以来，人们在电子显微镜下能清楚地观察到细胞的超微结构，甚至一些分子结构。超微结构（ultrastructure）一般指在普通光学显微镜下观察不能分辨清楚的细胞内各种微细结构。"超微结构"一词，严格地讲是指分子水平的结构。目前对介于细胞水平和大分子水平之间的结构，一般称为亚显微结构（submicroscopic structure）或亚细胞结

构（subcyto-structure）。但目前一般书刊上所称的亚显微结构、亚细胞结构和超微结构，并无严格的界限。人们往往将普通光镜分辨界限以下的结构笼统地称为超微结构。超微结构常用的单位是微米（μm）和纳米（nm）。

生物结构的不同层次水平和选择的观察方法见表1-1。

知识点 1-1　微观度量衡尺度换算

10^{-1}＝d(deci-)＝分　　　　　　10^{-2}＝C(centi-)＝厘

10^{-3}＝m(milli-)＝毫　　　　　　10^{-6}＝μ(micro-)＝微

10^{-9}＝n(nano-)＝毫微＝纳　　　10^{-12}＝p(pico-)＝微微＝皮

10^{-15}＝f(femto-)＝毫微微＝飞　10^{-18}＝a(atto-)＝微微微＝阿

二、超微细胞化学的定义

超微细胞化学（ultramicro-cytochemistry）又称电镜细胞化学（electron microscopic cytochemistry），它是在显微细胞化学基础上发展起来的、在超微结构水平上的细胞化学。它利用细胞中被研究物质能够选择性地与某些化学试剂发生特异的反应，形成特征性的、不溶的电子致密物的原理，通过电镜观察、识别和定位该物质在细胞超微结构中的分布，从而研究该物质在细胞生命活动中的作用。超微细胞化学能把细胞超微结构及其原位发生的生化反应有机地结合起来进行研究，能揭示细胞的超微结构及其功能之间的内在联系。超微细胞化学内容涉及生物学、化学和物理学等学科，是一门生物学、化学和物理学的交叉学科。

三、超微细胞化学的研究内容

超微细胞化学涉及的内容很多，包括：细胞中无机物定性、定量及定位的原理和方法；细胞有机物质的定性、定量及定位的原理和方法；生物大分子的结构与功能关系研究等。具体技术有：①电镜酶细胞化学技术；②细胞各成分的检出技术；③示踪细胞化学技术；④特殊染色法；⑤放射自显影技术；⑥免疫细胞化学技术；⑦X射线微区分析技术；⑧其他细胞化学技术，包括扫描电镜细胞化学技术、超高压电镜细胞化学技术等。

超微细胞化学技术从原理上可以分为如下几种。

（1）沉淀法。当细胞内的物质与适当的试剂（如酶与底物）作用，或者某些金属离子（如焦锑酸和钙离子）彼此间存在化学亲和力时，能形成不溶性的产物，可以用电镜检出。根据观察到的显色电子致密物，能够判断这种物质（如酶）的存在及其在细胞中的确切定位。

（2）免疫电镜细胞化学法。组织和细胞内的各种大分子多数具有抗原性，抗原可以借助于电子不透明的标记物（如铁蛋白、酶和胶体金等）标记的抗体而鉴别出来。

（3）酶学法。细胞内某些物质本来就是电子致密物，用某种专一酶（或特异的溶剂）能将其分解掉，原有的电子致密物从细胞电镜图像中消失。用这种方法能够反推细胞物质的存在。例如，在组织固定之前先用RNA酶、DNA酶或蛋白酶消化，然后特异染色，在电镜下相应的空白区，就反证了RNA、DNA或蛋白质在细胞中的存在和定位。

超微细胞化学反应该满足下列基本要求。

(1) 反应试剂与细胞内被测物质发生的反应具有特异性。

(2) 反应不损坏或破坏细胞本身的微细结构。

(3) 反应的最终产物为电镜能观察到的电子致密物，一般为细小的、稳定的、颜色很深的沉淀物，在细胞原位沉淀；在制样过程中不会改变自己的位置。

(4) 反应具有可重复性。

第三节　超微细胞化学在生命科学研究中的应用

一、生物科学

超微细胞化学可用于动物和植物细胞超微结构研究及功能分析。由于超薄切片技术的出现和发展，人类利用电镜对细胞进行了更深入的研究，观察到了过去无法看清楚的细胞超微结构。在细胞生物学中，超微细胞化学能用于研究细胞内各种细胞器的超微结构、细胞骨架系统和生物膜的超微结构；促进了人们对细胞的结构及其功能（如细胞通讯与运输、细胞分裂与分化、细胞增殖与调控等）的研究。

超微细胞化学和电镜技术还可以应用到病毒、细菌和支原体等的超微结构与功能分析，以及病毒发现和识别方面。许多新病毒和类病毒等就是利用电镜发现的。电镜也为病毒的分类提供了最直观的依据。

在分子生物学中，超微细胞化学能用于核酸和蛋白质大分子的超微结构研究，并对其进行亚显微测量，还能用于染色体超微结构、DNA 转录为 mRNA 的过程、核酸分子杂交过程等研究。电镜技术与免疫学技术相结合产生的免疫电镜细胞化学技术，可以对细胞表面及细胞内部的抗原进行定位，用于研究免疫球蛋白的分布和功能、蛋白质在细胞中的时空分布变化等。

二、农林科学

超微细胞化学还可应用于植物保护、土壤改良和成分分析、品种的分类与鉴定和动物疾病的诊断与防治等方面。

三、医学科学

超微细胞化学可用于超微病理学研究，如病变细胞超微结构变化、病理学的分子基础等。在临床医学中，可用于疑难病症的诊断与治疗，以及对病毒性肝炎、肾病、血液病和肿瘤的分类及诊断。

总之，超微细胞化学与生物学、医学和农林科学关系密切，是生物学、医学和农学类研究生与本科生的一门重要技术课程。学习该课程，对拓宽科研视野、多途径解决课题主攻点具有重要意义。

第二章 透射电子显微镜的结构原理和样品制备技术

电子显微镜（electron microscope，EM）简称电镜，1932 年由 Ernst Ruska 设计，被誉为"20 世纪最重要的发明之一"。目前透射电子显微镜的分辨本领已达到 0.14 nm，比光学显微镜提高了 1000 倍，甚至可以看到核酸和蛋白质等生物大分子及其组成基本单位——分子和原子。本章重点介绍透射电子显微镜结构原理和常规电镜样品制备技术。

第一节 透射电子显微镜的发展过程

一、从光学显微术到电子显微术

1665 年 Robert Hooke 发明了第一台光学显微镜。经过 300 年的不断地发展，人们已制造出许多类型的光学显微镜，如紫外显微镜、红外显微镜、相差显微镜、偏光显微镜、荧光显微镜及暗视野显微镜等。这些光学显微镜所用的光源基本上是在可见光范围之内，能够分辨大于 0.2 μm 的物体细节，优于人眼 500 倍。光学显微镜的问世，对生物科学、农学和医学的研究起到了巨大的推进作用。但由于受到光波特性的限制，光学显微镜的分辨率比较低，对细胞精细结构的观察受到限制。

分辨率（resolution）或称"分辨本领"，是显微镜分辨细微结构的本领，通常用被辨认的邻近两质点的距离表示。能被辨认的两点距离越小，表示分辨本领越大。一般将眼睛正常的工作距离定为 25 cm，并称之为"明视距离"。当物体离眼 25 cm，即与眼明视距离相等时，眼睛可分辨出相距 0.2 mm 的两个点，因此将 0.2 mm 定为人眼的分辨率。

知识点 2-1

肉眼的分辨率：0.2 mm（距离 25 cm，明视）

光镜的分辨率：0.2 μm

电镜的分辨率：0.2 nm

分辨率公式为

$$D=\frac{0.61\lambda}{N\times A}$$

式中，D 为分辨率；λ 为光波的波长；N 为介质折射率；$N\times A$ 为物镜孔径数。

为了提高人眼的分辨能力，可设法将物体放大。当用光学显微镜放大物体时，由于可见光的平均波长约为 500 nm，当物体两点间距离小于光波的半波长（250 nm）时，光波产生衍射现象，使两点不能被辨认。因此，用光学显微镜所辨认的两点的最小距离是 0.2 μm，也就是光学显微镜的极限分辨率。为了进一步提高分辨率，人们选择了波长较短的电子射线作为"光源",从而导致了电子显微镜的出现。

由于电子束的波长要比可见光和紫外线短得多(表2-1),并且电子束的波长与发射电子束的电压平方根成反比,也就是说透射电子显微镜加速电压越高,照明电子束波长越短,透射电子显微镜的分辨率越高。例如,加速电压为 50 kV,电子射线的波长约等于 0.005 48 nm,当电子显微镜所用的加速电压高于 50 kV 时,波长更短,因此电子显微镜的分辨率更高。目前高级的 TEM 分辨率可达 0.2 nm,放大倍数可达百万倍。

表 2-1 不同照明源的波长对照

名称	可见光	紫外线	X射线	α射线	电子束(50 kV)	电子束(1000 kV)
波长/nm	390~760	13~390	0.05~13	0.005~1	0.005 48	0.001 22

二、电子显微镜发展简史

电子显微镜的产生和发展与 19 世纪末在物理学上的一系列发现和发明有关。1850 年 Geisslar 发明了盖斯勒放电管。1897 年 Braum 发明了阴极射线管,为电子束管的雏形;同年 Thomson 发现阴极射线是电子流,为电子显微镜的发明准备了技术条件。

1924 年法国科学家 L. de Broglie 提出:任何一种快速运动的粒子,必定伴有电磁辐射,电磁辐射的波长用公式 $\lambda = h/mv$ 表示。当电子速度达到 1/3 光速时,电子波长约为 0.5 nm,但当时没有人想到用电子波作为显微镜的光源。同年 Gabor 无意中造出一个短焦距线圈,可以将电子束汇聚成一个细点。1926 年 Busch 发现加博尔的线圈对电子能起到透镜的作用,即高速运动的电子在电场或磁场的作用下会发生偏转,使电子束折射,就像光学玻璃透镜使光线折射一样。1931 年 Ruska 和 Knoll 利用上述原理设计制造了一套电子光学装置,放电管阴极工作电压 50~75 kV,得到了放大的电子光学像。由于仪器缺少放样品的装置,所以还不算真正的电子显微镜。

1933 年底,Ruska 建成了一台真正的电子显微镜。其分辨本领与最好的光学显微镜相当,最高放大倍数为 12 000,但没有克服电子束对样品辐射损伤这一问题。1934 年 Marton 用热灯丝电子光源代替放电管电子光源,并在真空条件下对镜体中的图像进行拍照,并发表了用锇处理的植物叶片和其他生物照片。1935 年,德国的 Driest 和 Müller 观察得到经过染色处理的苍蝇翅膀和腿,分辨率达 40 nm。1938 年 Ruska 研制成功世界上第一台真正实用的电子显微镜(图 2-1),分辨本领达到 10 nm。1986 年他因此获得了诺贝尔物理学奖。1939 年德国 Siemens-Halske 公司生产了世界上第一批商品电子显微镜,标志着人类从光学显微镜时代进入电子显微镜时代。

现在世界上许多国家,如美国、日本、荷兰和法国等都生产高性能的透射电子显微镜,它们的点分辨本领已优于 0.3 nm,晶格分辨本领达到 0.1~0.2 nm,已经可以在电子显微镜下看到重金属原子和大分子像。20 世纪 60 年代又发展了超高压电镜,可以在微观水平上更好地研究物质。

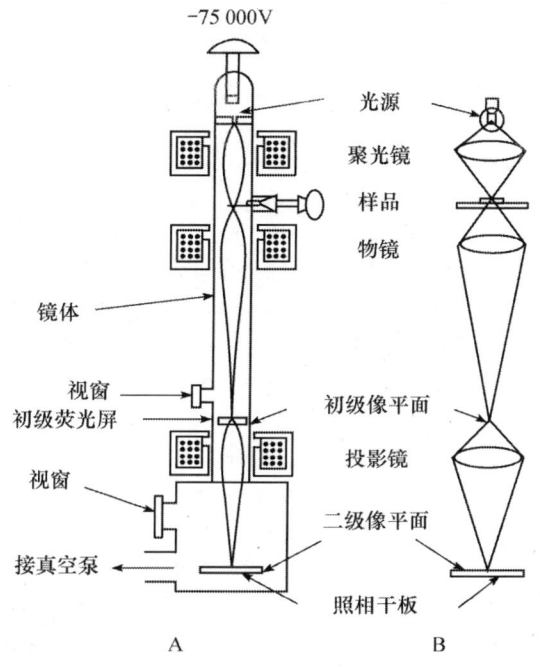

图 2-1　1938 年第一台真正实用的电子显微镜结构简图（A）和光路图（B）

电子显微镜的诞生被誉为"20 世纪最主要的发明之一"。如果说光学显微镜使人类对微观世界的认识有了第一次飞跃，那么可以说，电子显微镜使人类对微观世界的认识有了第二次飞跃。电镜的分辨率大幅度提高，使人们能观察病毒、噬菌体、类病毒、DNA 和蛋白质大分子等，甚至获取了"原子核和电子云"的原子像。

电子显微镜及其在细胞生物学中应用的主要事件见表 2-2。

表 2-2　电子显微镜及其在细胞生物学中应用的主要事件（Alberts et al.，2002）

1897 年	Thomson 宣布带负电荷的颗粒存在，后被命名为电子
1924 年	de Broglie 提出运动的电子具有波动性
1936 年	Busch 证明了使用一圆柱形磁透镜聚焦电子束的可能性，奠定了电子光学的基础
1931 年	Ruska 和合作者制作了世界首台透射电子显微镜，但仪器缺少样品室
1935 年	Knoll 论证了扫描电子显微镜的可行性；Von Ardenne 建造了一台模型仪器
1938 年	Ruska 研制出第一台真正适用的透射电子显微镜
1939 年	Siemens 生产出第一台商业化的透射电子显微镜
1944 年	Williams 和 Wyckoff 引入金属投影技术
1945 年	Porter、Claude 和 Fullam 使用电子显微镜检测组织培养的细胞，采用四氧化锇进行固定和染色
1948 年	Pease 和 Baker 用生物材料制备出超薄切片（0.1～0.2 μm）
1952 年	Palade、Porter 和 Sjöstrand 发展出固定和超薄切片方法，使很多细胞内的结构首次被观察到

续表

1953 年	Porter 和 Blum 开发出普遍公认的超微切片机，将 Claude 和 Sjöstrand 引入的很多部件组合在一起
1956 年	Glauert 和合作者指出环氧树脂 Araldite 对于电子显微镜技术是一种很有效的包埋剂。5 年后，Luft 引进另一种环氧树脂 Epon
1957 年	Robertson 描绘了细胞膜的三层结构，这是第一次用电子显微镜观测到的
1957 年	Moor 和 Mahlethaler 完善了最初由 Steere 发展出的冷冻断裂技术。后来（1966 年），Branton 证明了冷冻断裂能够显示膜内部的结构
1959 年	Singer 使用偶联了铁蛋白的抗体用于电子显微镜下检测细胞内分子
1959 年	负染色技术由 Hall 在此 4 年前发明，Brenner 和 Home 进一步发展了负染色技术，将这一通用的技术用于观察病毒、细菌和蛋白质纤维
1963 年	Sabatini、Bensch 和 Barrnett 引入戊二醛（通常接着用锇酸）作为电子显微镜中的固定剂
1965 年	剑桥仪器公司生产了第一台商业化的扫描电子显微镜
1968 年	de Rosier 和 Klug 给出了电子显微照片的三维结构重建技术
1975 年	Henderson 和 Unwin 从未染色样品的电子显微照片中，利用基于计算机的重构法首次测定了一膜蛋白的结构
1979 年	Heuser、Reese 和合作者利用快速冷冻标本建立了高分辨率的深度蚀刻技术
1980 年	Dubochet 和合作者引入快速冷冻获得玻璃态冰薄膜用于高分辨率显微成像术
1997 年	Crowther、Fuller、Frank 和合作者利用单颗粒重建测定了病毒和核糖体的高分辨率（0.8～1 nm）结构

三、电子显微镜的分类

（一）根据电子束和样品相互作用的方式来分类

电子显微镜根据电子束和样品相互作用的方式可分为两类。一类是透射电子显微镜（transmission electron microscope，TEM），简称电子显微镜或电镜（EM）。透射电子显微镜是收集直接透过样品的电子并使之成像。另一类是反射式扫描电子显微镜，简称扫描式电子显微镜（scanning electron microscope，SEM）或扫描电镜。扫描式电子显微镜是将从样品表面反射出的电子收集并使它们成像。扫描透射电子显微镜兼有两者性能。

（二）根据加速电压分类

电子显微镜根据加速电压不同可分为高压电子显微镜、中等电压电子显微镜和低电压电子显微镜。低电压电子显微镜（传统电子显微镜）的加速电压在 60～100 kV。由于电子能量低，不能有效地穿透厚度大于 50～250 nm 的样品，造成样品三维结构信息丢失。为了克服这个局限性，更高的电子加速电势是必需的。中压电镜（IVEM）的工作电压在 200～500 kV；IVEM 一般被用来对厚度在 0.5～3 μm 的样品成像。高压电镜（HVEM）的工作电压在 500～3000 kV（图 2-2），可以处理厚度大于 1～5 μm 的样品。高压电子显微镜、中压电子显微镜可以通过电子射线断层照相术进行细胞和生物大分子的 3D 重构。

图 2-2 高压电子显微镜

（三）根据用途分类

电子显微镜根据用途可分为高分辨电子显微镜、分析电子显微镜、生物电子显微镜、环境电子显微镜及电子探针 X 射线微区分析仪等。

四、电镜技术发展概况

（一）仪器不断进步

第一台电镜的放大倍数只有 12 倍，而现在电镜已可以连续把样品放大到百万倍。电镜的种类和功能也不断地增加，除透射电镜和扫描电镜外，还发明了能同时观察样品表面和内部超微结构，甚至能观察单个原子像的高分辨率场发射扫描透射电镜；能对样品中的某些化学元素进行综合分析（定位、定性、半定量和定量，灵敏度达 10^{-25} g）的分析电镜；能观察活细胞的超高压（500～3000 kV）电镜等。

（二）样品制备技术不断发展

有了高性能和多功能的仪器，还必须有高质量的样品，才能充分发挥电子显微镜的作用。自从发明电子显微镜以后，人们一直在不断探索和创造新的样品制备方法。目前主要有呈现样品的二维超微结构、应用广泛的超薄切片术；呈现样品表面超微结构、立体感较强的扫描电镜样品制备技术；呈现生物膜的断裂面超微结构的冷冻蚀刻技术；进行细胞内化学成分的定性和定位研究的电镜细胞化学技术；进行细胞内抗原（抗体）的定性和定位研究的免疫电镜技术；进行细胞内物质运输和大分子合成的动态过程研究的电镜放射自显影技术；研究病毒和生物大分子等悬浮材料的负染术和分析细胞内多种元素的 X 射线微区分析术；等等。

（三）电镜技术的应用日益广泛

随着电子显微技术的广泛应用，人们相继发现并研究了各种细胞中的细胞器，如线粒体、高尔基体、内质网、溶酶体、中心体和细胞骨架系统等；发现并研究了 DNA、RNA、蛋白质和脂质等生物大分子；对细胞中的多种生物大分子和化学成分，如 ATP、cAMP、含硫蛋白质、黏多糖、Ca^{2+}、Mg^{2+}、Fe^{2+}、Na^+、K^+ 等进行了分析研究；发现和鉴定了多种病毒；探索了直接研究活细胞的方法。可以预见，在蛋白质组学、代谢组学快速发展的今天，生物电子显微技术将发挥越来越重要的作用。

人们对微观世界的认识已逐步扩展到了分子和原子水平。在 20 世纪 50 年代用透射电镜就获取了酞青蓝的晶格像；到 70 年代就观察到了铀（U）和钍（Th）原子，并拍到了金（Au）单晶体中的金原子"原子核和电子云"像；到 80 年代就观察到了托膜上不同层次铀原子的空间位置是随时间而变化的。随着技术的进步，人们利用生物电镜技术直接观察生物大分子的原子像并对其进行操作也可能成为现实。

第二节　透射电子显微镜的结构原理

一、透射电子显微镜的成像原理

光学显微镜一般采用可见光照明。由于可见光波长较长（390～760 nm），因此光学显微镜的分辨率有限，无法看清小于 0.2 μm 的细微结构。这些分辨率小于 0.2 μm 的亚显微结构（submicroscopic structure）或超微结构（ultrastructure）只有通过电子显微镜进行观察。

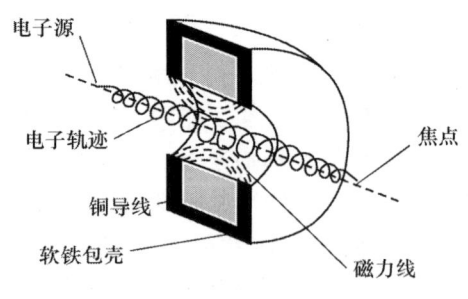

图 2-3　电子透镜聚焦原理示意图

电子显微镜与光学显微镜的成像原理基本一样，所不同的是前者用电子束作光源，用电磁场作透镜。带电粒子在电场或磁场的作用下会发生偏转，沿一光轴呈旋转对称的电磁场，可以使从轴上一点发出的电子重新汇聚在中心轴的另一点上（图 2-3）。该电磁场对电子显示出透镜的作用，所以称为电子透镜。电子透镜能对电子聚焦，使电子流成像。现代电子显微镜中主要利用磁透镜。

目前，一般透射电镜有 6～8 级成像透镜。阴极灯丝在加热电流作用下发射电子束，该电子束在阳极加速高压的加速下向下高速运动，经过第一聚光镜和第二聚光镜的汇聚作用使电子束聚焦在样品上，透过样品的电子束再经过物镜、第一中间镜、第二中间镜和投影镜 4 级放大后在荧光屏上成像。电镜总的放大倍数是 4 级透镜放大倍数的乘积，因此透射电镜有着更高的放大倍率。

（一）磁透镜的种类

1. 开启式磁透镜

开启式磁透镜是由无铁壳的薄线圈通以电流而构成，即是一短而薄的螺旋管线圈（图 2-4）。其缺点是磁场不集中，损失许多磁力线。磁透镜仅在早期的电镜中用过。

2. 屏蔽式磁透镜

在激磁线圈外面加上铁壳，内边留有空隙，就制成屏蔽式磁透镜（图 2-5）。其优点是铁壳屏蔽后，磁力线容易在空隙处形成集中的轴对称磁场，增强透镜的聚焦能力，但屏蔽式磁透镜为电镜弱透镜。

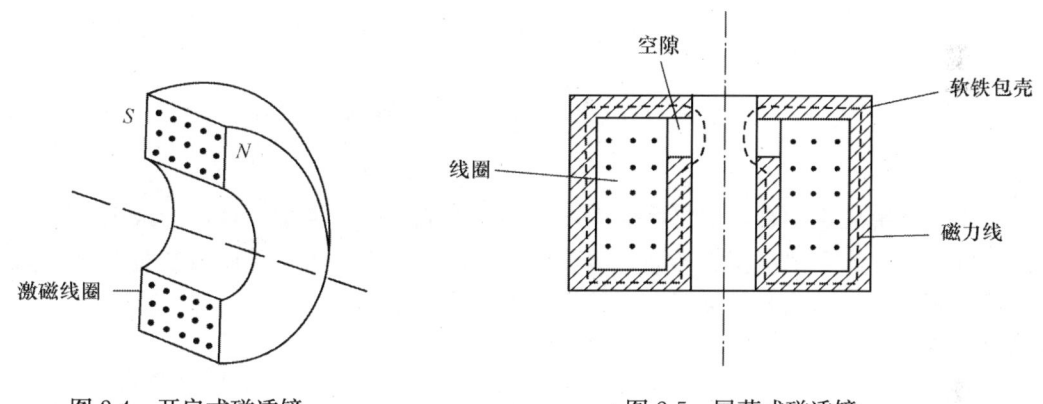

图 2-4　开启式磁透镜　　　　图 2-5　屏蔽式磁透镜

3. 带极靴的强磁透镜

在屏蔽式磁透镜的空隙处加入极靴，可以使磁场更集中，焦距只有几毫米，成为一强磁透镜。此透镜是最常用的磁浸没透镜。极靴（pole piece）是位于透镜的中央、形状为中间空心的锥状体，多采用高导磁材料，纯铁或铁钴合金制成。极靴有上、下两个，可以做的不一样，以得到不对称磁场（图 2-6）。

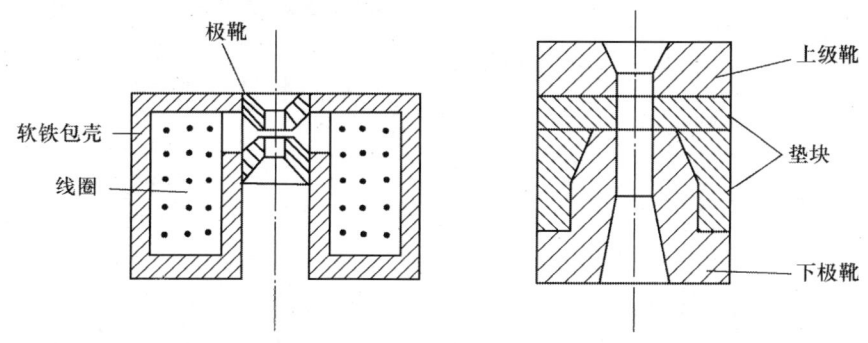

图 2-6　带极靴的磁透镜

极靴的作用：①使磁场尽可能集中在沿中心轴的一个很窄的范围内，从而得到高度轴对称的磁场（图 2-7）；②可明显改善成像的质量。

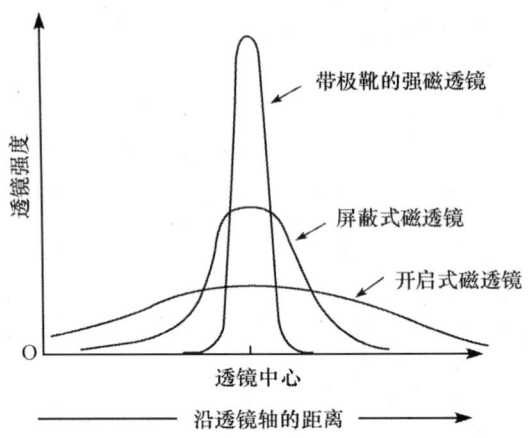

图 2-7　几种磁透镜中心轴上磁场强度的分布曲线

（二）透射电子显微镜成像机制

1. 吸收

光学显微镜成像主要是由于样品中不同物质对光吸收有差别，从而形成图像。而在透射电镜中，样品是"薄膜"样品，吸收电子很少。由于吸收将伴随着热量释放，薄膜样品受热会烧毁，因此要尽量减少电镜样品对电子的吸收。

2. 散射

在透射电镜中，散射是最重要的成像机制。一个高速自由电子打在薄膜样品上后，电子将和组成样品的原子发生散射作用。原子由原子核和核外电子组成。如果高速电子和样品的原子核作用，由于原子核的质量比电子大得多，入射电子与核发生弹性碰撞，形成弹性散射。入射电子不损失能量，但运动方向发生较大偏转。

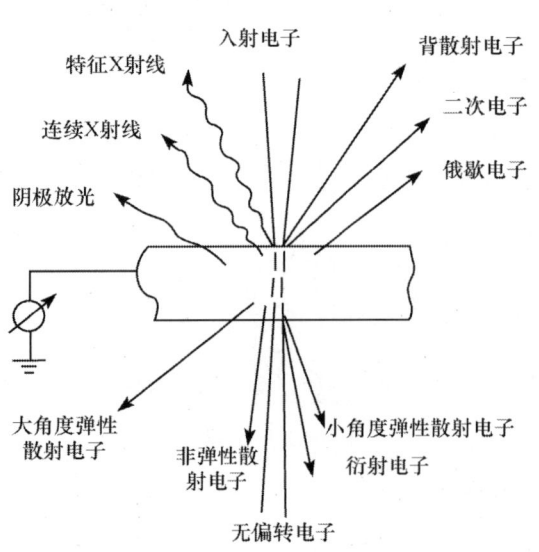

图 2-8　电子与样品作用后产生的各种信号

当入射电子与样品中原子核外的一个电子发生碰撞时，因质量相同，在相互作用后，将重新分配能量。快速电子将一部分能量交给核外电子，改变速度大小，同时运动方向也发生改变，产生非弹性散射。此时散射角比弹性散射角度小得多（图 2-8）。

由于电镜样品很薄，从电子枪发出的大量入射电子直接穿过足够薄的样品，打在荧光屏上，形成一亮的背景。只有那些十分接近样品中原子核和核外电子的入射电子才会发生散射，运动轨道发生偏转。散射角越大，电子在物镜后焦面上离轴越远。当散射角大到一定程度，就会被处于物镜后焦面上的物镜光阑所截。对应于散射能力大的样品上的一个点的像就是一个暗点。由于有明暗相间的像点,就形成了反差。此反差是由于电子散射形成的图像反差,因此称为振幅反差。

电子总散射量和样品的厚度成正比,也和物质的密度成正比,即总散射量与样品的质量和厚度的乘积成正比。将样品质量和厚度的乘积称为样品质量厚度。由于样品各处的质量厚度不同,电子在各处的被散射程度也不同,就在荧光屏上形成明暗不同的黑白图像。

3. 干涉

一个运动的电子可以看作是一个电子波,它向着电子运动的方向以匀速并随时间作正弦变化的方式前进。可以把电子和样品的作用看成电子波经过样品后形成了透射波和散射波。如果物镜光阑让透射波和散射波同时通过,入射电子波又是相干的,则电镜中的像就是这两部分波受透镜场作用并相互干涉后合成的结果。

电子束和样品作用的散射波与透射波的相位差不同,当相位差为奇数倍时,两者合成波为极小者;为偶数倍时,合成波为极大者。合成波(干涉波)与透射波在振幅上表现出差别,在最终的像中就会出现亮暗不同的区域,这种反差叫做相位反差。相位反差人眼看不到,通过改变物镜聚焦状态,即改变合成波的位相,将相位反差转换为振幅反差,可为人眼观察到。

4. 衍射

由于衍射效应,形成 Airy 盘或条纹,虽然可以加强图像反差,但这样会使像的分辨率下降。

综上所述,透射电镜图像的反差主要由振幅反差和相位反差两部分组成。

(三)电磁透镜的像差

电磁透镜理想的成像条件包括:①磁场分布是严格的旋转轴对称;②满足旁轴条件,即物点离轴很近、电子射线与轴线的夹角很小;③电子的初速度相等。由于电子透镜存在的一系列缺陷,往往不能达到理想的成像条件,从而引起图像偏离理想成像(高斯成像),这种现象称为像差,包括几何像差、色差和像散、衍射像差等。

1. 几何像差

在电子显微镜中,实际上电子束满足旁轴条件并不够好,引起的像差称为几何像差,包括球差、畸变、彗形差和场曲。

球差产生原因是孔径角 α 较大(图 2-9)。减少球差的方法有缩小孔径角、提高加速电压、多极场方法补偿球差等。当物点 P 离轴很远时,产生另一种像差,即"畸变"。消除畸变的方法包括:中间镜的桶形畸变和投影镜的枕形畸变抵消;使中间镜和投影镜的两个透镜电流反向,以补偿图像旋转角而引起的图像扭曲。另外,在电子显微镜中彗形差和场曲不重要。

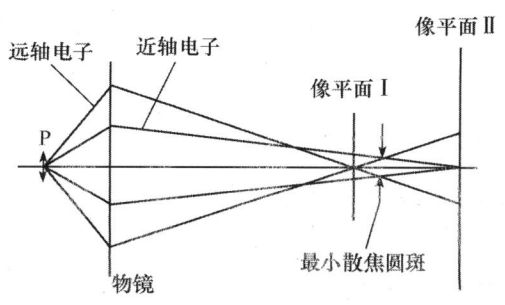

图 2-9 球差的形成

2. 色差

严格来说,从电子枪发出的各个电子,其速度是不相同的。与速度相应的电子波长就有一定的分散度,因而引起的像差称为"色差"(图2-10),包括中心色差、放大色差和旋转色差。

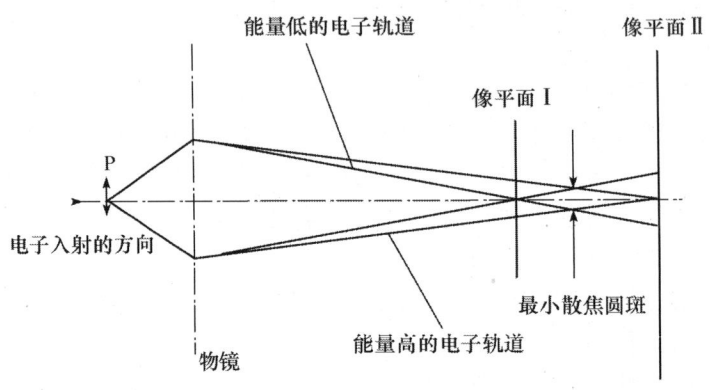

图2-10 色差的形成

采用下列措施减小色差:①采用工作温度较低的阴极;②提高加速电压,使电子穿过样品速度的变化小;③采用高稳度的稳压和稳流装置;④采用电子速度过滤器,减小成像电子速度分布;等等。

3. 像散

因各种原因引起磁场不严格轴对称,产生的像差称为像散(图2-11)。像散产生的原因包括:①由于材料或加工精度造成的磁不对称,如极靴孔加工不圆、线圈不圆、铁壳不圆或铁壳和极靴材料导磁率不均匀等;②因装配误差造成的系统机械不对称,如电子枪的各个部分不同轴、各透镜不同轴等。

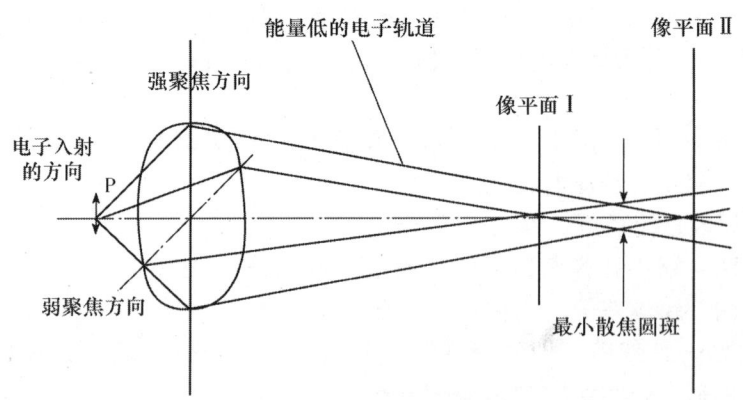

图2-11 像散的形成

4. 衍射像差

由于电子的波动性,当它通过小孔光阑时会发生衍射现象。结果表现为每个物点形成的像是一个圆斑,这个衍射圆斑的半径称为衍射像差。通过加大光阑孔径角可以减少衍射像差,但这样会带来不利影响,如减少了像的反差。

影响电镜分辨本领的像差主要是衍射、球差、色差和像散。

二、提高生物样品反差的方法

(一)反 差

反差(contrast)又叫对比度、衬度,为底片上相邻两部分亮度比,也就是样品的像与其背景在亮度上的差别。它与经样品散射后,通过物镜光阑的电子数目有关。人眼要看到电镜图像,图像本身必须要有一定的反差,即图像各细节之间光强度的差别,能为眼睛所识别。生物样品图像主要由振幅反差提供,下面重点讨论振幅反差。

(二)提高生物样品反差方法

1. 通过电子染色等措施提高样品中某些部分的原子序数 Z

生物样品的组成多是 H、C、N、O 和 P 等小原子序数的原子,对电子的散射能力弱,加上生物样品超薄切片很薄,因此能提供的反差小。电子染色能提高样品中元素的 Z 值,达到提高生物样品反差的目的。

(1)重金属盐染色:利用某些重金属元素,如铀、锇等的盐类与生物样品的某些结构结合,或用重金属盐把生物样品衬托出来,以增加样品各部分对电子散射能力的差别,提高反差,这种染色方法称为电子染色。

(2)重金属投影喷涂法:用金、铂喷涂,提高电子散射能力,增强反差。

2. 适当的切片厚度

对生物样品而言,高反差、高分辨率通常是一对矛盾。适当增加切片厚度可以提高样品的反差,但同时会降低图像的分辨率。因此要综合考虑反差和分辨率两个因素,选择恰当的样品切片厚度。在 50~60 kV 低加速电压下,生物切片最适合的厚度是 40~60 nm;在 80~100 kV 高加速电压下,适合厚度是 90~100 nm。

3. 加入物镜光阑

从样品各物点被散射的电子如果都被重新聚集在像平面上各点,那就无法区分出散射多或散射少的各物点,物像就没有反差。但加上物镜光阑后可以拦截部分大角度散射电子,使散射强的部位变暗,就可形成振幅反差(图 2-12)。故物镜光阑又叫反差光阑。

4. 选用较低的加速电压

降低加速电压可以降低电子速度,增大弹性散射,提高反差。但加速电压低时,电子波长变长,速度低,易受杂散电磁场干扰;同时导致色差加大,大大降低分辨率。

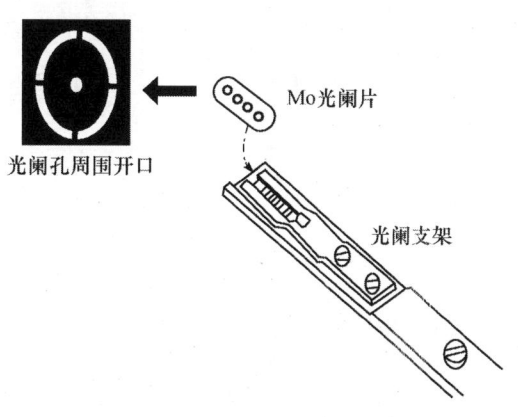

图 2-12 光阑及光阑支架

因此，低加速电压一般只用于低放大倍数。

5. 暗场显微法

前面所讨论的是用直接透过样品的电子和部分散射电子成像，这种方法叫亮场照明，所成的像为亮场像。暗场像则是利用样品的散射电子所成的像。该像的明暗和亮场像相反。暗场像的反差高，但强度却很低。

三、透射电子显微镜的结构

透射电子显微镜的结构原理与光学显微镜相似，但有不同之处：电镜的照明光源为电子枪而不是光镜的灯泡；电镜用透镜为磁透镜而非光镜的玻璃透镜。透射电镜在原理上由三个主要部分组成：①镜筒；②真空系统；③电子学系统。可以进一步细分为电子照明系统、电磁透镜成像系统、真空系统、记录系统、电源系统5部分（图2-13）。

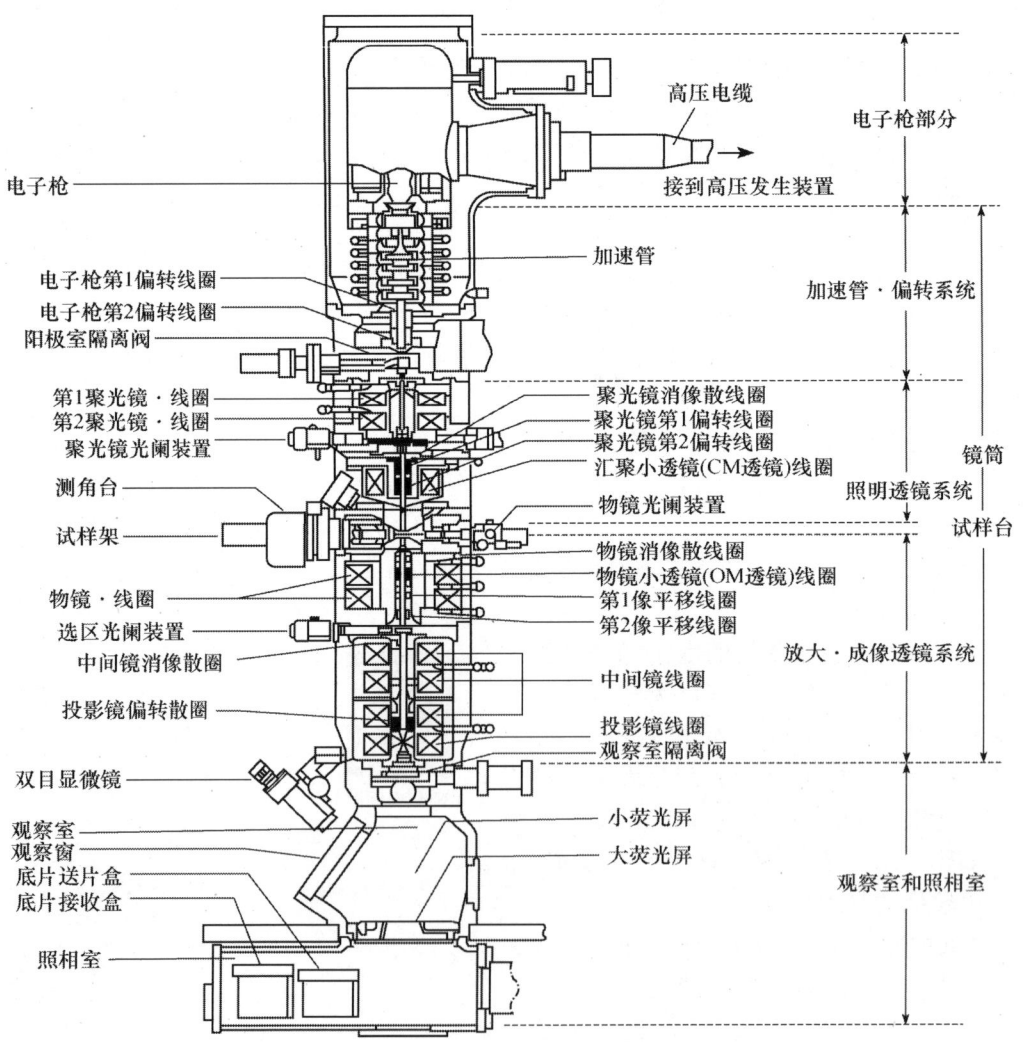

图2-13 透射电子显微镜（JEM-2010F）结构示意图

（一）镜　筒

镜筒是电镜的电子光学部分。镜筒按功能可分成三个系统。

1. 照明系统

照明系统由电子枪和聚光镜组成。

1）电子枪

电镜的照明源，可产生和加速电子，以照明样品。一般要求电子枪有很高的亮度、电子发射稳定及十分稳定的加速电压。

通常采用的典型电子枪是发夹式钨丝阴极三极电子枪。它由阴极、栅极和阳极组成。阴极即灯丝是用钨丝做成，通常做成发夹形状（图 2-14）。当通以电流加热至 2200～2500 K 时，灯丝便产生热电子发射而成为电子源。

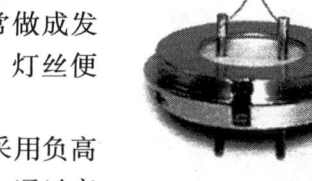

图 2-14　发夹式灯丝

阳极对阴极有一加速电压，对电子起加速作用。一般采用负高压，即阳极接地，阴极为负高压。高压由高压发生器产生，通过高压电缆输送给灯丝。常用的加速电压有 50 kV、75 kV、100 kV 和 120 kV，超高压电镜可达 3000 kV。

热电子发射在很大程度上取决于温度，在一般的工作温度 2600 K 时，温度增加 100 K，即 4%，会引起 2 倍的电子发射。因此必须设法稳定阴极发射，否则像的亮度会随温度的微小变化而有很大的波动。灯丝的寿命决定于工作温度，当灯丝温度从 2600 K 增加到 2800 K 时，寿命减少 40 倍。在正常工作情况下，灯丝平均寿命为 20～25 h，如果工作不当，很容易烧断。为了提高电子枪的亮度和寿命，高性能的电镜采用六硼化镧（LaB_6）阴极电子枪或场发射电子枪。

栅极又叫控制极，是一个中央有小孔的圆筒，故又称栅极帽。相对于阴极有一负电压，一般是 100～500 V。栅极控制阴极发射出的电子束的形状和发射强度，对电子发射起限制和稳定作用。

2）聚光镜

聚光镜的作用是将电子枪所发出的电子束汇聚到样品平面上，并调节样品平面处电子束的孔径角、电流密度和照明光斑的大小。

早期的电镜和现在简单的电镜只装有一个聚光镜。单聚光镜的放大倍数为 1 左右。现代电镜都有"双聚光镜"，在电子枪和原聚光镜之间再加一个透镜，为第一聚光镜，原来的为第二聚光镜。双聚光镜有利于提高照明效率，同时照明光斑可调，使样品观察面积和照明面积相同，避免观察区域以外样品的电子束损伤，减少了样品受热而引起的热漂移和镜筒的污染。

2. 换样品装置和成像系统

1）换样品装置

该装置是放置待观察样品及样品与电子作用产生各种信号的场所，又称样品室。由样品载体、样品架、样品台和样品移动机构组成。

（1）样品载体：样品通常放在直径为 3 mm 的电沉积铜圆片上，铜网上有许多方形、圆形或其他形状的小孔，通常是200～300目，故称铜网。载网上常覆盖有很薄的火棉胶或福尔瓦（Formvar）膜，有时也喷涂碳膜作为支持膜。铜网能很快地散热，防止样品在电子轰击下由于热膨胀而发生漂移。样品载体还有镍网、金网、铂网等。

（2）样品架：固定载网的装置。一般为筒状，故又叫样品筒。样品由它装到镜筒内，并可使样品散热。因放入物镜中的方式不同，样品架有顶落式和斜插式两种。

（3）样品台：它在移动装置的控制下，可带着样品架移动。

（4）样品移动机构：可控制样品台移动，通常装在镜筒外面，用手调节。有的电镜还配有旋转装置（侧角台）、倾斜装置（倾斜台）、样品加热和冷却装置、拉伸和压缩装置、扫描附件及元素分析附件等，以适应不同研究样品的需要。

样品室还要有气锁装置。在换样品时，可以只允许最少量的空气进入镜筒，以便在最短的时间内恢复工作真空。

2）成像系统

成像系统的作用是对样品成像和放大。由物镜、中间镜和投影镜等成像透镜及消像散器组成（图2-15）。成像透镜的数目一般由所需的最大电子光学放大倍数决定。一般采用三级或四级成像系统。

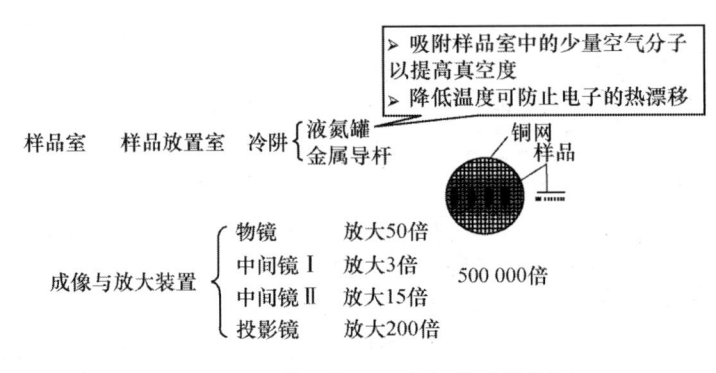

图 2-15　成像系统的组成部件及其作用

（1）物镜：要求高分辨本领，球差、色差和像散最小。物镜的放大倍数为50～100倍。物镜有物镜光阑，其尽可能地靠近样品，可挡住一部分散射电子，提高图像的反差，故又叫"反差光阑"。光阑上有几个光阑片，根据需要可以选择不同直径的光阑片。

（2）中间镜：是一个可变倍率的弱透镜，用来控制终像的总放大倍数。它是以物镜的像为物，在投影镜或第三透镜的物平面上形成第二个像，一般能放大0～20倍。高分辨本领电镜有两个中间镜。

（3）投影镜：是最后一级放大镜。其放大倍数是可变的或固定的。通常最大放大倍数为100～200倍。中间镜和投影镜也有各种光阑。

3）消像散器

由于加工精度和材料不同，磁场很难严格地轴对称分布，这造成透镜本身固有的像散,影响透镜分辨本领。为了减少像散,常采用消像散器。消像散器为一附加可调的电场或磁场,以补偿透镜磁场的轴不对称性。物镜一定要有消像散器,有时在聚光镜和中间镜下面也有消像散器。光阑和极靴的污染也会引起像散,也可用消像散器消除。但污染严重时,不能全部消除,必须对光阑和极靴进行清洗。

3. 像的观察和记录系统

该系统位于投影镜的下部,包括观察室和摄影室。观察室内有一荧光屏,上涂有荧光物质,在电子束照射下,可呈现最终像。观察窗口玻璃为铅玻璃,防辐射。在主观察窗外有一个双目光学显微镜,可对图像精确聚焦和观察,把终像放大 3～10 倍。

摄影室在观察室的下方,把选择好的像记录在涂有电子感光乳胶的胶卷上。近年来生产的透射电子显微镜装有高分辨率的数码摄像机(CCD),能直接将观察结果拍成电子数码照片,储存于电脑中,并能进行图片排版,直接输出结果,省去了胶片拍照后期的暗室处理等多道工序。为了保险起见,有的透射电子显微镜同时安装了普通摄影和数码摄影两套装置。

在观察室和摄影室之间装有气锁装置,使得在装卸底片时,能够不破坏镜筒高真空;换完后,又能迅速恢复到工作真空。

(二)真空系统

电镜的真空系统用于从镜筒中排除空气和其他气体,提供工作真空。

电镜要求在高真空的原因是:①镜筒中残余的气体分子能和被加热的灯丝相互作用,不断腐蚀灯丝,减少灯丝使用寿命,甚至烧断;②照明电子在平均自由程内,应该不与任何粒子碰撞,不被散射,电子枪内如果存在气体,会产生电离和放电;③残余气体聚集到样品和光阑上会造成污染,增加像散。

镜筒所需要的高真空度,目前的真空技术水平还不可能一步达到。必须采用两级串联抽真空,超高真空要三级串联抽真空。

(1)前置泵:前置泵是用以获得低真空的泵,一般采用简单的旋片式机械泵。旋片式机械泵工作原理如图 2-16 所示。泵体内有一圆柱形转子,位置与泵体腔偏心,转子与泵体腔之间留有小的缝隙。马达带动转子转动,转子带动一对刮片运动;由于刮片与泵体壁相切、线接触,所以在转动过程中,将气体吸入空隙,然后排出;不断循环,最终达到所需要的真空度。泵体里充满机械泵油,以密封真空和润滑泵体。前置泵可使镜筒真空度可达到 $1.3 \times 10^{-6} \sim 1.3 \times 10^{-5}$ Pa。

(2)油扩散泵:用以从低真空获得高真空的真空泵。它利用快速运动的油(或水银)重分子的动能把镜筒中较轻的空气分子或水蒸气分子带到前置泵里,使镜筒逐渐达到高真空。在油分子通过泵体内环形空间时,都要碰撞泵壳,会被冷却水冷却成

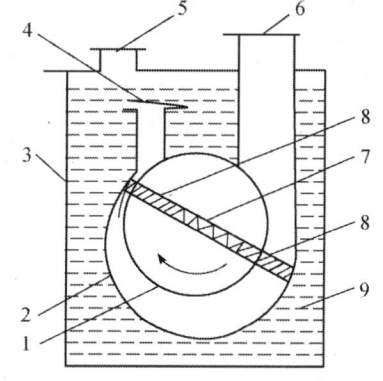

图 2-16 旋片式机械泵工作原理图
1. 转子;2. 定子;3. 油箱;4. 排气阀瓣;
5. 排气口;6. 吸气口;7. 弹簧;8. 旋片;
9. 泵油

液体，在重力作用下回到沸腾器，同时将空气带回到前置泵。油（或水银）再被加热成蒸气，如此循环工作，最终达到所需真空度（图 2-17）。油扩散泵工作时一定要有一定流量的冷却水，否则油蒸气多，会扩散到镜筒中，污染镜筒。同样，在前置泵工作一段时间后才能开启油扩散泵。油扩散泵可使镜筒真空度可达到 $1.3\times10^{-9}\sim1.3\times10^{-7}$ Pa。

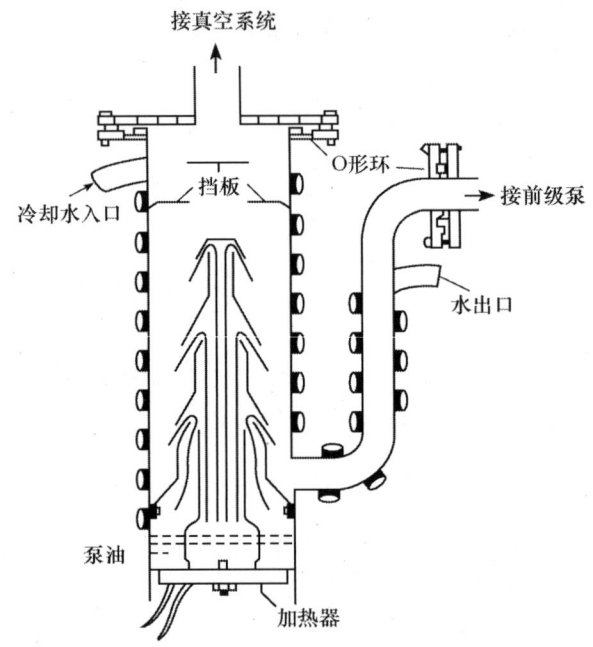

图 2-17 典型的两级高真空油扩散泵的截面图

在场发射电子枪中，还要有第三级泵，即在电子枪附近装有离子泵。离子泵有很多种，如高真空钛泵、陶瓷筛吸附泵等。它们可使真空度达 1.3×10^{-12} Pa。

现代电镜的抽气系统控制是自动的，只要按下启动按钮，系统就自动地按一定程序动作，达到所需的真空状态。真空抽气系统除有水压保护外，还要有停电保护。

（三）电子学系统

电子学系统主要指各种电源供给系统。包括以下 4 个部分。

(1) 高压电源系统：该部分供给使电子加速的加速电压。常用的加速电压是 50 kV、75 kV、100 kV、120 kV，现在电镜的最高加速电压已高达 3000 kV。生物用透射电子显微镜加速电压一般 120 kV 以下较好，否则容易烧毁样品。

(2) 透镜电源系统：该系统供给使电子束聚集与成像的各个磁透镜的激磁电流。加速电压和透镜电流的不稳定，都会引起像差，影响仪器分辨本领。

(3) 真空系统电源：供给各真空装置电源。

(4) 辅助电源：供给仪器各辅助设备所需的电源，如电子枪灯丝加热电源、照相装置电路等。

知识点 2-2　日立 H-7650 透射电子显微镜主要技术指标

1. 分辨率：晶格像分辨率为 0.204 nm；粒子像分辨率为 0.36 nm。
2. 加速电压：40～120 kV（100 V/档）。
3. 放大倍率：高反差 ZOOM 方式为 200～200 000×；高分辨 ZOOM 方式为 4000～600 000×；低倍方式为 50～1000×。
4. 束斑大小：0.8～10 μmΦ。
5. 灯丝：发夹式 W 灯丝。
6. 防止样品损伤功能：超低剂量电子束成像。
7. 电子枪部：自动电子束预辐照功能（APIS 功能）。
8. 照明透镜系统：二级透镜，配有电磁消像散装置；电子束倾斜±2.5°；可动光阑为 4 孔切换定位方式，20 μm、50 μm、100 μm、200 μmΦ。
9. 样品台：优中心侧插式样品测角台；样品支持铜网 3.0 μmΦ；移动范围为 X、$Y=\pm 1$ mm，$Z=\pm 0.3$ mm，计算机控制马达驱动；样品台倾斜角度为±20°；样品移动位置轨迹显示。
10. 成像透镜系统：计算机全自动控制的 6 段透镜系统。物镜为双狭缝复合物镜；中间镜为 2 段中间镜；投影镜为 2 段投影镜。
11. 自动功能：自动偏压、自动调整灯丝电流、自动灯丝饱和度、自动聚焦、自动消像散、自动拍照、自动图像拼接等功能。
12. 观察室：荧光屏升降机构由马达驱动；观察用荧光屏 160 mmΦ。
13. CCD 相机：像素为 1024×1024（12bits）。
14. 真空排气系统：油扩散泵 2 台，570L/s；机械泵 2 台，160L/min。
15. 安全装置：停电安全装置；断水安全装置；DP 过热安全装置；高压放电安全装置；大功率晶体管过热安全装置；各部分真空排气系统安全装置。

第三节　透射电子显微镜样品制备与观察

透射电子显微镜的分辨本领达到 0.2 nm 左右，但是对于大多数生物样品来说，电镜图像分辨率一般只能达到 2 nm 的水平，主要是受生物样品制备技术的影响。一般生物样品电镜要获得高的放大倍数和分辨率必须满足一些基本的条件：①生物样品必须彻底干燥；②生物样品图像反差低，要进行提高反差的电子染色和金属喷镀等处理；③透射电镜样品一定要薄。一般认为在 50～100 kV 加速电压范围内，切片实际可用的厚度在 50～100 nm。

目前透射电镜生物样品制备的方法很多：滴样法、复型法、超薄切片法（ultrathin sectioning）、冷冻蚀刻法、电镜放射自显影、免疫电镜和电镜细胞化学等。超薄切片法是透射电镜生物样品制备最经典和最基本的方法。本节重点介绍超薄切片法样品制备的详细步骤。

一、取样

取样是超薄切片能否成功的关键环节。对动物取样时，一般大动物是轻微麻醉后取材，小动物可绑牢，活体取材。脑、脊髓等对缺氧极敏感的组织，需要事先用固定液灌流固定。麻醉或处死动物，把所取组织浸入固定液中，整个操作要在 0.5 min 内完成，不得超过 1 min。植物样品取样时，选取的植株和取样的部位要有代表性，要做到迅速、准确和及时，保证样品的新鲜。样品块体积为 0.5~1 mm³。下面的操作步骤以植物材料为例。

二、固定

固定就是通过物理或化学的方法，瞬时杀死生物样品，同时将细胞或组织的形态、结构及其组成保存下来，同时防止组织自溶或被微生物侵袭。对于细胞超微结构研究来说，样品固定显得更加重要。理想的固定剂应具备如下条件：①迅速渗透，立即杀死细胞；②使细胞成分凝固或变性，保持结构稳定；③如果是进行生物酶功能研究，还要同时能保存一定的酶活性，以供细胞化学的测定；④对细胞没有收缩或膨胀作用，以保持形状；⑤不产生人工假像；⑥有防腐作用，可保存样品。目前还没有任何一种固定剂能同时达到上述要求，所以要根据具体实验目的来选择一种或多种固定剂同时使用。

目前常用的固定方法是化学固定法，即采用化学试剂来固定细胞结构。

（一）常用固定剂

常用的固定剂有戊二醛、甲醛、四氧化锇、高锰酸钾及重铬酸钾等。

1. 戊二醛（$C_5H_8O_2$）

1）戊二醛的性质

戊二醛是一种五碳醛，含有两个醛基（图 2-18），相对分子质量为 100，化学性质活泼。市售的戊二醛水溶液浓度为 25% 或 50%，pH 4~5。戊二醛水溶液常含有杂质和戊二醛的聚合体，影响固定效果，所以使用前要纯化。如果储存时间过长，戊二醛会自发聚合，颜色变黄，则失去使用价值。另外，配制戊二醛的缓冲液不能采用乙酸-巴比妥缓冲液。

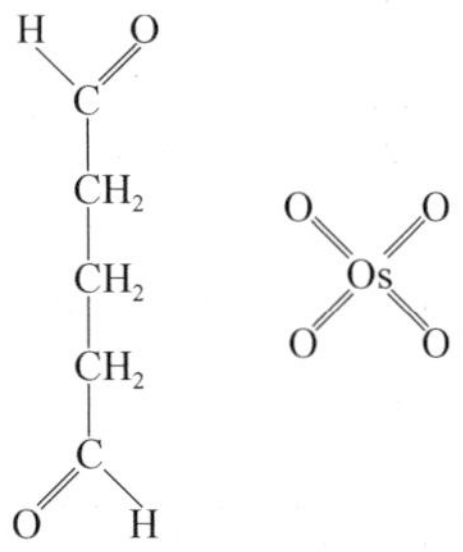

戊二醛作为固定剂有如下优点：①戊二醛对生物组织穿透能力较强、固定较快，两个醛基能形成交链，稳定细胞成分；②与蛋白质反应较快，能较好保存蛋白质；③对糖原、核蛋白，尤其是微管、内质网等细胞膜系统结构和细胞基质有较好的固定作用；④能保存一定的酶活性，适于做超微细胞化学研究；⑤不挥发，但容易经皮肤吸收，有刺激性；⑥样品在冷戊二醛固定液中可保存数周到数月。其不足之处有：①戊二醛对脂类保护不好，细胞中脂类容易丢失；②不能提供电子反差，对缓冲液的要求高。

图 2-18 戊二醛（A）和四氧化锇（B）的分子式

由于戊二醛对电镜样品不能提供电子反差，目前电镜制样广泛采用"双固定法"，即先用戊二醛固定液初固定，再用四氧化锇固定液作后固定，以弥补各自的不足。需要注意的是，样品在戊二醛固定后，必须用缓冲液充分洗涤后，才能转入四氧化锇中后固定，防止沉淀产生。

2) 戊二醛提纯

市售的戊二醛通常含有杂质，长期储存后会发生酸化，pH 下降，降低固定效果，因此使用时需要进行纯化处理。常用的处理方法有蒸馏和活性炭吸附等。其中活性炭纯化方法如下：在 25% 戊二醛 100 mL 中加入活性炭 10 g，在 4℃ 下摇动 1 h，过滤；吸附提纯 2～3 次，测定溶液吸收光谱的吸收值，确定纯度。此外还有碳酸钡提纯，方法如下：在 25% 戊二醛 100 mL 中加入碳酸钡 2 g，摇动 5～10 min 后过滤。

纯化好的戊二醛，可用如下两种方法测定纯度。① 测定吸收光谱：1% 纯戊二醛水溶液的紫外吸收峰为 280 nm，含杂质的戊二醛水溶液的紫外吸收峰为 235 nm。纯化后的戊二醛吸收比值 $A_{235}/A_{280}<0.2$ 才适合使用。② 测定 pH：测定戊二醛水溶液 pH，如果 pH>4，其纯度基本符合要求。此法简单，但没有测定吸收光谱法精确。

3) 戊二醛固定液配制

固定液配制对缓冲液要求高，一般选用磷酸缓冲液或二甲胂酸盐缓冲液，不能采用乙酸-巴比妥缓冲液。缓冲液最终浓度为 0.1 mol/L，pH 7.2～7.4。戊二醛固定液常用的浓度是 1%～5%。

(1) 磷酸缓冲的戊二醛固定液见附录 I。

(2) 二甲胂酸盐缓冲的戊二醛固定液见附录 I。

2. 甲醛 (HCHO)

1) 甲醛的性质

甲醛为无色气体，溶于水，37%～40% 的甲醛水溶液为福尔马林 (Formalin)。甲醛具有渗透速度快、固定迅速、对酶活性的保护比戊二醛好、经济方便等优点。其不足之处表现为甲醛对部分细胞成分固定不好，造成脱水时细胞成分流失。甲醛一般不单独使用，通常作为四氧化锇和戊二醛的前固定剂，或与戊二醛组成混合固定液。

2) 甲醛固定液

甲醛固定液要用优质的不含甲醇的多聚甲醛粉剂配制。一般选用磷酸缓冲液或二甲胂酸盐缓冲液，最终浓度为 2%～4%。缓冲液浓度为 0.1 mol/L，pH 为 7.4。

多聚甲醛固定液配制方法见附录 I。

3. 四氧化锇 (OsO_4)

1) OsO_4 的性质

OsO_4 是一种淡黄色结晶，习惯上称为锇酸（图 2-18）。它是一种强氧化剂，有毒性，其蒸气对眼、鼻、喉等黏膜有强烈的刺激性，其水溶液呈中性。OsO_4 是一种既可作固定剂也可作媒染剂的重金属化合物。它可以交联某些蛋白质，但主要被用来固定脂类；OsO_4 氧化不饱和脂肪酸的双键，同时自己被还原。在组织脱水过程中，OsO_4 还可能被乙醇还原。还原的 OsO_4 会在被还原点形成锇黑（$OsO_4 \cdot nH_2O$）。这些锇黑在组织上呈黑色或深棕色，从而增加了细胞膜上的电子密度，这样就增强了电子显微图像的对比度。OsO_4 更多地被用来在第一次醛固定之后的二次固定剂。戊二醛初级固定和 OsO_4 二次固定联合起来使用是保存超微结构所必需的。

OsO_4 作为固定剂有如下优点：①几乎能和细胞内所有成分发生化学结合；②与蛋白质发生化学结合时，形成交联，稳定蛋白质；③与不饱和脂肪酸形成脂肪-锇复合物，是唯一的脂肪性物质的固定剂；④对磷脂蛋白质和核蛋白保护很好；⑤锇的原子序数高，$Z(Os)=76$，因此 OsO_4 有电子染色作用；⑥配制固定剂时对缓冲液要求不高；⑦固定的组织不收缩、不膨胀，不变硬或发脆。其不足之处有：①OsO_4 对糖原、核酸、微管固定作用较差；②不适于超微细胞化学工作；③相对分子质量大，渗透能力差，大于 $1\ mm^3$ 的组织块固定不完好；④有挥发性，对黏膜有毒性作用，吞食或经皮肤吸收可能致命；⑤OsO_4 和乙醇、醛类能发生氧化还原反应而产生沉淀，污染切片。

2）OsO_4 固定液

OsO_4 固定液常用浓度为 1%～4%。OsO_4 固定液可以采用乙酸-巴比妥缓冲液，磷酸缓冲液或二甲胂酸盐缓冲液配制。缓冲液最终浓度为 $0.1\ mol/L$，pH 7.2～7.4。一般先将 OsO_4 配制成最终固定液浓度 2 倍的水溶液母液，使用时再加入一定浓度的缓冲液稀释而成。

(1) OsO_4 母液的配制：以 2% OsO_4 水溶液为例，将盛有 0.5 g（或 1 g）OsO_4 的安瓿撕去标签，用自来水冲净，再用双蒸水冲洗几次。用玻璃钻石刀在安瓿上划一圈裂痕，然后用清洁镊子夹入事先洗净的棕色磨口试剂瓶中，加入蒸馏水 25 mL（或 50 mL）。最后用一清洁的玻璃棒击碎安瓿，盖上盖子，让 OsO_4 缓缓溶解。OsO_4 溶解很慢，1 d 以后才能溶解完。

(2) 常用的 OsO_4 固定液：主要有 Palade 乙酸-巴比妥缓冲的 OsO_4 固定液、Cautfield 固定液、磷酸缓冲的 OsO_4 固定液和二甲胂酸钠缓冲的 OsO_4 固定液等。其配方见附录Ⅰ。

注意：操作者必须戴手套和口罩进行防护，在通风橱中进行操作。OsO_4 固定之后，必须用缓冲液或蒸馏水冲洗干净，才能转到乙醇溶液中脱水。OsO_4 母液最好是用双磨的棕色玻璃瓶封口保存，在冰箱中一般可储存数月。

4. 高锰酸钾（$KMnO_4$）

$KMnO_4$ 是具有绿色光泽的赤紫色结晶，也是一种强氧化剂。它是磷脂蛋白的优良固定剂，对细胞膜结构保护良好；对生物样品有电子染色作用。但高锰酸钾对细胞的其他成分固定不好。$KMnO_4$ 也可以作为戊二醛的后固定剂使用。

5. 其他固定剂

其他固定剂有重铬酸钾、丙烯醛等，可根据实验目的选用。

6. 多聚甲醛-戊二醛混合固定剂

按照 M. J. Kamovsky 的观点，一个好的标准固定剂应该是由戊二醛（1%～2%）和多聚甲醛（2%～4%）组成的混合剂，其缓冲液最好是二甲胂酸钠或磷酸钠的水溶液。这样的组合最大限度地发扬了两种固定剂的优点，弥补了它们各自的缺点。甲醛固定效果稍差，但它渗透到组织中的速度较快，能够稳定细胞组分；与此相反，戊二醛的固定作用比较充分，但渗透速度较慢。

（二）固定过程

1. 固定方法

将切好的植物组织块用吸管或木制牙签移到盛有新鲜固定液的固定瓶中，室温下固定 1~4 h（固定时间因样品种类和特性的不同而不同，可以参考相关文献）。固定瓶应预先放在盛有冰块的玻璃缸中，或放在冰箱中预冷。固定液体积为样品体积的 5~10 倍。植物体外培养细胞的固定最好置于 0~4℃的低温条件下进行。

2. 影响固定的因素

（1）固定液的渗透速度：各种固定液对组织的渗透速度是不同的。乙醇和甲醛的渗透速度是 4 mm/h，戊二醛约为 2 mm/h，OsO_4 则为 0.1~0.5 mm/h。因此，用 OsO_4 固定的组织块要切成小块，体积约为 1 mm^3。

（2）固定时间：一般组织块固定的时间是 1~4 h。如果固定时间过短，组织固定不好；培养细胞、分离的细胞器和细菌等材料的固定时间在 10 min~24 h 不等。

（3）固定液的渗透压和 pH：固定液的 pH 一般为 6~8。在固定液中加入一些非电解质，如蔗糖、葡聚糖或 PVP（聚乙烯吡咯烷酮）有助于增加渗透压，减少某些胞内成分的浸出。

（4）温度：进行超微结构观察时，样品可在常温下固定。在进行生物酶定位或免疫电镜细胞化学实验时，固定一般在 0~4℃低温下进行。

三、脱水

（一）脱水概念

脱水就是除去组织和细胞中游离态水。脱水一般是用既能和水也能和包埋介质单体相混合的液体替换样品中的所有游离态的水。样品脱水不足会导致非水溶性包埋介质不能完全渗入到组织块内部，电镜图像分辨率下降。对于水溶性包埋介质可以不经过脱水或减少脱水步骤。

目前用得最多的脱水剂是乙醇和丙酮，而环氧丙烷和甲醇因为有毒所以不常使用。为了防止脱水剂对细胞内有机物的抽提，可在低温（0~4℃）下进行脱水；要尽可能缩短脱水过程。当使用乙醇或甲醇脱水时，包埋前必须用 100% 的丙酮或环氧丙烷作为过渡溶剂，因为许多树脂在乙醇中不像在其他溶剂那样能够很好地溶解。据报道，丙酮比乙醇造成的样品皱缩要小，所以在大多数应用中丙酮是首选的脱水剂。但也有两个例外，一是当用丙烯酸树脂 LR White 包埋时，如果丙酮存在，树脂会不聚合；另一种情况是用塑料培养板或盖玻片时，它们将溶于丙酮。在这两种情况下，应使用乙醇作为脱水剂。

脱水时，在高溶剂浓度下会造成细胞中脂类被抽提，而在低溶剂浓度时又会造成蛋白质被抽提。因此在脱水前用 OsO_4 固定样品有助于最小限度地减少蛋白质和脂类的抽提。

（二）脱水方法

配制一系列逐渐减少含水量的脱水剂溶液，让组织块逐步通过这些溶液，实现逐级脱水。一般脱水剂的浓度梯度为：30%→50%→70%→80%→90%→95%→100%（3次）。每一级脱水液中停留的时间一般为10~20 min。在脱水过程中要经常振荡装样品小瓶；脱水液用量一般要是组织块体积的10倍以上。

注意：将上一级的脱水液倒净或用吸管吸尽，然后迅速注入下一级新的脱水液，中间时间要短。如果当天无法完成脱水全过程，组织块可以在70%脱水液（0~4℃）中过夜。市售100%乙醇和丙酮溶液常含有微量水分（1%~2%），可在100%"无水"的乙醇或丙酮中加入烤干的无水硫酸铜或无水硫酸钠，吸去水分；也可将乙醇或丙酮重新蒸馏除去水分，以制得所谓的"绝对"乙醇或"绝对"丙酮，进行最后一步脱水。如果脱水过程在冷冻环境下进行，注意当溶剂浓度达到90%或95%时，应将样品回温到室温，当最后一步用100%的丙酮脱水时，必须在室温下进行以防止水分在冷溶中凝聚。

四、渗透

渗透是用另一种溶液或混合液逐渐取代组织内的脱水剂（或前介质），使细胞内外所有空隙都被渗透液充填的过程。渗透的目的是使包埋剂逐渐渗入组织和细胞内，以便与细胞外的包埋剂同时聚合，保证形成优良的包埋块，便于半薄切片和超薄切片。渗透液为脱水剂（或前介质）与包埋剂按一定比例配制而成的混合液。

将脱完水的组织块先后经过脱水剂（或前介质）和环氧树脂渗透液比例分别为3∶1、1∶1、1∶3的混合液各30~60 min，最后进入纯环氧树脂渗透液中3~5 h或过夜，进行渗透。植物样品各步时间要相对延长。

知识点2-3　植物材料脱水和渗透程序

30%乙醇或丙酮水溶液	10~20 min
50%乙醇或丙酮水溶液	10~20 min
70%乙醇或丙酮水溶液	10~20 min
95%乙醇或丙酮水溶液	10~20 min
"无水"乙醇或丙酮溶液（换1次）	10~20 min
"绝对"乙醇或丙酮溶液（换1~2次）	10~20 min
乙醇或丙酮∶环氧树脂	
3∶1	6~12 h
1∶1	6~12 h
1∶3	6~12 h
纯环氧树脂	12 h或过夜

五、包埋

理想的包埋介质应具备下列条件：①在单体状态时为液态，黏度低，能迅速而均匀地渗入组织块中，无毒；②聚合充分、聚合温度低；聚合时收缩或膨胀系数要小；③聚合块的硬度适宜,有良好的切割性能;④聚合块切出的超薄切片在电子轰击下稳定性好,不分解和烧毁等。目前用于样品包埋的两类主要树脂有环氧树脂(Epon 812、Araldite、Spurr's)和丙烯酸树脂(LR White、LR Gold 和 Lowicryls),另外还有其他类型的树脂。

目前常用的包埋剂也有一些不足之处。①电子束损伤:有的包埋介质在电子轰击下会蒸发或分解,损伤样品的超微结构。一般甲基丙烯酸酯电子照射后损失率为 40%～50%,Araldite 20%,环氧树脂较稳定。②黏度损伤:包埋剂太黏稠很难混合均匀,搅拌时易产生气泡。③聚合损伤:聚合时组织过度膨胀,造成结构损伤。甲基丙烯酸酯包埋剂聚合损伤率达 15%～20%,环氧树脂损伤仅有 2%。

树脂的选择取决于包埋组织的类型和预计的包埋过程。包埋液一般是由包埋介质单体加上各种催化剂配制而成的。将渗透好的样品块放到适当的模具中,灌上包埋液包埋,经加温聚合形成一种固体基质,牢固地支持组织的过程叫包埋。固体基质又叫包埋块,它应具有足够的弹性,可以切出半薄和超薄切片。

(一) 环 氧 树 脂

环氧树脂(epoxy resin)是指一族加热后变硬的、含有环氧基团的脂肪族合成树脂,具有特有的淡黄色,黏度较高。电镜包埋介质用的是二酚基型环氧树脂,是由环氧氯丙烷与二酚基丙烷缩聚成的具有末端环氧基的甘油多聚酯。

环氧树脂与丙烯酸树脂相比所造成的样品皱缩较小,而且抗电子束轰击的能力更强,所以在细胞的超微结构研究中多选用环氧树脂作为包埋剂。这类树脂一般不溶于水,所以在渗透前组织必须充分脱水;脱水不充分会影响切片质量。这类树脂很难渗入水溶液,所以很难用于包埋后的免疫标记电镜细胞化学研究。Epon 812 是首批被应用的环氧树脂之一,目前已经不再生产了,不过 Epon 812 这个名称仍然沿用来描述那些与 Epon 812 性质相似、目前仍在使用的其他树脂。目前通常采用 SPI-PON 812 或 Spurr。

虽然环氧树脂有黏度较大、渗透慢、包埋块较硬、切割性能较甲基丙烯酸酯差等缺点,但环氧树脂保存细胞超微结构好,目前仍不失为最好的电镜包埋介质。

1. 环氧树脂聚合原理

环氧树脂具有两种化学活性基团,即末端环氧基团和沿链的长度隔开的氢氧基团。末端环氧基团是非常活泼的三元环,很容易打开,并与二元胺类相结合。当一个胺基附加到一个环氧树脂分子上时,环氧基开环,同时释放出能量,反应一直进行下去,最终使环氧树脂分子头尾连接,形成一个长链聚合物。中间的氢氧基团也能与其他反应物,特别是二元酸酐结合,形成树脂分子之间的横桥。

当把环氧树脂、胺和酸酐的混合物一起加热时,将不可逆地发生三维聚合作用,在链的长轴和横轴方向交联,形成一种非常稳定的含有聚酯和聚醚的惰性固态物质。环氧树脂的硬度和切割特性由含有氢氧根的树脂链中央的长度、二元酸酐链的长度和胺的比例决定。

环氧树脂能够聚合还需要添加一定比例的固化剂、加速剂和柔软剂等。固化剂是指横轴交联剂,一般选择琥珀酸酐或苯二酸酐,最常用的是十二烷基琥珀酸酐(DDSA)或甲基内次甲基四氢邻苯二甲酸酐(MNA)。加速剂是指末端衔接交联剂,又称为催化剂,一般为强有机碱——二元胺类。通常使用的是二甲基苯胺(DMAE)及2,4,6-三(二甲氨基甲基)苯酚(DMP-30)。柔韧剂有增加聚合块的塑性、改善切割性能的作用,常用邻苯二甲酸二丁酯(DBP)。环氧树脂聚合块的硬度可以用上述试剂按不同比例调节。

2. 常用的环氧树脂——Epon 812

Epon 812为一种甘油基脂肪族环氧树脂,溶于乙醇和丙酮,不溶于水;微黄色液体,黏度较低。渗透液和包埋液配方见附录Ⅰ。

知识点 2-4　以 Epon 812 为包埋介质的植物组织制样流程

1. 取材:常温取样,低温保存(0~4℃)。
2. 固定和浸洗

1%~3%戊二醛固定液固定	2 h,最多不超过1周
缓冲液清洗(更换1~3次)	每次20~30 min
1%~2%OsO_4固定液固定	1~2 h
缓冲液清洗(更换1~3次)	每次20~30 min

3. 脱水

30%丙酮水溶液	10~20 min
50%丙酮水溶液	10~20 min
70%丙酮水溶液	10~20 min 或冰箱过夜

   在室温条件下:

90%丙酮水溶液	10~20 min
100%丙酮水溶液	10~20 min
"纯丙酮"(更换2次)	每次10~20 min

4. 渗透

Epon 812 混合液:纯丙酮(1:3)	12 h
Epon 812 混合液:纯丙酮(1:1)	12 h
Epon 812 混合液:纯丙酮(3:1)	12 h
Epon 812 混合液(35~40℃)	12 h

5. 包埋和聚合

   将组织块放入胶囊(或包埋板)中,加入新鲜的 Epon 812 混合液,放烘箱中加热:

35℃	12 h
45℃	12 h
60℃	24 h

   树脂聚合后,待冷却到室温,可以进行切片。

3. 其他的环氧树脂

(1) SPI-PON 812:为 Epon 812 的一种换代产品,具有与 Epon 812 相同的性质,但其切割性能有好的改善。具体使用方法见产品说明。

（2）Spurr：黏度低，渗入组织快，适合于致密组织块的渗透与包埋。配方见附录Ⅰ。

（3）水溶性环氧树脂：水溶性树脂（water-soluble resin）可以避免在脱水过程中乙醇、丙酮或环氧丙烷等对样品成分的抽提作用，能完好地保存样品的成分，更适合于细胞化学的研究。下面以水溶性环氧树脂 Durcupan 为例说明。

Durcupan 是一种水溶性脂肪族多聚环氧树脂，包埋块较软。包埋液配方（Kushida，1964）见附录Ⅰ。

知识点 2-5　以 Durcupan 为包埋介质的植物样品制样过程

50% Durcupan 水溶液	15～30 min
70% Durcupan 水溶液	15～30 min
90% Durcupan 水溶液	15～30 min
100% Durcupan	30～60 min
100% Durcupan	30～60 min
Durcupan/Durcupan 渗透液（3∶1）	6 h
Durcupan/Durcupan 渗透液（1∶1）	6 h
Durcupan/Durcupan 渗透液（1∶3）	6 h
Durcupan 渗透液	12 h
Durcupan 渗透液	12 h
包埋、聚合（50℃）	50 h

脱水和渗透过程要在振荡器中振荡，于20℃切片。

（二）丙烯酸类树脂

London 树脂（LR White 和 LR Gold）和 Lowicryl 树脂是目前最常用的两种丙烯酸树脂。丙烯酸树脂与环氧树脂相比，抗电子束轰击能力较弱，但黏滞度较低且亲水性更好。丙烯酸树脂在组织样品渗透前仅需部分脱水，这就减少了脱水过程中可能发生的抗原表位变性和抽提。因为丙烯酸树脂较易渗透免疫标记溶液，因此多应用于包埋后的免疫标记。

Lowicryl K4M 是 Lowicryl 系列的一种低温包埋树脂。它含有高度交联的丙烯酸基和甲基丙烯酸基团，在低温条件下，黏滞度很低，是一种极性（亲水）树脂，需采用长波紫外线（波长 360 nm）在低温条件下聚合。LR White 具有与 Lowicryl K4M 类似的性质，也是免疫电镜中常用的低温包埋剂。

Lowicryl K4M 具体使用方法见"冰冻超薄切片原理与方法"部分内容。

（三）环氧树脂的制备和操作

环氧树脂包埋介质中包含了各种附加剂，包括酐固化剂[如十二烷基琥珀酸酐（DDSA）]、增塑剂或称柔韧剂[如邻苯二甲酸二丁酯（DBP）]，以改善其切割性能，防止组织块变得太脆，还加有胺催化剂如 DMP-30 [2,4,6-三（二甲氨基甲基苯酚）]或 BDMA（二甲基苯胺）来加速树脂聚合。组织块的硬度一般受固化剂和增塑剂比例控制。单独的 DDSA 使组织块变软，加入 NMA 后会增加硬度。树脂混合的各个单独成分可以在紧闭的密封瓶里避光冷藏放置相当长的时间。

渗透完毕后，用牙签小心地把组织块从渗透液挑出，在干净滤纸上去掉多余渗透液，再用木牙签小心地把组织块放入预先干燥的胶囊（或橡胶包埋板）。注入新的环氧树脂包埋液，直到离胶囊口缘 2 mm 处。再放入小标记纸，盖上胶囊盖子。把胶囊架移入烘箱，35℃下 12 h，45℃下 12 h，60℃下 24 h，使环氧树脂聚合。

聚合好的环氧树脂包埋块一般为透明的淡黄色。将聚合好的包埋块从烘箱中取出冷却到室温，放置几天，让块"成熟"即可切片。

注意：实验中所用的一切器材必须干燥，在 60~80℃下干燥 2 h 以上。环氧树脂有毒，接触皮肤会引起皮炎，因此所有操作最好在通风橱中进行。用过的试验器皿要立即泡在废乙醇（对 Epon 812）或废丙酮中，再用热肥皂水清洗干净。

（四）特殊材料的包埋

1. 细胞悬浮液

对于细胞悬浮液或一些颗粒状标本（如细菌、细胞器、亚细胞成分），样品在脱水和包埋之前一般需放在培养基中，如琼脂、明胶或 BSA。但是如果样本在离心后能够形成足够黏滞的小团并且在后面处理中能保持完整，也可以不必在基质中包埋。下面重点介绍在琼脂中包埋悬浮细胞的实验流程（Dykstra，1993）。

（1）将内有 10 mL 3%~4% 琼脂的小瓶放入装有蒸馏水的大烧杯中，置于 40℃下溶化。

（2）将固定后的细胞离心，使样品成小团；去上清液后加 1 mL 的缓冲液。

（3）轻轻搅动将样品制成悬液，装入一干净的微量离心管中，放置 15 min，再离心，去上清液，用缓冲液重复清洗。

（4）最后将样品制成小团并除去缓冲液。

（5）用加热的吸管吸出大约 1 mL 融化的琼脂放入装有样品的微量离心管中，吸管头需插到样品小团的底部。

（6）30 s 快速离心使样品成小团。

（7）取出离心管，将离心管放在冰上会加速琼脂的固化。

（8）用单面剃须刀片小心地将琼脂块从微量离心管中剥离出来，将琼脂块切成 1 mm 薄片。这些薄片可以像组织块一样进行锇酸固定、脱水和包埋。

2. 单层细胞

用橡胶刷将单细胞层从基质上刮下来，悬浮在合适的缓冲液中，制成细胞悬液，随后的步骤与上述一样。

3. 盖玻片上生长的细胞

（1）对一铝称重皿进行标记，将两根木棍平行地放在皿中，棍间距比盖玻片稍小。

（2）盖玻片上生长的细胞经过固定、脱水等步骤后，再进行包埋。包埋时将盖玻片放在棍之上，有细胞的一面朝下。

(3) 用100%的新配树脂填充铝皿直至刚好盖过平棍。
(4) 树脂经过聚合之后，轻轻移去盖玻片，细胞仍保留在树脂块中。
(5) 将细胞裱装在空白样品块上，进行半薄或超薄切片。

六、切片

（一）玻璃刀的制作

半薄和超薄切片机的刀有不锈钢刀、钻石刀及玻璃刀。不锈钢刀制作困难，易污染损坏，它在超薄切片技术发展的早期起过一定的作用。钻石刀价格昂贵，使用不普遍，但其使用寿命长且耐用，适宜于制作连续超薄切片和切硬材料。玻璃刀取材方便，制作简单，价格便宜，使用最普遍。通常用玻璃制刀机（图2-19）来制作合格的玻璃刀。

图 2-19 Leica EM KMR2 制刀机（Leica公司）

（二）刀槽的制备

超薄切片只有漂浮在水面或其他适当液面上，才能把它收集起来。因此，必须在玻璃刀的刀口背部装上一个不漏水的容器，称为刀槽。目前多用市售的硬质塑料刀槽，临用时用石蜡封在刀背上（图2-20）。这种硬质塑料刀槽有较大的水面，对切连续切片很适用。

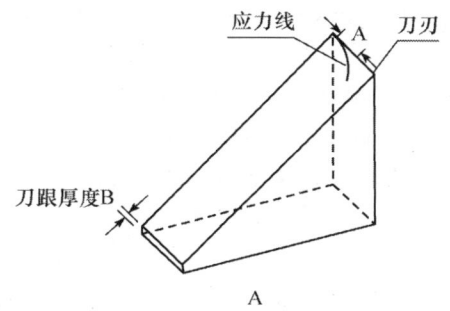 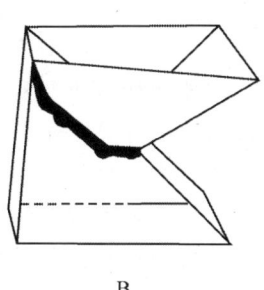

图 2-20 玻璃刀示意图（A）和用塑料制作的刀槽（B）

刀槽在切片时加满液体，以漂浮超薄切片和便于捞片。加入的液体因包埋介质的不同而不同，甲基丙烯酸酯切片一般用10%～15%的乙醇或丙酮水溶液；环氧树脂切片可以采用双蒸水。

（三）修　块

在进行切片之前，应该先将包埋块修成一定的形状和大小，这步操作叫修块（图2-21）。

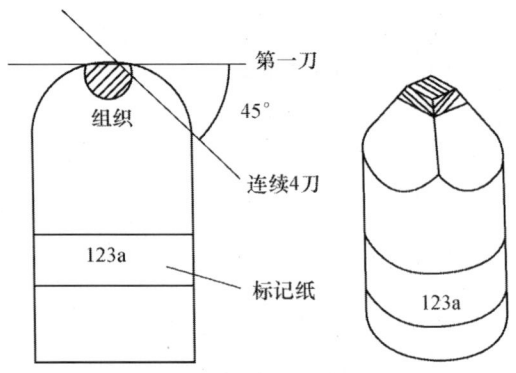

图 2-21 修块步骤及修成的形状

修块的目的首先是除去组织块周围多余的包埋介质，使半薄或超薄切片尽可能地由需要观察的组织所覆盖。由于含组织块的区域与不含组织块的区域硬度不同，经过修块，尽可能地除去组织块外的空白包埋介质，使要切的部分硬度一致，保证切出质量好的切片。修块可用手工或机器进行。

（四）半薄切片

用于透射电镜观察的切片要求厚度必须在 0.1 μm 以下，而高分辨率工作时，切片厚度要求在 0.01 μm 左右（表 2-3）。超薄切片机在手动的状况下，通过人为控制进样速度，能切出质量优良的半薄切片，用于光学显微镜下的细胞显微结构和组织细胞化学观察。

表 2-3 生物切片的厚度界限

切片类型	厚度/μm	切片类型	厚度/μm
超薄切片	0.01～0.10	普通切片	3.0～8.0
半薄切片	0.1～2.0	厚切片	10.0～25.0

目前超薄切片机的种类按其进刀设计原理分为机械推进式、热膨胀式和冷缩式三种，以热膨胀式最普遍。瑞典 LKB 公司生产的超薄切片机就是采用热膨胀式进刀，可切出 20 nm 到几个微米厚的切片。

热膨胀式的超薄切片机是利用金属杆加热膨胀，加长向外推进实现进刀。包埋块固定在由金属杆做成的样品臂上，金属杆上缠有加热丝，通电时可加热金属杆使其膨胀延长，样品则向切刀方向推进。通过控制流经加热丝电流的大小和样品运动速度就可以控制进刀的多少，切出不同厚度的切片。

各种型号的超薄切片机具体的操作程序不同，下面以 LKB 超薄切片机为例，简单介绍一下切片过程。

（1）固定包埋块：将粗修好的包埋块装在超薄切片机的样品夹中，包埋块露出夹具的高度为 2～5 mm（图 2-22）。装包埋块时不要把块夹得太紧或太松。太紧会把包埋块挤出来，移向切片刀，产生超厚切片；太松了，则在切片时包埋块会震颤。然后把样品夹插入超薄切片机样品臂顶端的样品头中，并使包埋块切面的顶边和底边处于水平位置，固定样品夹。

图 2-22 样品被固定在样品夹上

(2) 固定玻璃刀和调节刀前角：把封好刀槽的玻璃刀装在刀架上，安装时注意别碰到刀口。调节有关旋钮，使刀口所在的垂直面与刀的直角边的夹角即刀前角为 3°～8°。调整玻璃刀位置的高低，使刀口与固定在样品头上样品切面的中心位置水平。

(3) 选择刀口和调节组织块及刀刃位置：选择刀口的一段褶边区，用于对组织块进行细修。把样品臂松开，在双筒显微镜下，用手转动粗调和微调手轮，将刀架向样品移动。同时上下移动样品臂，调节刀刃和组织块顶端切面的位置。最后使切面的顶边、底边和所选刀刃平行；切面与刀刃所处的垂直面平行，且相互之间只有很小的一段距离。

(4) 加刀槽液：样品和刀刃位置调好之后，用一只注射器向刀槽逐渐注满刀槽液。液体先加过量，液面稍凸起，以浸过所有刀刃。然后用注射器慢慢抽出少量液体，直到液面凹下，在刀刃处有薄层液体并形成月形水面，在外源灯光照射下呈明亮的液面为止。

(5) 半薄切片：前面几项都准备好了以后，打开样品臂，先用手动细调，后用手动微调慢慢地使切片刀向样品切面接近，直到切出 0.1～2 μm 厚的半薄切片。当在双筒显微镜下看到切片基本上呈正方形和包埋块顶面大小差不多时，开始正式切片。仍采用手动进刀，通过手动调节微调进刀旋钮（半个刻度格或一个刻度）切出半薄切片（图 2-23）。切片厚度仍通过切片在水面的干涉色进行判断。一般干涉色为蓝色或蓝绿色时较好，切片厚度约为 1 μm。

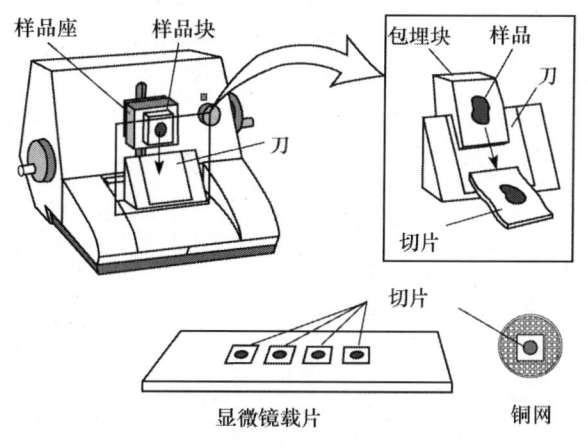

图 2-23 切片过程示意图

(6) 捞片和烘干：切出几片半薄切片后关样品臂，在洁净的载玻片上滴一滴双蒸水，用一铂环将半薄切片移放在水滴上。将切片放在 60℃加热板上干燥，较厚的切片（2 μm）需在加热板上放置至少 30 min。切片仍放在加热板上，用几滴经 0.45 μm 微孔滤膜过滤后的甲苯胺蓝染色液覆盖组织切片。对切片染色直到染色液滴的边缘开始变干并呈金属绿色。用蒸馏水将载玻片上的多余染色液冲洗掉，再用 95% 的乙醇脱色和分化。在空气中晾干后放在显微镜下检查。

注意：如果组织切片有过多褶皱，必须保证载玻片上的水滴足够大以使切片在后面的加热过程中伸展开。延长染色前切片的干燥时间、升高加热板温度也有助于褶皱展平。

（五）超薄切片

制备高质量的超薄切片是发挥透射电子显微镜优良性能的前提。电镜样品制备技术直接影响样品的结构和反差，进而影响到透射电子显微镜的分辨本领。高质量的超薄切片有如下要求：①精细结构保存好，无物质凝集、丢失或添加等人工效应；②厚度为 50~100 nm；③能耐受电子束的强烈照射；④包埋介质不发生变形或升华；⑤良好的反差；⑥没有皱褶和刀痕，无染色剂沉淀等缺陷。超薄切片前要进行载网清洗、支持膜制备等前期准备工作。

1. 载网清洗

超薄切片要放在载网上才能进行后面的染色等操作，并最终放到电镜中去观察。载网是用无磁性金属材料做成的，厚 50 μm，直径一般为 3 mm，也有 2 mm 的。一般用铜材料，所以又叫铜网。在酶组织化学或免疫细胞化学中要用金网和镍网。载网有各种形状（图 2-24）。可根据样品和实验需要，选择载网的材质、形状和孔眼的大小。铜网主要功能表现在能承载支持膜和样品；当受到电子束照射时，使支持膜不易破裂。照射到铜网网孔中的电子，穿过样品，通过透镜成像。碰到铜网载体上的电子，被传送到地面，不参与成像。此外铜网还会把样品上的热量传走，减少样品的热漂移。

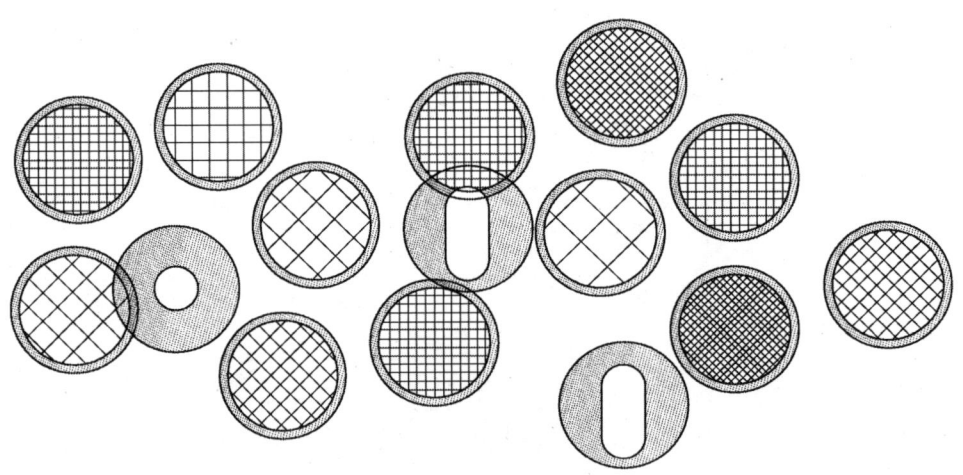

图 2-24 各种形状的载网

铜网要经过清洗，方可使用。目前清洗的方法有主要有下列几种。

（1）超声波清洗法：将用过的铜网放在盛有 95% 乙醇的烧杯里，置于超声波清洗器里（清洗器里有水），在 800~1000 W 下清洗 30 min。将使用过的铜网上的支持膜及超薄切片等洗去，然后用蒸馏水清洗数次，再在 95% 乙醇中清洗，最后放在垫有干净滤纸的培养皿中烘干，镜检，备用。

（2）酸碱清洗法：将用过的铜网放在一培养皿中，倒入一些浓硫酸或浓盐酸，不断地摇动，直到铜网发亮为止（3~5 min）。然后先用自来水、蒸馏水各洗几次；再放在

95%乙醇中清洗。洗干净的铜网最后放到垫有干净滤纸的培养皿中烘干,镜检,备用。也可将铜网放在盛有 10% NaOH 的小锥瓶或试管中煮沸数分钟,然后经水洗、干燥、镜检,备用。

2. 支持膜和 Formvar 膜的制备

铜网的网孔虽然很小,但对于超薄切片来说还是嫌大,所以要在铜网上覆一层透明的薄膜,才能平坦地支持超薄切片,这层薄膜称为支持膜。制膜常用的材料分为有机材料和无机材料两类。有机材料以火棉胶和聚乙烯醇缩甲醛(Formvar,福尔瓦)最常用,又叫塑料膜或方华膜。无机材料以碳膜最常用。支持膜要求在电子显微镜下不显示本身结构;有一定的机械强度,能耐高温,能经受电子束的轰击。支持膜要薄,一般为 10~20 nm。

制作有机膜的方法分湿法制膜和干法制膜两种。下面以 Formvar 膜为例介绍湿法制膜——滤纸打捞法(图 2-25)。

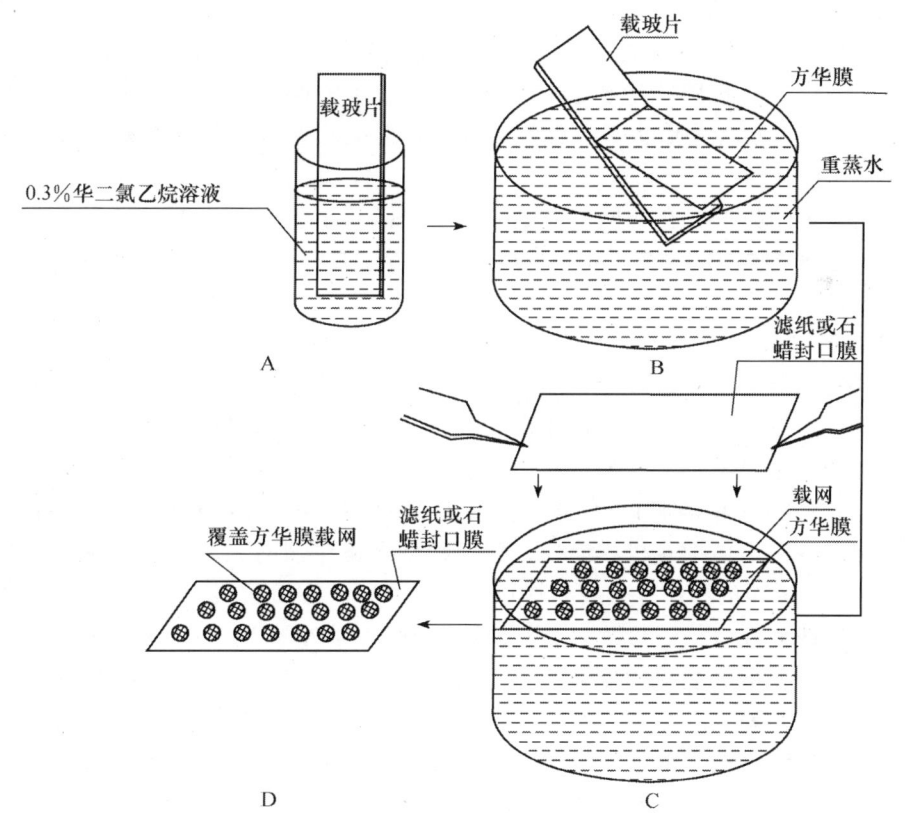

图 2-25 Formvar 膜的制备方法捞网操作示意图(付洪兰,2004)

(1)用重蒸馏过的二氯乙烯(或二氯乙烷)配成 0.2%~0.5% 的 Formvar 溶液。一般夏季用 0.2%,冬季用 0.5%。配好的溶液用双盖瓶储存,以防溶剂挥发。

(2)把配好的溶液倒入 125 mL 广口磨瓶中(或其他容器,直径略大于载玻片)。用镊子或夹子夹住干净的载玻片,浸入溶液中数秒钟,将载玻片取出,放在无尘的地方干燥 3～5 min，此时载玻片的两面都覆上一层很薄的膜。用刀片在膜的四周各划一条划痕，划痕离载玻片边缘 1～2 mm。

(3) 在一直径为 100～150 mm 的玻璃缸中放满蒸馏水，刮净水面。手持载玻片无膜一端，与水面成 30°～45°夹角，把已划痕的有膜的一端慢慢地浸入水内；这时载玻片一面的薄膜慢慢地剥离玻片，漂浮在水面上，然后将载玻片小心地拿出水面。

(4) 根据 Formvar 膜在水面上呈现的干涉色鉴别膜的厚度。一般选取颜色均匀、无灰尘、呈暗灰色的膜使用。

(5) 用镊子夹取清洁的铜网，正面朝下逐个整齐地排列在膜上。

(6) 在排列好铜网之后，用清洁滤纸轻盖在膜上，滤纸要比膜大，铜网夹在膜和滤纸两者之间。静置片刻，待滤纸吸水全变湿时，膜及其上的铜网即紧贴于滤纸上。用镊子夹住滤纸，轻轻地垂直拖出水面，使膜朝上，置培养皿中干燥，备用。膜做好应该尽快使用，久置膜易破坏。

3. 塑料基底碳膜的制备

由于有机膜不很牢固，在电子束轰击下常常会烧毁，可在其上面喷镀一层 3～10 nm 的碳膜增加强度。有机膜喷上碳膜后就成为塑料基底碳膜，常见的如 Formvar-碳膜。这种膜耐热性好，机械强度大，化学性能稳定，但碳膜亲水性差，不易使切片粘住。制作步骤如下。

(1) 用上述的方法先在铜网上盖上一层 Formvar 膜。

(2) 将这种载膜铜网放在干净的载玻片上，置于真空镀膜机内，喷镀一层 3～10 nm 的碳膜即成。

4. 碳膜的制备

因为碳的相对分子质量较低，薄的碳膜对于电子束是高度通透性的，而且碳膜稳定性高且有良好的导电性能，所以在要求高分辨率的情况下，碳膜是最常用的支持膜。有如下两种制作方法。

(1) 把有塑料基底碳膜的铜网放在特制的载网支架上，再倒入相应的溶剂，如 Formvar-碳膜，用氯仿把有机膜溶掉，碳膜则直接覆在铜网上，碳膜铜网就做成了。

(2) 将一片擦净的载玻片（或新剥开的云母片）放在镀膜机中，喷上一层 5～10 nm 的碳膜。取出载玻片（或云母片），小心地将碳膜划成小方块，并慢慢地把载玻片（或云母片）浸入一盛满蒸馏水的玻璃缸中，水面要干净。碳膜方块将浮在水面上，用镊子夹取一铜网，小心地浸入水中，慢慢放在碳膜方块下面，并提出水面，把碳膜捞在铜网上。如果预先把铜网浸入浓盐酸或稀硝酸中刻蚀几秒钟，则铜网与碳膜黏着更牢固。最后，把有膜的载网放在垫有干净滤纸的培养皿中干燥，备用。

5. 细修块

完成前期的各项准备工作后，需要对包埋块进行细修。在修块前，要通过半薄切片的染色观察，进一步确定自己感兴趣的部位，然后在双目放大镜下进一步细修块，去除不相关的结构。最后使样品顶面小于 0.5 mm×0.5 mm，便于下一步进行超薄切片。

6. 超薄切片

用超薄切片机切出厚 50 nm 左右的超薄切片，以供透射电镜观察。它是超薄切片制样技术的关键环节。

超薄切片前仍需将样品固定于样品夹，如前所述进行安装玻璃刀、对刀和加刀槽液等步骤。选择好的刀刃，设置切割速度和进刀量，然后打开自动切片按钮。样品臂通电加热，向前做线性匀速运动，开始超薄切片。很短时间后，在双目显微镜下看到刀槽水面有切片漂浮。由于超薄切片很薄，难以测定其厚度，可以通过日光灯下切片的干涉色来判断超薄切片的厚度。通常超薄切片干涉色以淡黄色为好；要求放大倍数高时以银灰色为好；放大倍数较低，但要求反差好的，以金黄色为好（表2-4）。通过双目镜观察，发现水面有3～4片完整、厚度适宜的超薄切片时，立即关闭自动切片开关，停止超薄切片。

表2-4 切片颜色和厚度对应

颜色	灰色	银白色	金黄色	紫色	蓝色
厚度/nm	40～50	50～70	70～90	90～190	190～240

（六）捞　　片

切出来的超薄切片漂浮在刀槽液面上，需要收集到有支持膜的载网上，才能进行下一步的染色和电镜观察。

切片展开之后，在双筒解剖镜下用眉毛笔把碎片及厚片剔除，然后把超薄切片汇集于刀槽中间。如果切片呈带状，则用两根眉毛笔把其分段排好，使长度稍大于载网的直径。用镊子夹住铜网边缘，使边稍稍弯曲，而铜网是水平的。让有膜面朝下，平移至切片上方；在双筒解剖镜下让铜网平面和切片平面平行，然后快速平行地向下移动，与切片接触，并使切片粘在铜网的中央部位，取出（图2-26）。让切片面朝上，用滤纸吸去液体，再将附有超薄切片的载网（图2-27）放入样品盒，置于干燥器中保存，待下一步进行染色。

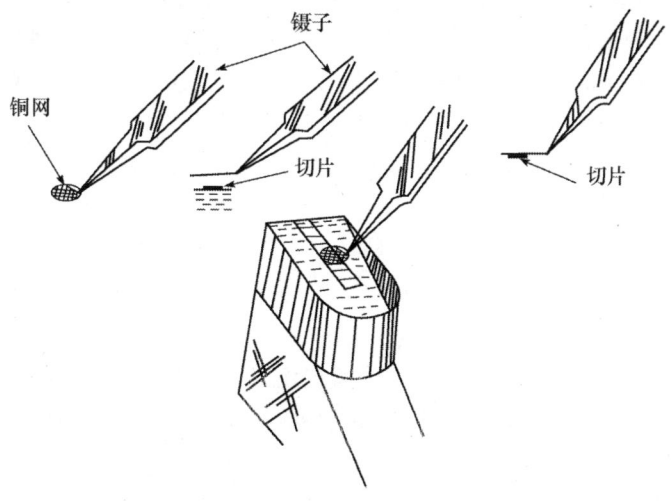

图2-26　捞片操作法示意图

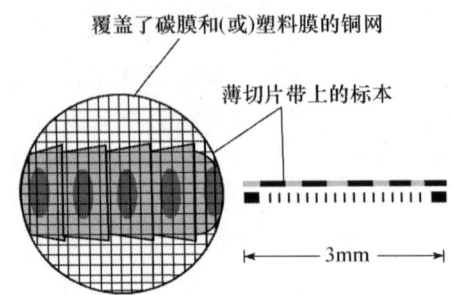

图 2-27 在 TEM 中支撑标本薄切片的载网（Alberts et al.，2002）

七、电子染色

电子染色可在不同时期进行。在固定脱水前或脱水时进行的染色叫块染；在切成超薄切片后进行的叫片染。根据染色效果和成像的不同，又分为正染色和负染色。

（一）常用的染色剂

1. 铀染色剂

铀的原子序数为 92，是电镜染色剂中最重的元素。它和细胞大部分成分结合，特别对含有 DNA 的细胞结构有强烈的染色作用，对核蛋白及胶原染色效果也较好。

1）乙酸双氧铀 $[UO_2(CH_3COO)_2 \cdot 2H_2O$，UA]

乙酸双氧铀是电镜常规染色剂，也是用于块染的染色剂。乙酸双氧铀和组织是离子结合，提供双氧铀离子（UO_2^{2+}），可以和氨基、羧基、磷酰基、咪唑和硫氢基等基团结合。

常用 1%~5% 乙酸双氧铀的水溶液为染色液，室温下染色 30 min～1 h。加热（40~70℃）可缩短染色时间至 20~30 min。也常用 1%~2% 乙酸双氧铀的 50%、70% 或 95% 乙醇溶液作染色液，这种染色液穿透切片能力较水溶液好，染色时间 20~30 min。

乙酸双氧铀染色液不大稳定，新配的染色液有黄绿色光泽，放置时间长会分解，溶液变得浑浊，发黄色光泽时应弃去重配。铀是放射性元素，操作中要注意安全。

2）硝酸铀

硝酸铀比乙酸双氧铀稳定，但是没有乙酸双氧铀染色效果好。常用配制成 2% 的 70% 乙醇溶液。

2. 铅染色剂

铅的原子序数为 82，也是使用最广泛的一种电镜染色剂。铅与含有还原锇的组织结构有较强的亲和力，使细胞的膜结构、核糖体、糖原等着色。但是铅染色液暴露在空气中，易和空气中的 CO_2 发生反应生成碳酸铅沉淀，即所谓的"铅污染"。所以操作时要尽量减少铅染液和空气接触，所用的试剂要新鲜。另外，染色操作时，要防止铅中毒。

铅染色液有多种配方，主要有如下几种。

（1）柠檬酸铅配方。配方（Reynolds，1963）见附录Ⅰ。将硝酸铅和柠檬酸钠置

50 mL 容量瓶中，加入 30 mL 煮沸后冷却的蒸馏水，用力摇晃 20 min，然后放置 30 min，中间不时晃动，可见生成乳白色的柠檬酸铅粗沉淀。加入 8 mL（1 mol/L）NaOH，沉淀溶解，至透明无色，加蒸馏水至刻度，塞住瓶塞反复颠倒，直到沉淀完全溶解。溶液 pH 为 12。配好的染液应塞紧瓶口，放置冰箱中可保存数月。

（2）三铅染色液。配方（Sato，1968）见附录Ⅰ。在 100 mL 三角瓶或容量瓶中放入称取的硝酸铅、乙酸铅、柠檬酸铅和柠檬酸钠，加入新煮沸后冷却的蒸馏水 82 mL，摇动数分钟，变成细乳白色溶液。再加入 18 mL 新配制的 1 mol/L NaOH，溶液变清亮。最终 pH 为 12。染色剂储存于棕色瓶中，室温下可保存一年。该染色液比柠檬酸铅染色效果强。

铅和铀盐都是优良染色剂，但染色特性又有不同，所以经常采用"双染色"法，即先用铀染，后用铅染。铅-铀双染色已成为超薄切片的常规染色方法。

3. 其他染色剂

（1）高锰酸钾：高锰酸钾是一种固定剂，亦可作染色剂。用四氧化锇固定的组织，再用高锰酸钾对细胞膜性结构染色，效果好。染色液为 1% 的高锰酸钾水溶液，室温下染色 10 min，染色后充分水洗。

（2）磷钨酸（PTA）：钨原子序数为 74，磷钨酸可以用于块染、片染和电镜负染。它对糖原、糖蛋白、胶原等染色好。

染色液常用 1% 的水溶液或 70% 乙醇溶液，pH 为 3～3.5，染色 5 min 左右。

（3）负染染色剂：用于负染色技术的染色剂也是重金属的盐类，最常用的有磷钨酸和磷钨酸钾。染色液的 pH 对染色影响较大，一般用缓冲液配制染色液。

（二）正 染 色

正染色是高密度的重金属染色剂和样品的细微结构成分结合，能增加样品局部的电子散射能力，而使电镜图像反差增强。正染色在荧光屏上形成正像，又叫阳性反差染色，主要用于超薄切片法中的块染和片染。

正染色最常用的染色剂是铅盐和铀盐（图 2-28）。染色的方法有多种，对于少量载网染色一般用液滴染色法，对于较多的载网用多孔架染色法。本处只介绍液滴染色法。

液滴染色法又分浸入法和漂浮法。在一培养皿中放一块牙科用蜡片，在其上滴一大滴染色液。用尖镊子把铜网插入液滴中（浸入法），或切片面朝下漂浮在染液上（漂浮法）。一个液滴上可放 3～4 片铜网。在室温下或稍高于室温染一定时间后，用镊子夹出。用洗瓶水或烧杯蒸馏水漂洗，洗去多余的染料。用一小片滤纸吸去水分，用同样的方法再进行第二次染色。铅染时，需要在相对密封的环境下进行，可在蜡片周围放几粒 NaOH，吸收 CO_2。

注意：蒸馏水漂洗一定要完全，不然残留在切片上的染料在干燥时会形成结晶，污染切片。而镊子上残留染料，在双染时会带入第二种染液中，两染液起反应，污染染液和切片。

经过双染，漂洗干净的铜网用滤纸片吸去多余水分后，放入垫有干净滤纸的培养皿中，自然干燥。干燥后的载有超薄切片的铜网即可放到电子显微镜中观察。

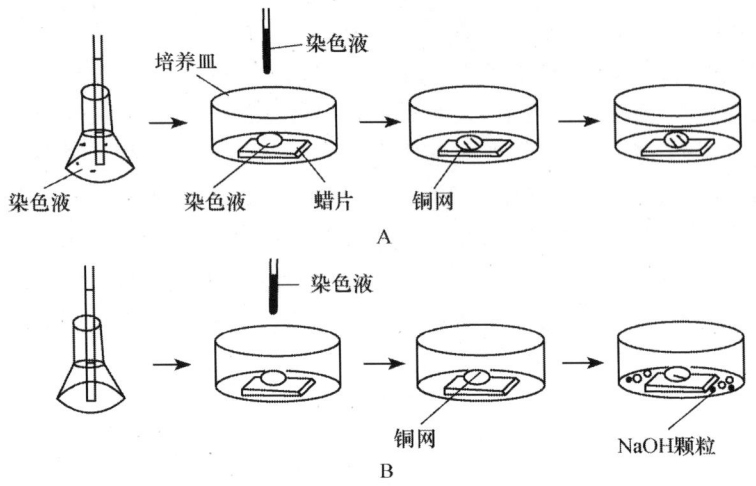

图 2-28 双重染色法示意图
A. 铀染色；B. 铅染色

（三）负 染 色

负染色的原理不详，可能是密度反差原理。负染色是利用高密度的重金属染色剂把生物样品包绕，作为衬托，增加背景对电子散射作用；生物样品结构却相对多地通过电子，最终在荧光屏上形成暗背景下的亮像。样品的精细结构的反差得到增强，又叫阴性反差染色。

负染色有如下优点：①染色本身不改变生物样品的活性，也不造成变形；②简单易行，用量少，不要求高纯度的样品制备技术，不需要繁琐的制样过程；③大大提高了样品的反差和分辨率。当染色剂颗粒大小为 0.7 nm 左右时，分辨率可达 1~1.5 nm。该技术广泛用于颗粒状物体，如病毒颗粒和细胞亚单位分子等的制样，也可用于冷冻切片的制样。

负染的方法有滴样法和喷雾法。常用的负染染色剂和 pH 见表 2-5。

表 2-5　负染色剂及其 pH

负染色剂	浓 度	pH	缓冲液
磷钨酸	1%~5%	6.8~7.4	无
磷钨酸钾	2%	6.0~7.0	乙酸铵
乙酸铀	0.5%~3%	4.0~5.2	无
钼酸铵	1.0%~3%	6.0~8.0	乙酸铵
硼酸钨钠	2%	5.5~7.0	无

1. 滴样法

滴样法又叫悬滴法。先将需要观察的生物样品用生理盐水或蒸馏水制成悬浮液。悬浮液的浓度要求比较稀（病毒为 10^7~10^8 个/mL，细菌为 10^5 个/mL）。用拉长的毛细吸管把少量悬浮液滴到载膜铜网上，静置数分钟，用滤纸在液滴边缘吸去多余液体。滴一滴蒸馏水，清洗，用滤纸吸去，重复 2~3 次，以除去可溶性盐类或其他杂质。用滤纸吸去多余染液，干燥后放干燥器中，待镜检。

2. 喷雾法

将染色液和样品悬浮液等量混合后，注入微型喷雾器内。在无菌柜或防护罩里，用压缩空气或氮气将样品混合液喷到带膜的铜网上，干燥后，待镜检。

在样品干燥过程中，由于表面张力的变化，常引起生物结构的变形和破坏。因此在负染前样品最好用甲醛或戊二醛进行预固定。

超薄切片制样过程见图 2-29。

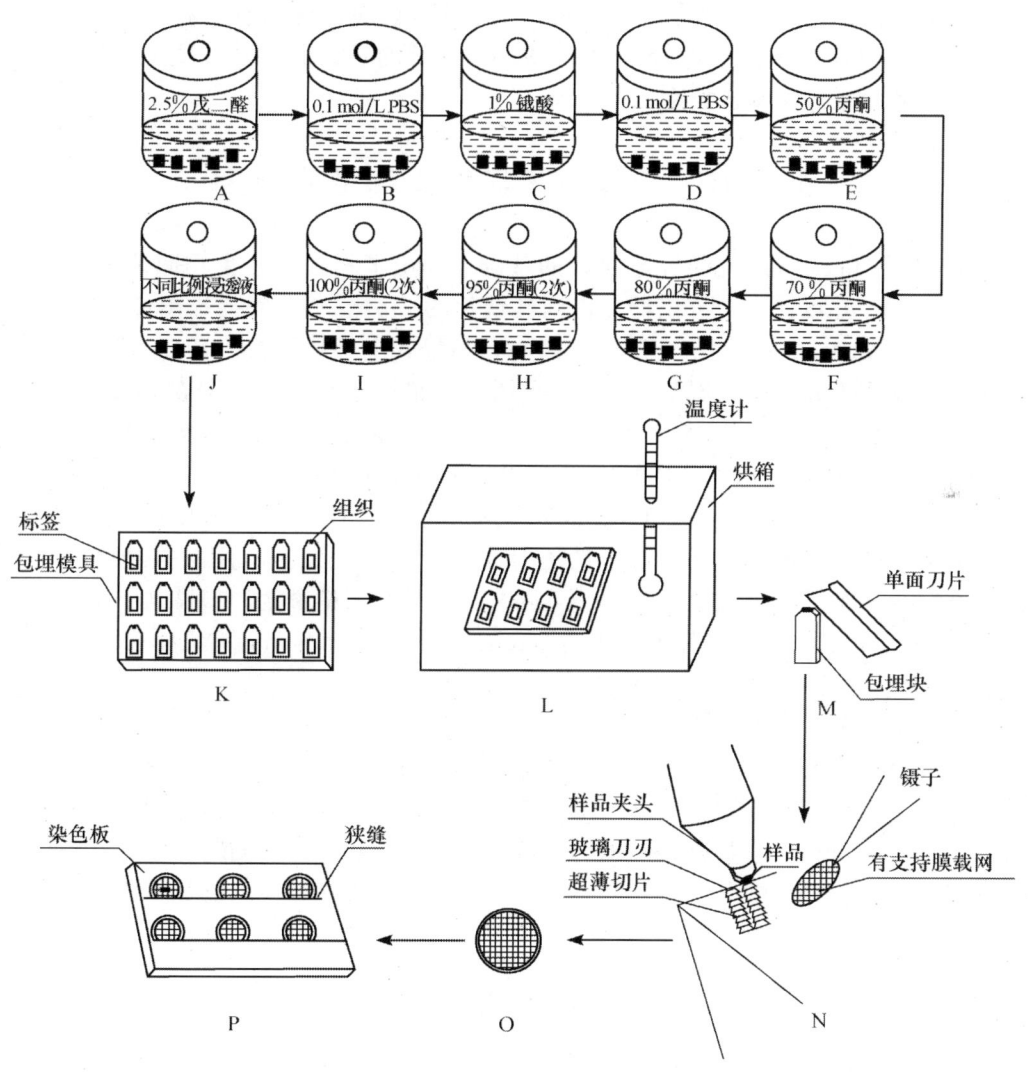

图 2-29　超薄切片制样过程示意图（仿付洪兰，2004）

八、透射电镜观察

染色完成的样品立即上机观察，如果不能立即观察，样品应放置于干燥器中防受潮。

第三章 扫描电子显微镜的结构原理和样品制备技术

扫描电子显微镜（scanning electron microscopic，SEM）简称扫描电镜，其设计思路和工作原理早在 1933 年便已被提出来了，1965 年由英国剑桥仪器公司生产出第一批商用扫描电子显微镜，使扫描电子显微镜进入了实用阶段。近几十年来，扫描电镜已广泛地应用到生物学、医学、农学和冶金学等学科领域的研究中。本章重点介绍扫描电镜的结构原理和常规样品制备技术。

第一节 扫描电子显微镜的结构原理

1933 年，Max Knoll 在研究显像管的基础上提出了扫描电子束在固体表面扫描得到图像的原理，并设计出一台仪器，得到硅铁片的二次电子表面扫描图像。1938 年德国的阿登纳（M. Von Ardenne）制成了第一台扫描式电子显微镜。1942 年英国兹维里金（V. K. Zworykin）等制成第一台实验室用的扫描电子显微镜，分辨本领达 50 nm。1949 年卡斯坦（Castaing）等开始在扫描电子显微镜上开拓 X 射线微区分析方法。1965 年英国剑桥仪器公司生产出第一批商用扫描电子显微镜，分辨本领 25 nm，使扫描电子显微镜进入了实用阶段。1968 年美国芝加哥大学 Crewe 研制了场发射扫描透射电子显微镜，获得分辨本领达到数埃的透射像。1970 年他发表了用扫描透射电子显微镜拍摄的铀和钍原子像。目前，日本、英国、美国等都大批量生产扫描电子显微镜，其分辨本领可达 6~10 nm；场发射型可达 3 nm，甚至可达 1.5 nm。

一、扫描电子显微镜的原理

扫描电子显微镜能够直接和多角度观察样品表面的结构，图像景深大，富有立体感；可放大十几倍到几十万倍，基本上包括了从放大镜、光学显微镜直到透射电镜的放大范围，分辨率介于光学显微镜与透射电镜之间。在观察形貌的同时，还可利用从样品发出的其他信号作微区成分分析。其不足之处是扫描电子显微镜只能显示样品的表面形貌，无法像透射电子显微镜那样显示样品内部的精细结构。

（一）工作原理

从扫描电子显微镜的电子枪发出的高能电子束受到加速电压的作用射向镜筒，再经过聚光镜及物镜的汇聚作用，缩小成直径约几毫微米的电子探针。在物镜上部扫描线圈的作用下，电子探针在样品表面作光栅状扫描，激发出多种电子信号。这些电子信号被相应的检测器检测，经过放大、转换，变成电压信号，最后被送到显像管的栅极上并且调制显像管的亮度。显像管中的电子束在荧光屏上也作光栅状扫描，并且这种扫描运动与样品表面的电子束的扫描运动严格同步，这样即获得衬度与所接收信号强度相对应的扫描电子像，这种图像反映了样品表面的形貌特征。

另外，电子探针作用于样品表面，也可激发出特征 X 射线。对样品发出的特征 X 射线波长（或能量）进行分析，可以对分析区域所含化学元素作定性和定量分析。以特征 X 射线波长进行分光，一般称波长色散法（WDX），所用仪器叫 X 射线光谱仪。用半导体检测器对特征 X 射线能量进行分光，称为能量色散法（EDX），所用仪器叫 X 射线能谱仪。目前多功能的扫描电镜都配有光谱仪或一台能谱仪，有的同时配有两种检测设备。

（二）扫描电子束与样品之间的相互作用

电子束与样品之间的相互作用很复杂，能够产生各种各样的信号，而这些信号可以通过不同的分析仪被探测到，而且在显微图谱上显示出来。当电子束在样品上扫描时，在每一个停顿点上电子束都以一定的深度穿透样品，称为激发或作用区。电子束激发区内可以产生一些不同类型的信号，包括二次电子（Se）、背散射电子（Bse）、阴极荧光、俄歇电子、光子和 X 射线。其中二次电子（非弹性散射）和背散射电子（弹性散射）与扫描电镜成像密切相关。

二次电子产生于第一层 $5\sim15$ nm 深度的样品表面，能级非常低，通常为 $5\sim10$ eV，一般不超过 50 eV。由电子束直接轰击的样品位点所发出的 Se 为 Se1，而那些远离电子束轰击点所发出的 Se 称为 Se2。这些二次电子是在 Bse 逸出样品过程中产生的，它们造成了背底噪声。

要获得高分辨的扫描电镜图像有两种手段。一是改善信号噪声比，即通过使样品表面包被一薄层均匀的金属膜来增强 Se1 的产生，因为生物学样品的原子序数和电子密度都较低，所以通过离子束喷溅的方法包被一层薄的金属膜（<2 nm）能够将几乎所有的 Se1 定域在膜内产生。二是使用小于 5 kV 的加速电压。低能电子束的优点是减小了电子束作用区的体积，从而减少 Se2 的产生。加速电压从 10 kV 降到 1 kV 可使电子的激发范围缩小 50 倍，这就使得 Se2 的最大峰带宽几乎与 Se1 相同。

Bse 的能量范围更宽且能量更大，能够达到加速电压的 80%。因为能量上的差别，Bse 的收集对条件不那么敏感。当充电因素使得样品 Se 不可能完整成像时，可以使用 Bse 在样品充电的条件下成像。另外，样品的少量污染可被能量较高的 Bse 电子束有效穿透而不影响成像效果。射入电子束所产生的 Bse 数随着原子序数的增大而增加，也受样品倾斜度的影响。在常规 SEM 中，Bse 的空间分辨率比较小，在几百个纳米的数量级上。但是敏感固态或闪烁体探测器的发展已使得 Bse 的高分辨率成像成为可能。当这些探测器与薄金属膜包被一起使用时，使 Bse 成像在高分辨率的形貌学研究中通常比 Se 成像还好。

二、扫描电子显微镜的结构

扫描电子显微镜包括电子光学系统、电子信号收集和处理系统、信号的显示和记录系统、真空系统和电源系统。

（一）电子光学系统

电子光学系统分为电子枪、电磁透镜、扫描系统和样品室等几个部分（图 3-1）。

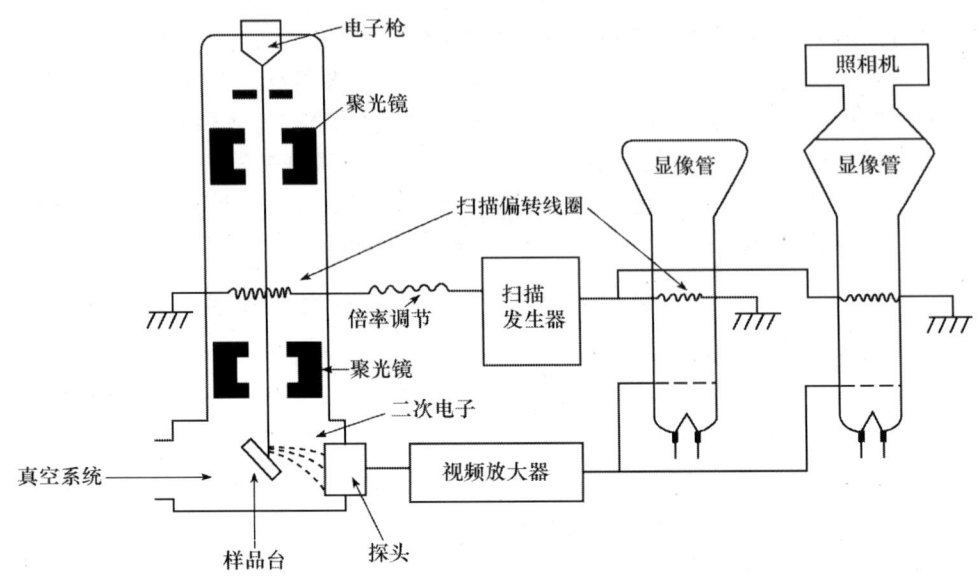

图 3-1 扫描电子显微镜结构示意图

其作用是产生很细的电子束（直径约几个纳米），并且使该电子束在样品表面扫描，同时激发出各种信号。

1. 电子光源

电子光源在普通扫描电镜中被称为电子枪。它由加热钨丝或六硼化镧丝制成，在场发射扫描电子显微镜（FESEM）中是由冷场或热场发射器组成的。由于在灯丝和阳极之间存在电位差，从灯丝发出的电子在回到阳极的途中被加速，形成加速电子束。使电子加速的电压被称为加速电压，在 SEM 中从 0.5～30 kV 不等。

2. 聚光（物）镜

通过阳极的电子被 2～3 组聚光镜所收集，形成电子探针，在偏转线圈的控制下对样品进行扫描。SEM 的所有透镜组都是聚光镜，紧挨着样品上面的最后一组聚光镜习惯被称为"物"镜。但这组所谓的"物镜"并不参与成像，而是发挥聚光镜（或探针形成透镜）的功能，作用是将电子束聚焦到样品上。

3. 光阑

光阑可以控制照明角度及到达样品上的电子束流量。最后一个聚光镜（物镜）光阑在样品上产生一个球形电子束探针，此光阑称为"物镜"光阑。在 SEM 操作中需要每天合轴以便获得好的物镜光阑散光校正效果。

4. 样品台

样品台可以放置样品，另外还允许样品转动或倾斜。从物镜到样品之间的距离称为工作距离（WD）。WD 的变化控制图像分辨率及景深：短 WD（3～5 mm）可获得较高的分辨率，而长 WD（30～35 mm）能够获得更大的景深。样品台可以作不同程度的倾斜，但样品台为中心对称，即在样品台倾斜过程中样品的图像并不移动，这样易于进行立体图像的收集和成像。

（二）电子信号的收集与处理系统

在 SEM 中不存在涉及图像生成的物镜，所以电子束并不直接携带整个图像的信号。SEM 的图像形成于电子束扫描样品之后收集到的每个扫描点所产生的信号。在样品室中，扫描电子束与样品发生相互作用后产生多种信号，包括二次电子、背散射电子、X 射线、吸收电子、俄歇（Auger）电子等。其中最主要的是二次电子，它是由入射电子所激发出来的样品原子中的外层电子，其产生率主要取决于样品的形貌和成分。通常所说的扫描电镜像就是指二次电子像，它是研究样品表面形貌的最有用的电子信号。

收集二次电子信号时，在样品的一侧放置一台探测器，正是这样一种几何分布及样品相对于探测器的角度，才能在 SEM 中产生出来具有阴影效果的 SEM 显微图谱。面对着探测器的样品区域比较亮，因为这些区域的 Se 收集效率高，而看起来比较暗的样品区域其二次电子到探测器的飞行通路不直接，因此只能从这些区域收集到很少的电子。

检测二次电子的检测器的探头是一个闪烁体，当电子打到闪烁体上时则发光，这种光被光导管传送到光电倍增管，光信号即被转变成电流信号。经前置放大及视频放大，电流信号转变成电压信号，最后被送到显像管的栅极，显示图像。

（三）电子信号的显示与记录系统

扫描电镜的图像显示在阴极射线管（显像管）上，并由照相机拍照记录。显像管有两个，一个用来观察，分辨率较低；另一个用来照相记录，分辨率较高。

显示器上的放大倍数为电子束在样品上的扫描长度与显示屏上的扫描长度之比。扫描长度由不同的扫描线圈控制。如果显示屏上的扫描线宽为 10 cm，电子束在样品表面上的扫描距离为 10 μm，则放大倍数就提高为 10 000 倍。

（四）真空系统及电源系统

初级电子及由样品散射出来的二次电子都需要一个相当自由的运行通路，以保证它们不受镜筒内残留气体分子的散射而改变运动方向。真空系统一般由机械泵和扩散泵或涡轮分子泵组成，能产生 $10^{-6} \sim 10^{-5}$ Torr* 的工作真空。在 FESEM 中，电子枪中的冷场发射器需要用离子吸气泵来维持 10^{-10} Torr 左右的真空环境。

电源系统供给各部件所需的特定的电源。

知识点 3-1　JSM-6390 扫描电子显微镜主要技术指标

1. 分辨率：高真空下 3.0 nm (30 kV)，20 nm (1 kV)；低真空下 4.0 nm (30 kV)
2. 放大倍数：5～300 000 倍
3. 真空系统

真空度：高真空≤0.1 MPa；低真空 1～270 Pa，全自动控制。

---

* 托，1 Torr=133.322 Pa

泵系统：1个扩散泵，2个机械泵。

4. 电子光学系统

加速电压：0.5~30 kV，连续可调

灯丝：钨灯丝，灯丝具有自动加热、自动对中功能

聚光镜：可变焦距聚光镜

物镜：超维型物镜

聚焦：自动或手动聚焦

物镜光阑：三级可调物镜光阑

图像电平移：±50 μm

自动功能：自动聚焦、自动亮度、自动对比度、自动像散校正

5. 样品室和样品台

样品台：优中心样品台，两轴马达驱动；可装直径150 mm的样品

行程：$X=80$ mm，$Y=40$ mm，$Z=5\sim48$ mm

倾斜：$-10°\sim+90°$

旋转：360°

6. 探测器及成像系统

二次电子探测器：二次电子像

背散射电子探测器：成分像、凹凸像和立体像

图片格式：BMP、TIFF、JPEG

7. 电镜操作系统

操作系统和分析软件：Windows XP；提供Smile View图像管理软件。

8. X射线能谱分析仪

能量分辨率：138 eV

峰背值：10 000∶1

元素分析范围：Be4~U90

探测器制冷方式：液氮冷却

第二节　扫描电子显微镜样品的制备

一、常规制样方法

（一）取　　材

扫描电镜适于观察多种样品，但要求样品固定、干燥和导电性能良好。常用于观察的生物样品包括植物花、叶、果实及昆虫和动物器官表面等。研究整体表面的超微结构是扫描电镜样品制备技术中最常用的。生物样品取样要准确，体积不宜过大，以减少不必要的观察量。取样时动作要轻巧，防止因挤压而损伤样品。

（二）固　　定

细胞或组织需经一个称为固定的过程来处理，以尽可能迅速地使目标细胞的所有动态活动都停止下来，减少电子束对样品扫描所造成的结构变化。固定有多种途径，但最

常用的方法是化学固定法，其中沉浸样品是通常采用的固定形式。SEM 的样品固定不同于 TEM，它主要是对细胞或组织的暴露表面的固定。固定时要求保证对样品表面所产生的改变最小，而且在制备过程中样品表面必须保证免受磨损。

一般采用双固定法，即先用 1%～3% 的戊二醛在室温或 4℃ 下进行前固定。单细胞可固定 10～30 min，较大样品固定可达 1～2 h，甚至更长。再用 1% 锇酸在 4℃ 下固定 30～60 min。也可以用物理固定法来实现对细胞的快速固定，如对样品快速冷冻能够比化学固定法更快中断细胞活动。

（三）清　　洗

样品表面通常粘有杂质，在固定的前后都要进行彻底清洗，以免影响成像的质量。一般采用缓冲液在 4℃ 下彻底清洗 3 次，每次 15 min。

（四）脱水和置换

一般采用系列乙醇或丙酮逐级脱水，浓度从 30%、50%、70%、80%、95% 至 100%，每级脱水时间 15～20 min。再用乙酸异戊酯置换 100% 的乙醇，在室温下置换 30 min 以上。因为乙酸异戊酯与液体 CO_2 能更好地混溶，置换便于下一步用液体 CO_2 进行临界点干燥。

（五）干　　燥

干燥是样品制备过程中关键的一步，直接关系成像的质量。干燥的方法有若干种，如临界点干燥、空气干燥、化学药品干燥和冷冻干燥等。临界点干燥（critical point drying，CPD）是当前扫描电镜制样中最常用的一种样品干燥方法。在一定的温度和压力之下，某物质的液态和气态界面消失，由液态瞬间转化为气态，此时的温度即该物质的临界温度（critical temperature，C.T），同时也就是该物质的临界点（C.P）。物理实验证明，某物质在其气液面消失的状态下，表面张力作用消失，分子之间的内聚力等于零；物质内部结构保存完好，不变形。临界点干燥仪的设计就依据了这种物理性质。

有多种物质可用作临界点干燥的干燥剂，如液体 CO_2、干冰（固体 CO_2）、氟利昂（13 和 23）及 N_2O 等，但最常用的是液体 CO_2。下面以液体 CO_2 为例，进一步说明临界点干燥的基本原理和过程。

(1) 在 20℃ 的条件下，把液体 CO_2 注入密闭而坚固的带有观察窗的容器中，随着液体 CO_2 的增加，容器内的压力上升到 60～70 kg/cm^2。此时容器中为液体和气体 CO_2 共存的状态，可看到明显的气液分界面。

(2) 增加温度，容器内的气压上升，容器内液体 CO_2 的密度逐渐减少，而气体 CO_2 的密度逐渐增加，但仍存在气液界面。

(3) 当容器内的温度达 31.1℃、压力达 72.8 kg/cm^2 时，CO_2 的气液面瞬时消失。此时容器内气体和液体 CO_2 的密度完全相同，界面张力作用消失，分子之间的内聚力等于零，出现临界现象。也就是说，在 72.8 kg/cm^2 压力下，液体 CO_2 的临界温度是 31.1℃。

（4）把温度维持在40℃左右（高于临界点），慢慢排出容器中的CO_2气体，容器中的压力逐渐降低。在整个排气过程中气体CO_2不再转变成液体，因此不会再出现有气液界面的状态，也就一直没有界面张力作用。在临界点状态下，液态CO_2可以代换出样品中的水分，同时能保证样品不变形、不收缩。如果把样品放入这种容器中，在上述条件下干燥，样品不会受到界面张力的作用，可良好保存表面的超微结构。

知识点 3-2　HCP-2 临界点干燥仪结构和制样程序

1. HCP-2 临界点干燥仪结构：见图 3-2。

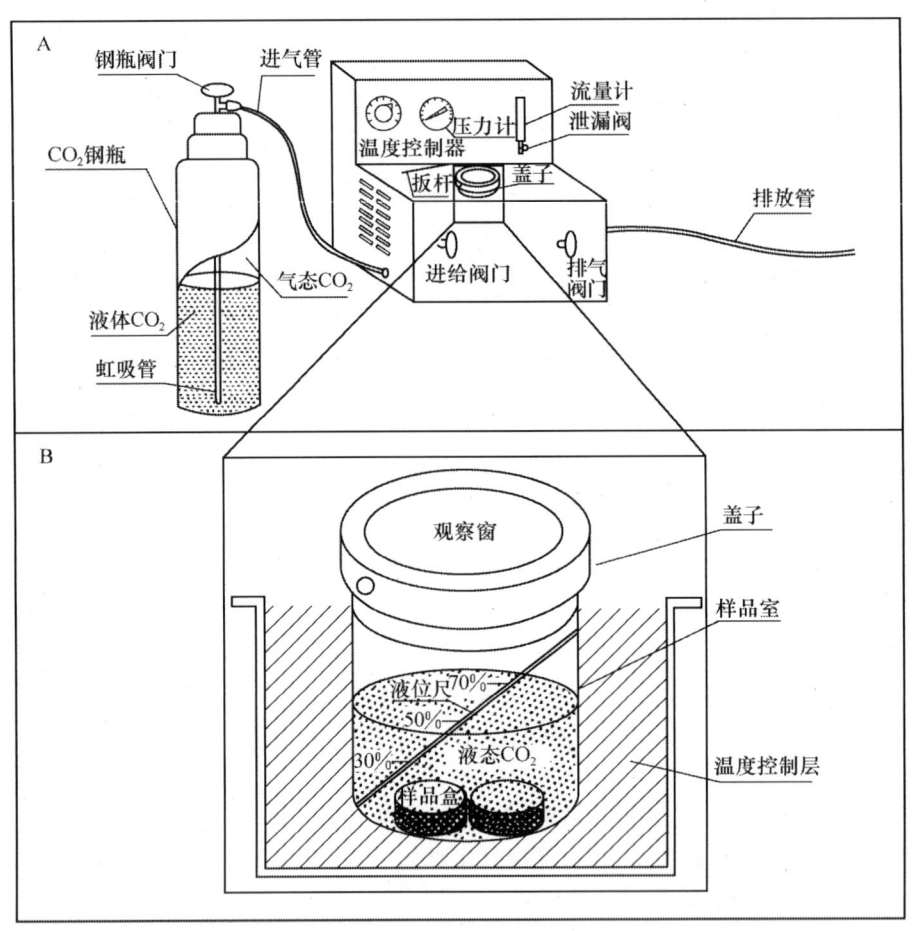

图 3-2　HCP-2 型临界点干燥器结构图（A）及样品放大室剖面图（B）
(仿　付洪兰，2004)

2. 临界点干燥的程序

HCP-2 临界点干燥仪可用液体 CO_2 和固态 CO_2（干冰）作为干燥剂。现以液体 CO_2 为干燥剂说明。

（1）置换：把已经固定好并脱水到100%乙醇的样品浸入乙酸异戊酯中，20 min 以上，室温或4℃。

（2）仪器准备：打开总电源，先向 HCP-2 中注入少量液体 CO_2，再用放气阀排出，以检查排放是否通畅。同时对样品室进行预降温，以低于室温10℃为宜。

（3）准备样品：把样品笼的底和盖都垫好干净的滤纸，并滴上少许乙酸异戊酯，将样品正面朝上放入，扣牢样品笼盖。将样品笼放入样品室，用旋转棒旋紧样品室盖。

(4) 注入液体 CO_2：打开进气阀，控制流量，使液体 CO_2 缓缓进入样品室。通过观察窗判断液面，以液面充盈样品，略高出样品篮高度为宜。压力表指示 $60\sim70$ kg/cm^2，注入完毕后，将进气阀关闭。

(5) 调温：调节控温钮至 20℃，保持 $15\sim20$ min，使液体 CO_2 充分置换乙酸异戊酯。当继续升温时，液体 CO_2 减少，气体 CO_2 密度逐渐增加，仍存在气液界面；当温度达到 31.1℃、压力达 72.8 kg/cm^2 时，气液面瞬时消失。气体和液体密度完全相同，界面张力作用消失，分子之间的内聚力等于零——临界现象。然后再调至 $35\sim40$℃，使压力维持在 73 kg/cm^2 以上（不要超过 110 kg/cm^2），稳定后维持 $5\sim10$ min。

(6) 排气：在继续维持原温度的条件下，轻轻打开慢排气控制钮，控制排气量，以计量管中的小球悬在中间微微地上下跳动为宜，或使排气管在水中吐出的气泡既连续不断，又可数清为宜。

(7) 取出样品：气压降至零后，将温度调至略高于当时的室温，打开盖，取出样品，迅速放入玻璃干燥器中。

（六）沾 样

将干燥好的样品用导电双面胶纸粘在金属样品台上，并做好标记。注意粘样前要确认样品的正反面，使样品正面朝上；动作要轻微，防止破坏样品表面结构。

（七）样品的导电处理

干燥的生物学样品一般都是绝缘体，所以在 SEM 观测前需要处理成能够导电的材料。可以通过喷镀法或热蒸发法使样品表面包被一层薄金属膜，达到导电目的。金属膜是非常好的二次电子（Se）和背散射电子（Bse）的发射源，另外它还通过导地的方式防止在样品表面上积累电荷。目前常用离子溅射法和真空喷镀法进行喷涂。喷镀法包被的金属膜更均匀一些，是最常用的金属膜包被方法。喷涂要在真空条件下进行，有专门的仪器，一般喷涂 $10\sim20$ nm 厚的金或铝，使样品有良好的导电性，能顺利释放二次电子。喷好的样品就可以用扫描电镜观察了。如果一时不能观察，需把样品放入干燥器中保存，以防止受潮和被污染。

1. 离子溅射镀膜法

离子溅射镀膜法又称离子喷涂法。其基本原理如下：在低真空条件下，位于阴极的金属物质进行辉光放电时，由于空气离子的冲击作用，金属原子（或分子）出现飞散的现象——离子溅射（ions puttering）现象。溅射镀膜仪使飞散出来的金属原子（或分子）均匀地落在已粘有样品的样品台上，样品台和样品的表面就会附着一层金属薄膜（图3-3）。薄膜的厚度可以控制在 $1\sim100$ nm，这样既不掩盖样品的表面结构，又使样品具有良好的导电性。

离子溅射镀膜法的优点是：①样品表面带正电，金属颗粒带负电，金属颗粒均匀地飞向带正电的样品表面，所以镀膜均匀；②镀膜所用的金属多为金、

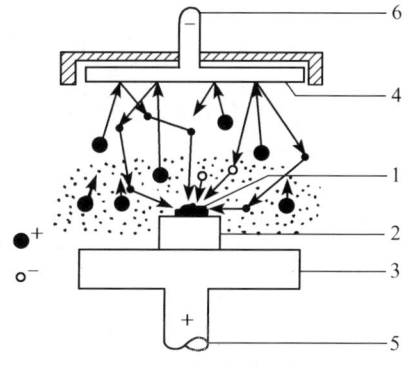

图 3-3 离子溅射镀膜原理示意图
1. 样品；2. 样品座；3. 样品台（阳极）；4. 金属靶（阴极）；5. 正电位；6. 负电位

铂、钯等，飞散出来的金属颗粒很小，所以镀膜质地精细；③可以通过调节电流强度和真空度来控制溅射出来的金属颗粒的数量，从而达到控制镀膜的厚度的目的。

下面以 Eiko IB-5 型溅射镀膜仪为例，说明离子溅射镀膜法制样过程。

(1) 样品准备：将样品充分干燥。

(2) 样品放置：将样品放在靶电极的正下方，间隔 2.5～3 cm。样品的个数不限，但总面积不能超过靶面积的 30%，并盖好真空罩。

(3) 抽真空：使真空罩内气压达到 0.01 Torr。

(4) 加高压：先定时 2 min，再打开高压开关，并调节放电电压（1200～1400 V），此时电流应达 5 mA 以上。

(5) 镀膜：先确认电流指示已到 2 mA 以下，再慢慢打开针状阀门，将电流指示调到 7～9 mA，并保持 30 s。接着再略微关一点儿针状阀门，将电流指示调到 5～6 mA，镀膜，直到所定时间结束，镀膜完毕。

2. 真空喷镀镀膜法

利用真空喷镀仪，在真空条件下把某些金属丝加热到一定的温度时，该金属就会急剧地蒸发。此时如把样品放置在距金属丝 5 cm 左右处，蒸发的金属原子（或分子）就会喷落其表面，使其覆盖上一层金属膜。真空喷镀镀膜仪就是根据这一原理设计的（图 3-4）。由于镀膜是在真空条件下进行的（真空度达 10^{-6}～10^{-5} Torr），因此，既可以防止样品受传导和对流引起的热损伤，又可以防止样品受金属氧化引起的污染。另外，这种镀膜装置的样品台可以倾斜旋转，使样品表面的镀膜均匀。

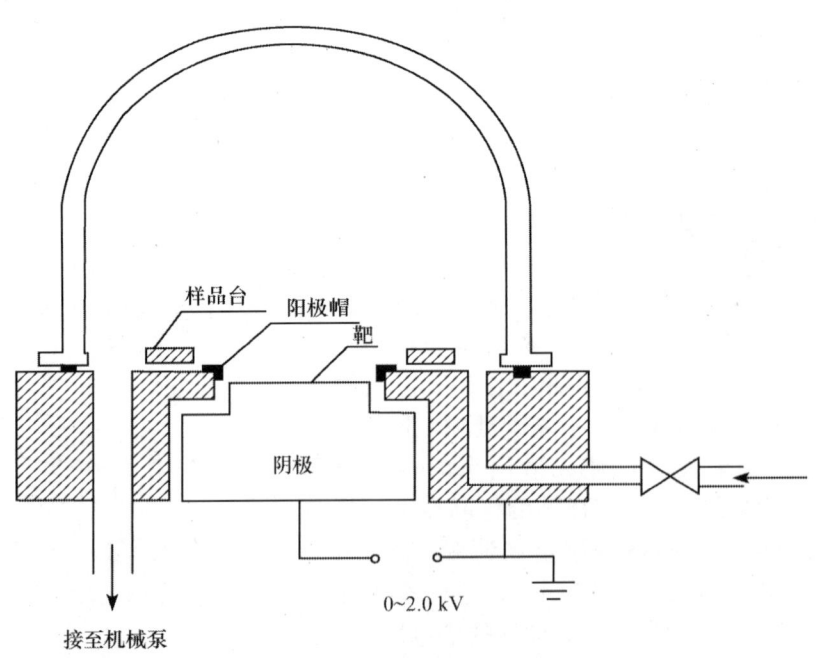

图 3-4 真空喷镀法原理示意图

真空喷镀法的优点有：①可以喷碳膜，但离子溅射法几乎不能喷碳；②可以选用一些较廉价的金属镀膜，如铜和铝等，而不一定非用金。

真空喷镀仪基本操作程序为：①把样品放在样品台上，盖好钟罩，抽真空至 $10^{-6} \sim 10^{-5}$ Torr；②慢慢打开加热器，使金-钯合金丝缓慢融化并蒸发；③打开样品台的倾斜装置，一般需要倾斜 30°～45°角，或打开自动旋转装置，使样品台连同样品以大约 100 r/min 的速度旋转约 1 min，完成喷镀，一般膜厚 3～30 nm；④关闭加热器，停留若干分钟，使样品镀膜稳定，再缓缓向钟罩中放入空气，直至恢复到标准大气压后，再取出样品。

两种镀膜的方法基于不同的工作原理，各有所长，可以根据实验要求加以选择。

3. 组织导电染色法

除金属镀膜法外，组织导电染色法也可以增加样品的导电性，减少样品的放电现象。导电染色是一种将极细的金属颗粒植入生物样品中，以增强样品导电性的电子染色过程。经导电染色的样品有良好的导电性，在扫描电镜下能释放较多的二次电子，从而加强图像的亮度和反差。经过导电染色处理后的样品，即使省略金属镀膜步骤，也可以达到较好的观察效果。导电染色样品经取材、固定和清洗等步骤后，可立即浸入导电染液中。不同的样品浸泡时间不同。导电染色后的样品要用缓冲液或双蒸水反复清洗，再进入后面的逐级脱水过程。

常用的导电染液由缓冲液/固定液配制而成，因此同时具有固定作用。

(1) 单宁酸/锇酸。单宁酸对酸性和中性溶液中的蛋白质具有沉淀作用，对一些金属酸或金属盐类具有还原作用。特别是在单宁酸、锇酸同时存在的情况下，单宁酸与锇酸结合，形成单宁酸-锇酸复合物。使用单宁酸/锇酸混合液除了具有固定作用之外，还能将金属颗粒植入生物样品之中。一般用 0.1 mol/L 的磷酸缓冲液或二甲胂酸钠缓冲液配制单宁酸/锇酸导电染液。单宁酸的浓度为 0.5%～4%，锇酸的浓度为 0.1%～1%，可以根据样品的需要进行选择。对于 3 mm³ 左右的组织块，需用导电染液在室温或 4℃ 下处理 1～2 h；单细胞只处理 15～30 min。

(2) 锇酸。常用 1% OsO_4 缓冲液作为后固定溶液，一般 4℃ 下处理 10 min～1 h。因为锇酸含金属锇颗粒，对生物样品中的某些蛋白质有亲和性，所以在固定样品的同时向样品中植入了金属锇的微粒，增强样品的导电性。

(3) 其他试剂。用氨银、柠檬酸铅、磷钨酸、高锰酸钾等含重金属盐的溶液处理生物样品，样品也有一定的导电性。样品在低加速电压（如 5 kV）下，直接进行扫描电镜观察。

（八）样 品 观 察

将经上述处理的样品和样品台一起放入样品室，进行观察拍照。

二、直接观察样品的制备方法

样品直接观察法适合于一些特殊样品。直接观察法简便快捷，对样品的损伤也较少，虽然在分辨率上受一定的限制，但也比较常用。

（一）固体样品直接观察法

对于含水分少、本身就比较干燥且又有一定的导电能力的固体样品，如干果、竹木及植物的干标本等，可以直接用普通胶水或双面胶带等将样品粘到样品台上，省略喷涂就可用扫描电镜观察。但要注意如下几点：样品的底面应尽量完整，以扩大与样品台的接触面，改善导电状况；图像分辨率不高，应选择较低加速电压（约 5 kV），放大倍数在几百倍为宜；为了提高图像质量，也可以用导电胶粘样品和适当喷涂。

（二）活体样品直接观察法

对于一些体积较小且含水分少的样品，如花粉、叶片绒毛、稻壳、小麦颖壳等可以省略化学固定等一系列步骤，使之在生活状态下就可用扫描电镜观察，具体步骤如下。

（1）取样：注意不要碰伤样品。
（2）清洗：用生理盐水或 PBS 洗 1~3 次。
（3）粘样：用双面胶带粘在样品台上。
（4）观察：一般在低电压（2~5 kV）观察，操作要迅速，最好在 20 min 内完成观察拍照。

知识点 3-3　植物样品（小麦颖果为例）扫描电镜制样流程

1. 取样：在小麦籽粒发育过程中，取不同品种穗中部小穗中的颖果，用双面刀片徒手横切，去掉籽粒两端，用 2.5% 戊二醛的磷酸缓冲液固定 6~12 h。将固定好的、外形一致的籽粒 3~5 粒，用双面刀片徒手横切，切块厚度 2 mm 左右。选籽粒中部切块 6~8 块于小瓶中。
2. 清洗：用 0.1 mol/L pH 为 7.2 的磷酸缓冲液清洗 3 次，每次 10 min。
3. 乙醇系列脱水：经过 30%→50%→70%→85%→95%→100%→100%→100% 浓度梯度，每个浓度停留 20 min。
4. 乙酸异戊酯替换，30 min。
5. 临界点干燥：用临界点干燥器处理样品，充分干燥样品，同时保证样品不变形。
6. 粘样：用双面胶带将样品粘于铜台上。
7. 镀膜：用离子溅射仪（EiKoIB-5）镀白金膜。
8. 观察：用扫描电镜，在 20 kV 加速电压下对颖果切面不同部位观察、拍照（图 3-5）。

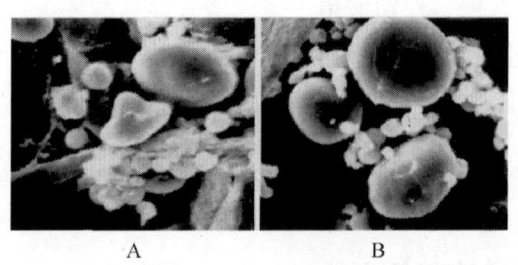

图 3-5　小麦淀粉体发育与形态的扫描电子显微镜观察
A. Bar=12.5 μm；B. Bar=10 μm

第三节 环境扫描电镜技术简介

一、环境扫描电镜概述

由于工作原理及结构上的一些限制，普通扫描电镜使用的样品必须干净、干燥。肮脏、潮湿的样品会使仪器真空度下降，并可能在镜筒内各狭缝、样品室壁上留下沉积物，从而降低成像性能并给探头或电子枪造成损害。普通扫描电镜不能观察含水样品和挥发性样品。另外，普通扫描电镜的样品室和镜筒内均为高真空，只能检验导电或经导电处理的干燥固体样品。低真空扫描电镜可直接检验非导电样品，无需进行前期处理，但是低真空状态下只能获得背散射电子像。由于在高真空状态下生物活样品容易受到辐射损伤，为了保护生物活样品，能够观察活的尤其是含水生物活样品，使其在镜体内不至于因受到严重脱水和电子束照射而损伤，人们设计出一种新的扫描电镜——环境扫描电镜（environment scanning electron microscope，ESEM）。

环境扫描电镜出现于 20 世纪 80 年代。根据需要样品可处于压力为 1～2600 Pa 不同气压的低真空环境中，所以也可称为低真空扫描电镜 LV-SEM。ESEM 最大的优点就在于它允许改变显微镜样品室的压力、温度及气体成分。它不仅保留了 SEM 的全部优点，而且消除了对样品室环境必须是高真空的限制。潮湿、细腻、肮脏、无导电性的样品在自然状态下都可检测，无需任何处理。对于岩石、泥土及含水的生物试样，ESEM 都可提供高分辨率的二次电子成像，从而使 SEM 的使用性能及适用范围大幅度改善，具有特殊的使用价值。

二、环境扫描电镜结构特点

ESEM 采用了多重压差狭缝将样品室与仪器中其他高真空隔离。电子束从电子枪发出到达样品共经历 4～5 个不同级别的真空区。这些真空区是由多个真空泵、真空阀在计算机的自动控制下实现的，各真空区之间由相应的压差光阑分隔（图 3-6，图 3-7）。ESEM 使用环境二次电子探测器。环境二次电子探头对光热不敏感，也不加高压，只施以数百伏的正电压来吸引由样品发射出的信号电子。电子在探头电场中被加速并碰撞气体分子使其分离，产生额外电子和正离子。这种加速、电离过程不断重复，使初始电子信号呈连续比例级数放大，而产生的正离子会中和样品内沉积的电荷，从而消除了由此而来的附加干扰电场。

综上所述，环境扫描电镜具有以下几个主要特点：①样品室使用了特殊的真空设计，样品室内的气压可大于水在常温下的饱和蒸汽压；②环境状态下可对二次电子成像；③可在气相或液相存在的环境中观察样品，可观察样品的溶解、凝固、结晶等相变动态过程（在 $-20\sim20°C$ 范围）；④由于 ESEM 的样品室中存在的气体阻止了表面电荷的产生，样品表面不需要包被导电物质，减少了人为因素对观测结果的影响；⑤样品在观测前不需要清洗、干燥、冷冻、固定等步骤，减少了对样品表面结构的损伤。

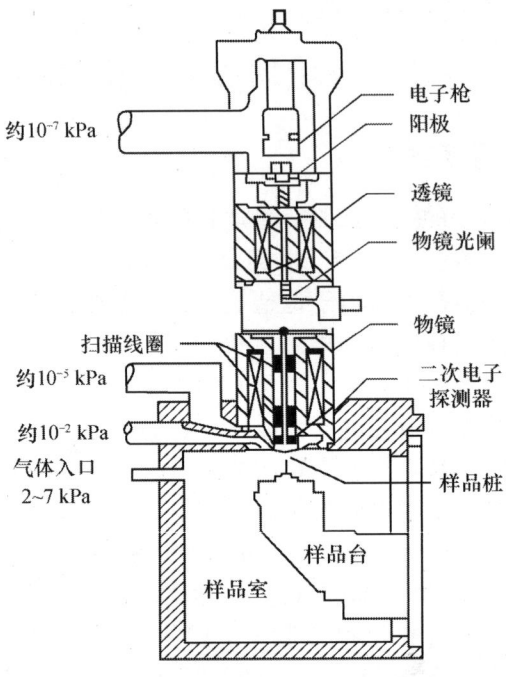

图 3-6 环境扫描电子显微镜（ESEM）工作原理示意图

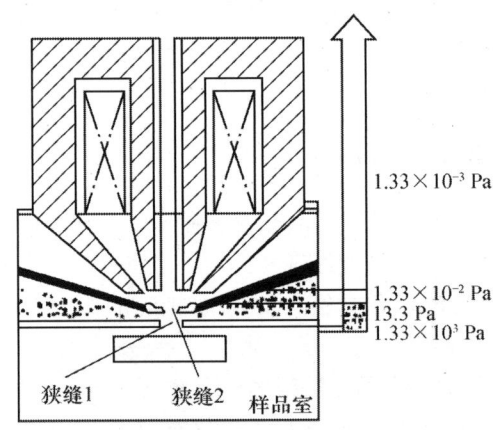

图 3-7 环境扫描电子显微镜（ESEM）设计简图

ESEM 同样可以与 X 射线能谱仪相配接，进行元素分析，采集元素的面分布图或线扫描曲线。即使对于超轻元素，其分析精度也不受影响。

三、环境扫描电镜在生命科学中的应用

使用环境扫描电镜时，对于生物样品、含水样品、含油样品，既不需要脱水，也不必进行导电处理，可在自然的状态下直接观察二次电子图像并分析元素成分。该电镜最适宜观察生物表面有角质层覆盖的样品和含水量很低的样品，如植物的叶片、动物中的昆虫、作物的籽粒等。分析结果可拍照、视频打印和直接存盘。

韩群鑫和黄寿山（2008）采用环境扫描电镜研究了赤拟谷盗不同胚胎发育期卵的表面结构及胚胎发育过程，特别研究了丁香及其化学成分对赤拟谷盗卵的毒杀作用（图3-8）。

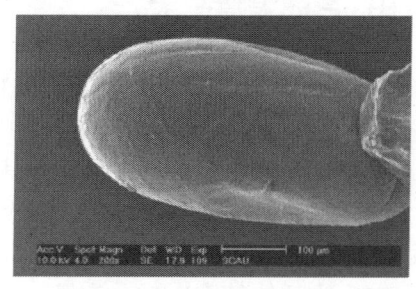 

图3-8　A. 赤拟谷盗正常卵粒的表面扫描图；B. 丁香处理赤拟谷盗卵后的表面扫描图，示卵粒表面皱缩（韩群鑫和黄寿山，2008）

第四章 新型的电子显微技术

透射电子显微镜在生物学领域的应用大致经历了4个发展阶段。①从20世纪30年代到50年代末期。透射电子显微镜的分辨率超过了光学显微镜的分辨率。②从20世纪50年代末期到60年代末期。电子显微镜的样品制备技术得到了快速发展,其中最重要的是生物样品化学固定及树脂包埋超薄切片技术的发展。③从20世纪60年代末期到80年代中期。由于荧光显微镜和共聚焦显微镜技术快速发展,人们可以直接观察并跟踪经过特定荧光标记的蛋白质分子,甚至它们在生物活体细胞中的分布及运动,使传统的电镜技术逐渐淡出了细胞生物学的主流研究手段。④从20世纪80年代末期到现在。计算机辅助的图像处理、自动控制和图像采集等技术与电子显微镜逐步结合;高压冷冻(high pressure freezing)制样及冷冻切片等技术迅速发展,使以冷冻电镜技术为代表的生物电子显微学进入了一个新的高速发展阶段。本章简单介绍在生物科学研究领域的一些新型电子显微镜技术。

第一节 分析电子显微镜技术

一、分析电子显微镜概述

分析电子显微镜(analytical electron microscope,AEM)是由透射电子显微镜、扫描电子显微镜和电子探针组合而成的多功能新型仪器(图4-1)。在20世纪90年代之后,它已不仅只是用于形态结构的设备,而是结合了各种元素定位、定量分析附件的多功能型仪器,并已与计算机联机,能进行图像分析及处理。通过分析电子显微镜可获得透射电子图像、扫描透射电子图像、二次电子图像、背散射电子图像和X射线图像;可用X射线能谱和电子能谱进行微区成分分析;用多种衍射技术进行晶体结构分析、粒度分析和阴极发光观察等。一台较为理想的分析电镜应包括一台200 kV高压的透射电镜,并附有扫描及扫描透射附件,还应包括一台X射线能量色散谱分析仪和一台电子能量损失谱仪。

目前,在分析电镜中应用的元素分析方法有三种:一种是X射线显微化学,其中包括X射线波谱分析(WDX)和X射线能量色散谱分析(EDX),另两种是电子能量损失谱分析(EELS)和俄歇电子谱分析。最常用和最简便的是X射线能量色散谱分析,因为现在常用的X射线能量色散谱分析仪的分析范围为^{11}Na~^{92}U,而电子能量损失谱分析仪可以分析的元素为^{4}Be~^{30}Zn,这样就可以获得较广的元素分析范围。

在生命科学中常用的X射线显微分析仪有分析电镜(AEM)(图4-1)、扫描电镜附设X射线显微分析装置(SEM+X-Ray)、透射电镜附设X射线显微分析装置(TEM+X-Ray)(图4-2)等。三者的主要性能比较见表4-1。

第四章 新型的电子显微技术

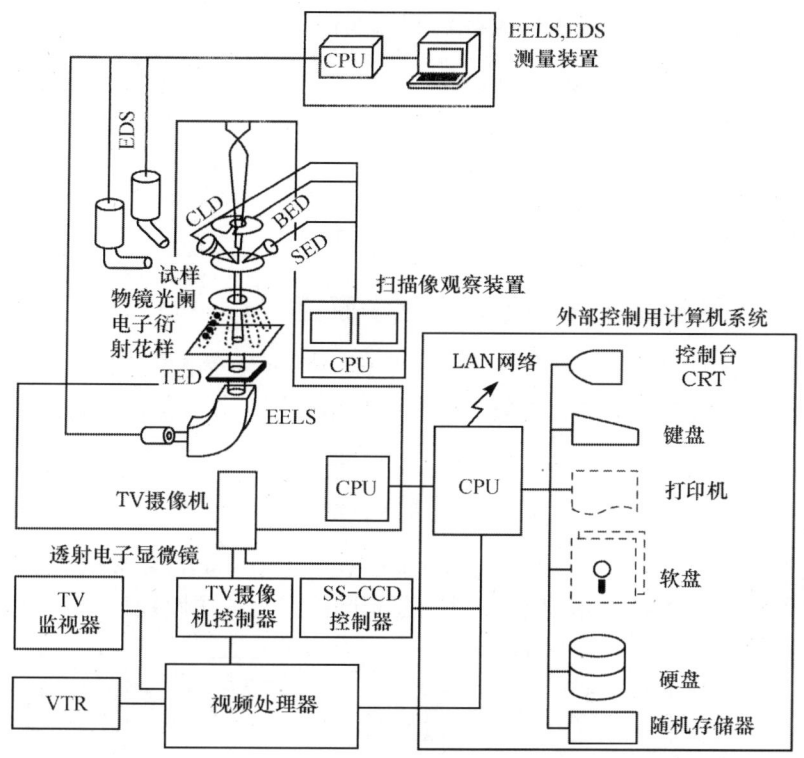

图 4-1 分析电子显微镜和各种附属装置图解

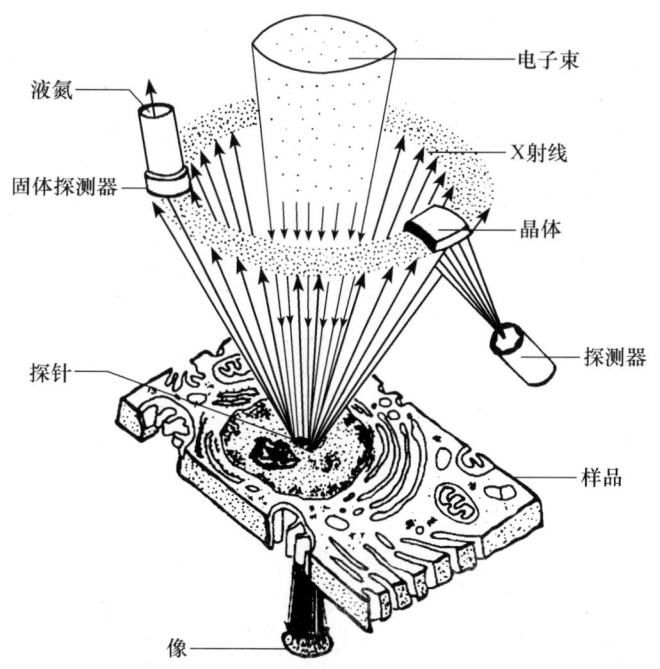

图 4-2 用透射电镜附设 X 射线显微分析装置分析薄切片模式图

表 4-1 X射线显微分析仪性能比较

仪器	样品厚度	放大倍数	加速电压/kV	图像分辨率/nm	X射线空间分析率/μm	探针最小直径/nm	可装探测器种类
AEM	薄、超薄	$10^2 \sim 10^6$	75～300	0.2～3	—	约1	EDS
SEM＋X-Ray	厚、薄	$20 \sim 3 \times 10^5$	1～40	1～6	（厚）大于1、（薄）0.1	1～6	EDS/WDS
TEM＋X-Ray	超薄	$2 \times 10^2 \sim 2 \times 10^6$	20～3000	小于1	0.1	1000	EDS

二、分析电子显微镜 X 射线显微化学原理

电子枪发射出的电子束与样品作用可以成像，同时高能电子和样品相互作用，会产生和样品组成成分有关的信号。接收、处理、显示这些信号，就能对样品组成元素进行成分分析。

（一）X 射线波谱法

X 射线波谱法（X-ray wavelength dispersive spectrometer，WDS）又叫分光光谱法，所用仪器叫做 X 射线波谱仪或 X 射线分光谱仪。其工作原理如图 4-3 所示。

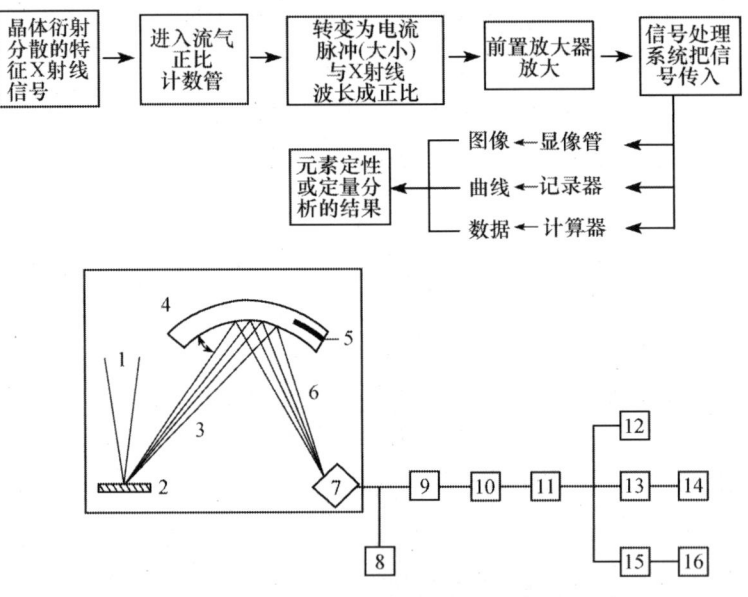

图 4-3 X 射线波谱仪的结构及其工作原理模式图（陈力，1998）

1. 入射电子束；2. 样品；3. X 射线；4. 分光晶体；5. 晶体间距；6. 特征 X 射线；7. 检测器；8. 偏置电源；9. 前置放大器；10. 主放大器；11. 脉冲高度分析器；12. 阴极射线管（CRT）；13. 记录器；14. 绘图仪；15. 计算机；16. 打印机

X 射线波谱仪由分光晶体、X 射线探测器及相应的机械、电子光学系统构成。它利用特征 X 射线波长不同来展谱。电子束斑在样品表面某点固定不动，改变 X 射线波谱仪中的分光晶体的角度、位置和种类，使电子束入射点、晶体中心和计数管中心位于聚焦圆上，并满足布拉格条件（Bragg Law），即 $n\lambda = 2d\sin\theta$ [n 代表以整数表示的衍射级数；λ 为波长（单位：nm）；d 为晶面积（单位：nm^2）；θ 为衍射角]，就能依次接收到

来自样品的不同波长的特征 X 射线。同时，通过计数管、放大器、脉冲高度分析定标器等，可以测出这些波长的强度，从而分析元素种类。更换不同的分光晶体，可以测量 $^4Be \sim ^{92}U$ 之间的各元素。

波谱仪适于测量 10^{-14} g 原子序数 ^{12}C 以下元素，更适于进行超轻元素（$^4Be \sim ^8O$）及低含量元素的定量分析，其波长分辨率高，峰背比高。

（二）X 射线能谱法

用特征 X 射线的能量不同展谱的仪器，称为 X 射线能谱仪（X-ray energy dispersive spectrometer, 简称能谱仪）。其工作原理如图 4-4 所示。当来自样品的 X 射线通过能谱仪的铍窗口进入半导体探测器时，X 光量子作用于锂漂移硅 Si（Li）晶体，产生电子-空穴对，同时产生电脉冲。电子-空穴对的数量正比于 X 射线的能量，不同能量的 X 射线产生不同高度的电脉冲。利用偏压（700～1000 V）收集这些电子-空穴对，经放大器放大后，被送到多道脉冲高度分析器。按脉冲高度的不同，分别送入不同的计数道，最后在显像管或记录仪器上显示按能量展开的 X 光谱，因而可以测定多种元素。

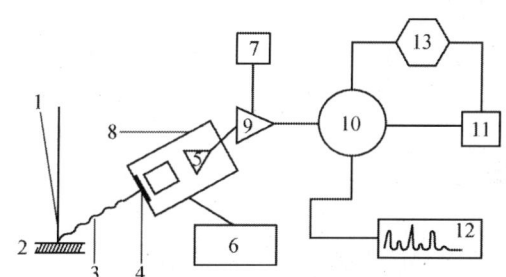

图 4-4　X 射线能谱仪结构及其工作原理模式图

1. 电子束；2. 样品；3. X 射线信号；4. Be 窗口；5. Si（Li）检测器；6. 偏压；7. 前置放大；8. 冷冻系统；9. 主放大；10. 堆积滤波器；11. 多频道分离器；12. 显示仪；13. 数字输出电路

能谱法适于快速定性、半定量分析，可分析原子序数 ^{11}Na 以上元素，敏感度可达 10^{-18} g。

三、分析电子显微镜样品制备步骤

分析电镜样品制备是一个极为精细的过程，要尽量使待分析的元素与生活状态一致，尽量不添加其他化学物质；制样时使用的化学物质不能干扰被分析元素，或使被分析元素位移和丢失。对于不可避免丢失和掺入的元素种类及其数量要有比较明确的了解。同时，要尽可能保持超微结构完整性。对于含水量高的样品，应采取快速冷冻制样的方法。为了保证分析结果的精确性，要有一套好的标准样品，以保证检测及定量过程中将不精确程度减到最低限度。下面介绍生物样品制备的详细步骤。

（1）取材：与制备超薄切片的取材方法一样，样品要用缓冲液迅速而彻底地清洗，防止样品被污染而干扰正确的分析。

（2）固定：选择固定液的原则是不丢失元素和防止元素的位移。但一般常温下用化学试剂固定都会在一定程度上影响 X 射线元素分析。建议采用新蒸馏的醛类固定，并尽量缩短固定时间；或是用气态的甲醛和锇酸固定。比较适宜的方法是用快速冷冻固定代替化学固定。

（3）脱水：一般常用的脱水剂，如乙醇和丙酮会导致元素成分的丢失，所以必须改换脱水剂并缩短脱水时间。有许多具体的办法，如用二甲氧基丙烷代替乙醇作脱水剂，

能保存材料中的 Na^+、K^+、Cl^-。也可省去有机溶剂脱水，用戊二醛稍稍前固定之后，接着用 50% 戊二醛处理，然受直接用 Epon 812 包埋等。

（4）包埋：常用的包埋剂中往往含有大量的硫元素和氯元素，再加上用树脂包埋也有使被检测样品中元素移位的问题，所以需要事先对包埋剂进行化学分析，以便在分析样品时排除包埋剂中掺入元素的干扰。

（5）切片：为了防止刀片中的某些元素成分污染样品，如玻璃刀中的硼（B）、硅（Si）、钠（Na）、钾（K）等，不锈钢中的铁（Fe）等，最好用钻石刀切片。载网和支持膜可选用各种材料制成的载网，如铝（Al）、铜（Cu）、镍（Ni）、碳（C）、金（Au）、铍（Be）等。其中，铝、铍、碳等元素的原子序数低，对微区分析的干扰小，更宜选用。为了减少外界掺入元素的干扰，最好用空网捞切片，而不用支持膜。

（6）电子染色：为了避免重金属元素对微区分析的干扰，最好避免铅、铀电子染色。另外，也要避免用单宁酸和硫卡巴肼进行包埋前的块染。

如果采用低温制样方法，可采用如下步骤：样品在 2.5% 戊二醛中固定 30～60 min。用 20% 甘油或 2.3 mol/L 蔗糖冷冻保护后，进行快速冷冻固定（详情见本章第二节）。固定好后立即投入 $-80℃$ 预冷的无水丙酮或无水乙醇中，并放在 $-80℃$ 低温冰箱中静置 2～3 d（期间可换 1～2 次新鲜预冷的置换液）。要避免空气中的水分掺入，周围环境必须干燥，然后进行冷冻超薄切片。冷冻超薄切片的样品可避免化学试剂的污染，切片要捞在碳、铍或铝制的载网上，一般波谱分析喷镀铍膜，能谱分析喷镀碳膜（20～40 nm），以防止电子束对样品的损伤。可采用冷冻样品杆在低温下观察分析。

四、分析电子显微镜的应用

在生命科学研究中，唯有结合了各种元素定位、定量分析附件的电镜，才能完成超微结构形态变化与其功能关系研究的统一，而分析电子显微镜具有如此功能。分析电镜的功能是多样的，主要可以从超微结构水平对生物组织的结构及化学元素成分进行定位、定性、定量的无损伤分析，是用物理方法解决化学问题的手段之一。它使单纯的形态学研究在更接近分子水平的基础上了解细胞内各细胞器中的化学元素分布，从而更为客观、清楚地解释了细胞的功能活动。一台功能完善的分析电镜既可以对块状样品进行扫描分析，也可以对超薄切片进行透射分析，并可以定性分析 $^4Be\sim^{92}U$ 之间的任何元素，因此特别适用于生物医学研究。

新型的分析型电镜能够在观察生物组织结构的同时以 10^{-19} g/mm^3 精度，定性、定位、定量分析生物组织内的离子变化，如各种离子（钾、钠、钙、镁、磷、硫、氯）在生物组织内因其位点、浓度的变化而引起生物组织功能的变化。分析的元素从 $^4Be\sim^{92}U$。结合了计算机技术的分析电镜可方便地对生物组织进行三维重构，进而获得生物组织的超微结构立体像。新型分析电镜是目前唯一一种在原子水平同时研究功能与形态结构的仪器。因此，分析电镜的出现使电镜在生命科学中的应用产生了第二次热潮。

第二节　冷冻电子显微镜技术

目前冷冻电子显微镜技术（Cryo-electron microscopy，CryoEM）主要有冷冻超薄切片技术，冷冻断裂和蚀刻技术及冷冻扫描电子显微镜技术。这些方法的共同点是用物理冷冻的方法固定样品，使得样品在毫秒时间里快速固定，停止细胞所有的活动。由于不用经过化学固定剂和有机脱水剂等步骤，减少了对样品超微结构和成分的损伤，同时可以更好地保存生物大分子的活性，有利于进行细胞化学和细胞成分的定量工作。

一、生物样品的快速冷冻

超微结构研究的目的是分析细胞的结构并揭示结构与细胞各组成部分功能之间的关系。如果在研究过程中样品不能充分保持其活体状态，那么这些目的将很难实现。常规的化学固定剂（如戊二醛、四氧化锇）需要数秒钟甚至几分钟的渗透时间，并且固定剂会和细胞内部结构发生反应，导致细胞结构改变。利用超低温冷冻技术固定和处理样品，能够使样品最大限度地接近活性状态。

由低温生物学研究得知，生物样品冷冻时冰晶形成情况与冷冻速率有关。缓慢冷冻时，易使样品细胞外的水分首先形成六角形的冰晶。因细胞外液未冻结部分溶液浓度变大，导致细胞内的水分向外渗透，最终造成细胞脱水收缩、形态破坏。中等速率冷冻时，在细胞内会形成大量较大冰晶，冰晶的膨胀作用破坏了细胞的精细结构。冷冻速率达到 $10^2 \sim 10^4$ ℃/s 时，因为在毫秒时间水分结晶，结晶过程进行得太快，细胞内外的介质变得太黏稠，不能形成大的冰晶，在细胞内只能形成很小的冰晶。细胞内水分几乎是均匀凝固，形成所谓的"玻璃态"。在电子显微镜分辨本领之内，认为其是"透明的"，不影响电镜对样品的分辨率，即对样品未造成损伤。

快速冷冻的主要目的是在快速冷冻组织的同时不致形成太大的冰晶。透射电镜制样要求冰晶最大不能超过 2～5 nm。不同类型样品可使用不同的冷冻方法：单层组织培养细胞可投入到液态丙烷中冷冻固定。细胞或细胞器的悬浮液、玻片上培养的细胞、单独的生物大分子或吸附于云母片上的生物大分子集合，可采用金属接触冷冻法（也称冲撞冷冻法）。丙烷喷气式冷冻法适合于所有的细胞悬浮液、组织培养细胞或非常薄的组织（<40 μm 厚）。高压冷冻法能够对较大的细胞或组织实施冷冻。

当前冷冻固定的应用仍受到一定程度的限制，主要原因有：①目前即使是最简单的冷冻方法也还需要一些特殊设备；②冷冻固定对样品的大小有一定的限制，样品过大会造成细胞冰晶损伤，一般突然冷冻法制备的细胞样品限定为 5～10 μm，双丙烷喷气式冷冻法为 50 μm，高压冷冻样品的大小也不能超过 500～600 μm；③冷冻固定的样品结构也会出现人为改变的现象，如细胞膜外形和表面粗糙或破裂、细胞质和核质颗粒化或被抽提、微细管的破裂等。

二、冷冻固定方法简介

目前广泛应用的冷冻固定方法有投入冷冻法、金属接触冷冻法、喷气式冷冻法和高压冷冻法。

（一）投入冷冻法

投入冷冻法是将样品直接迅速浸入到冷冻剂中，对薄细胞层实施冷冻固定。在使用该法时，所用的冷冻剂应具有低溶点和高沸点、高的热容和热传导率等；样品能迅速最大面积地与冷冻剂接触。目前常用的冷冻剂是液体丙烷。

样品与冷冻剂之间的快速接触可借助于投入机（图 4-5）实现，放在投入机中的样品在重力作用下迅速投入到冷冻剂中，特别适合于细胞或细胞成分的固定。

下面简要介绍利用冷冻投入设备进行载网支持物上样品的冷冻固定的方法。

（1）用 Formvar 膜或其他膜覆盖载网，当细胞在膜上生长时请选用无毒的载网，如金载网。

（2）在细胞上覆盖上一大滴过量缓冲液，夹起载有细胞或细胞成分的载网，放入投入冷冻机的把持器中，如钻石钳。

（3）用滤纸吸附样品表面过量缓冲液，当只剩下薄薄的一层液体时，迅速投入到冷冻剂中。

（4）将样品从冷冻剂中取出，存放在带有标签的冷冻管中，并尽快转移到 LN_2（液态氮，下同）中保存，以备将来进行冷冻替换或冷冻干燥。

图 4-5 半自动冷冻投入机 Cryoplunge™ 3（Cp3，Gatan 公司），用于冷冻电镜技术的样品准备

（二）冷金属接触冷冻法

冷金属接触冷冻法也称冲撞冷冻法，是最通用的冷冻法之一。其主要优点之一是能够对大面积组织实施冷冻。如果不需要冷冻特别大的样品面积，最好还是使样品尽可能的小。冲撞冷冻法还产生了一个平整的表面，类似于"抛光"的组织块，特别适合于进行冷冻切片。对于小细胞或细胞成分，一次金属接触可以同时对多个细胞实施冷冻。

其基本原理和操作技术如下：将样品装在活塞顶部的铝盘中，活塞推进使其与冷冻的磨光金属块（铜）的表面相接触，金属块表面的温度已冷却到接近 LN_2（液氮）的熔点（−196℃）或 Lhe（液氦，下同）的熔点（−273℃）。为了有效地使样品与金属块表面相接触，样品由重力或压缩气体驱动而快速落下，能保证与金属块相接触的样品表面能完成高质量的冷冻。有效冷冻深度大约 20 μm。

冷金属接触冷冻法多采用专门的金属接触冷冻机如 Life Cell CF-100 Freezer 进行操作，使用起来非常方便。

（三）双丙烷喷气式冷冻法

这种冷冻方法适用于小细胞的悬液、组织培养细胞及某些大的细胞或组织。双丙烷喷气冷冻法能提高超微结构和抗原保护的质量。丙烷喷气冷冻机对于 30～50 μm 的样品能够稳定工作，可弥补投入式或接触式冷冻法对样品大小限制的不足（5～10 μm）。

如果对实施了冷冻保护的样品进行冷冻，样品大小可以增加到 100 μm 或更高。

用丙烷喷气冷冻机向样品"三明治"的两侧同时喷射经 LN_2 冷却的丙烷，进行快速固定。这个"三明治"是由两片帽子形状的金属箔片载架和中间一层薄组织片或细胞层组成。金属箔帽的表面必须粗糙化以保证冷冻样品与金属箔片之间很好地附和。另外，金属箔帽在使用前还必须用丙酮进行脱脂处理，以保证断裂面不是简单地顺着金属帽的表面而是沿着冷冻样品本身断裂，形成蚀刻。冷冻好的样品可以一直存放在 LN_2 中。

有两种商品化的双丙烷喷气式冷冻机——RMC MF7200 和 Baltec Products JFD 030。这两种冷冻机都设计成同时向样品的两侧喷射冷冻丙烷，具体操作规程的见仪器说明。

（四）高压冷冻法

利用高压冷冻法不仅能处理小细胞，还能观测组织。植物细胞、动物胚胎、胞外基质、真菌及其他一些类型不同的细胞也能用高压冷冻法处理。高压冷冻法比上述其他方法更有优越性，制备的样品更好。高压冷冻法也存在一个样品大小的限制，不能超过 500~600 μm，但它的限定范围比通常的方法增大了 50~100 倍，比双丙烷喷气冷冻法也还提高了 5~10 倍。

在高压冷冻机中，样品在冷冻前被暴露在 2100 个大气压的流体静力学压力下。在这种压力条件下，H_2O 的凝聚点降至 −22℃，而且冰晶成核和生长的速度都被降低了。与这些变化相对应，H_2O 的临界冷却速率会降至 −100℃/s 左右，这就为实施更深层的冷冻提供了更多的时间。有两种机器可以完成高压冷冻制备过程，即 Bal-Tec HPM 010（Balzers）和 Leica EM PACT（图 4-6）设备。可按照高压冷冻机的操作说明进行样品冷冻。

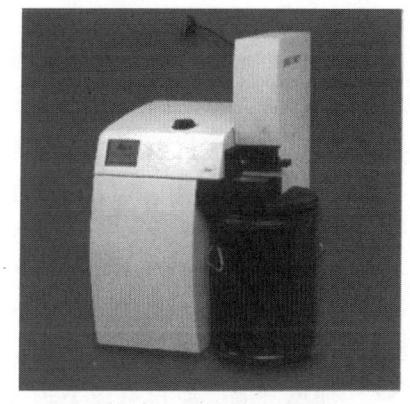

图 4-6　电镜高压冷冻装置——Leica EM PACT（Leica 公司）

使用液氮时要注意：①戴上适当的眼睛保护镜；②不要戴手套或任何可能吸存液氮的织物；③在通气良好的地方工作。

使用液态或固态丙烷时要注意：①不要让液态制冷剂（丙烷、乙烷等）接触到皮肤或眼睛；②在通气良好并且没有明火或电火花的环境下工作；③不要将丙烷放置在建筑物最底层的房间里。

三、冷冻置换

冷冻置换是在稍高于样品冷冻温度状态下，用无水的有机溶剂置换冷冻固定后样品内形成的冰，然后用树脂进行浸透和聚合，在室温下进行超薄切片的过程。因此，冷冻置换实际上是一个低温下的脱水过程。样品在低温下脱水可以避免在室温下脱水造成的许多变形。超速冷冻之后进行冷冻置换之所以是一个保存细胞超微结构的好方法，原因如下：①使用普通方法处理可能失去的水溶性的离子得以保留，而且脂类分子的抽取较少；②细胞器的变形较少，从而使细胞膜更显光滑，细胞骨架更直；③更好地保留了蛋白质抗原性；④保护了不稳定的结构。由于前期需要超速冷冻步骤，使冷冻置换应用受到一定的限制。如果研究的细胞很小，或者实验室拥有高压冷冻机，最好利用冷冻置换进行电子显微镜样品的固定和脱水。

根据研究目的的不同，冷冻置换完毕后可以用常规包埋法和低温包埋法进行样品制备。下列方法简单介绍冷冻置换过程。

（一）冷冻置换介质的选择

冷冻置换介质应该在低温下保持液体状态，而且应具备溶解某些添加剂（如固定剂和染色剂）的能力。冷冻置换一般在 $-95 \sim -80$ ℃进行，因为在该温度下有机溶剂对样品中的冰融化得较好。常用的冷冻置换溶剂有丙烯醛、甲醛、丙酮、二乙醚和乙醇等。一般甲醇作为置换液，置换冰的速度最快，除水能力最强；而二乙醚置换速度最慢，除水能力最弱。冷冻置换液中加入固定剂，可以使样品在冷冻状态下既可得到固定，又可进行置换。

（二）冷冻置换液中加入固定剂的制备

1. 丙酮-四氧化锇固定液

（1）取 25 mL 无水丙酮放入 50 mL 离心管中，并放在冰冻的干冰上预冷。

（2）在通风橱中，打开装有 0.25 g OsO_4 的安瓿，浸入预冷的丙酮中。注意不要把小玻璃碴落入锇酸丙酮溶液中，如果它与包埋的样品一块包在树脂中会损坏钻石刀。

（3）将锇酸与丙酮溶液混匀。

（4）分别量取 1 mL 预冷的锇酸丙酮溶液放入有标签的冷冻管中，盖上盖子，放进冷冻箱中，然后垂直放入液氮中，使固定剂溶液冷冻（溶液留在管子的底部）。将冷冻管转移到液氮储存器中备用。

2. 丙酮-戊二醛固定液

制备戊二醛固定液除了使无水戊二醛溶于丙酮之外，与上述制备锇酸固定液方法一样。如果可能，要尽量用无水丙酮。

3. 甲醇-多聚甲醛固定液

（1）称取粉状多聚甲醛放入烧杯中，放入适量甲醇，配制最终浓度为 2% 的溶液。

（2）在通风橱中，将溶液放到加热板上加热，直到溶液上面看到有蒸汽为止。

（3）加少量 NaOH 调 pH 接近中性，溶液的 pH 不要超过 7.2。

（4）像前述制备锇酸丙酮固定液一样，量取溶液到冷冻管中，放入液氮中冷冻。

（5）储存在液氮中备用。

（三）冷冻置换方法

冷冻置换在自动冷冻置换装置（AFS）中进行，目前有多种型号的自动冷冻置换装置。图 4-7 为 Leica 公司的 EM AFS。冷冻置换常规步骤如下。

（1）快速冷冻：组织先进行快速冷冻。为了使样品达到玻璃样冷冻效果，组织块应该尽量小些。具体冷冻方法见本节相关内容。

(2) 冷冻置换：将已被超低温快速冷冻固定后的生物组织快速转移到事先预冷的置换液种，在冷冻置换仪-90℃环境下，置换8～12 h。置换时间长短根据样品大小和固定液剂量的多少而定。

(3) 逐步回温：冷冻置换完成后，需将样品缓慢回温。样品放在-60℃环境下约8 h，然后在-30℃梯度回暖8 h。在-30℃时再用置换液清洗2次。

(4) 浸透、包埋和聚合：根据研究目的不同，下面的操作步骤也不同。如果作常规的结构观察时，样品要逐步回温至-20℃，放置1 h后再置于4℃冰箱中1 h；最后在室温下用Spurr或Epon包埋剂浸透包埋，再加热聚合。如果样品应用于免疫细胞化学研究，可用Lowicryl K4M浸透并包埋组织，组织需回温至-20℃，并在-20℃用丙酮清洗组织，然后用丙酮和树脂的不同比例混合液浸透样品，最后在纯树脂中包埋，并在紫外荧光灯下聚合。详情见第七章知识点7-1。

图4-7　自动冷冻置换装置——
EM AFS（Leica公司）
用于冷冻固定后的替代和低温包埋，有紫外聚合装置。工作温度-140～65℃

知识点4-1　植物根尖采用投入冷冻法和冷冻置换步骤

1. 取材：将培养好的植物根尖剪下，放入缓冲液中暂保存。
2. 冷冻准备：将根尖取出，让根尖覆盖上一大滴过量缓冲液，放入投入冷冻机的把持器中。
3. 冷冻固定：用滤纸吸附样品表面过量缓冲液，当只剩下薄薄的一层液体时，再快速投入到冷冻剂（丙烷）中固定。
4. 冷冻置换：将样品从冷冻剂中取出，迅速转移到预冷的3‰锇酸丙酮置换，-90℃环境下，置换8～12 h。
5. 回温和后处理：将样品逐步回温至-20℃，放置1 h后再置于4℃冰箱中1 h；最后在室温下用Epon包埋剂浸透包埋，再加热聚合。

四、冷冻超薄切片技术

20世纪60年代中期Bernhard等建立了冷冻超薄切片的基本方法，随后该项技术有了较大发展。70年代开始出现商品冷冻超薄切片装置，更促进了这项技术的发展和应用。冷冻超薄切片技术是把样品进行冷冻固定后，直接进行超薄切片。它是一种在更接近于生物生活状态下研究细胞结构和功能的电镜样品制备技术。由于该技术得到的结果更接近生物生活状态，尤其是可溶性成分不被抽提，所以除了用于细胞超微结构形态学研究之外，它还是研究电镜细胞化学、细胞免疫化学、酶活性、可溶性成分放射自显影和X射线微区分析的一个理想的样品制备方法，在研究含水生物样品电镜研究上显示出十分诱人的优越性。

冷冻超薄切片的制备程序可归纳为两类。①无溶液制备法。此法包括取材、快速冷冻、冷冻超薄切片、干燥、染色或不染色、镜检等几个步骤。此法有利于保存生物材料中的可溶性物质及生物大分子的活性和天然构型，主要用于可溶性物质的放射自显影和

X射线微区分析。②固定样品制备法。此法包括取材、醛类固定、样品包埋或不包埋、冷冻保护处理、切片、染色及镜检等步骤。此法用醛类温和固定剂进行了冷冻保护处理，较好地保护了细胞的精细结构，适用于进行形态学和细胞化学、免疫化学研究。

下面对固定样品制备法为例说明制样步骤。

1) 取材

最理想的冷冻固定是在一瞬间，组织细胞中的每一个分子都迅速被冷冻，所含的水分形成很小的冰晶（不得超过 2～5 nm），达到所谓的玻璃态。这要求组织细胞传热快，但一般生物样品传热性能都较差。根据热传递物理原理，能够冷冻又不能造成冰晶损伤的生物样品，即使在快速冷冻条件下，也只有几微米到几十微米，最高不超过几百微米，所以取材样品一般切成 $0.5～1 \text{ mm}^3$ 的块。

2) 固定

对生物样品进行预固定，有利于保存超微结构和保留生物大分子与酶的活性。通常用醛类固定剂。戊二醛对结构保存好，甲醛有利于保留免疫原性和抗原检测，也有用丙烯醛蒸气固定的。一般用 0.1 mol/L 二甲胂酸钠缓冲（pH 7.2）的 2.5% 戊二醛固定液或 4% 甲醛+0.5% 戊二醛混合固定液固定 1 h。可根据不同的具体情况，选择不同的固定条件。

3) 包封

包封又叫夹埋，就是采用某些大相对分子质量的支持介质，将组织块包埋起来，便于切出大面积的平整的切片。这些物质只进入细胞间隙而不渗透到细胞中去。常用的夹埋剂有明胶、纤维蛋白原、甲基纤维素和牛血清蛋白等。

具体操作如下：将组织块放到 30℃ 的 10%～20% 的明胶溶液中，15～30 min 后放到冰箱中冷却到 4℃，凝固后样品即被明胶包封。也可将组织放到含有钙、镁离子的缓冲液配制的 1% 纤维蛋白原溶液中，加一滴凝血酶溶液，纤维蛋白原转化成纤维蛋白而凝固，操作过程同明胶。也有人不主张进行包封，认为不包封可以使结果更接近自然状态。

4) 冷冻保护处理

绝大多数生物样品都含有大量的水分，甚至含水量达到 70%。在低温冷冻的过程中这些水分会形成冰晶，损伤生物样品精细的超微结构，即所谓"冰晶损伤"。冷冻保护剂的作用是它和组织中水分结合，降低细胞内溶液冰点，使形成冰晶的机会小，或形成的冰晶小，从而减轻冰晶损伤。冷冻保护剂有甘油（5%～30%生理盐水缓冲液，pH 7.4）、蔗糖（0.6～2.3 mol/L）溶液、二甲基亚砜（20%溶液）和聚乙烯吡咯烷酮（PVP，10%～20%）。可视样品含水量不同，选择不同浓度的保护剂。

具体操作过程如下：将组织块浸泡在 20%～30% 甘油等渗透溶液中 5～30 min，或 20% 二甲基亚砜中 10～30 min，或在 2～2.3 mol/L 蔗糖溶液中 30～60 min，或在蔗糖和 PVP 混合液中浸泡 2 h。

Tokuyasu（1973）、Geuze 等（1981）和 Griffiths 等（1984）认为样品浸泡在蔗糖溶液中 30～60 min，会使组织部分脱水，这不仅可以防止冰晶的产生，而且还能够渗透固定细胞和调节冷冻组织块硬度的作用，以利于切片。Tokuyasu（1989）认为使用蔗糖和 PVP 混合液还可改善细胞外空间切片的特性。

5）快速冷冻

目前广泛应用的冷冻方法见本节相关内容。

6）切片和捞片

冷冻超薄切片是在带有冷冻附件的超薄切片机（图 4-8）上进行的。冷冻后的组织块连同样品夹，应尽快地从冷冻剂中转移到温度平衡的超薄切片机的样品头上。

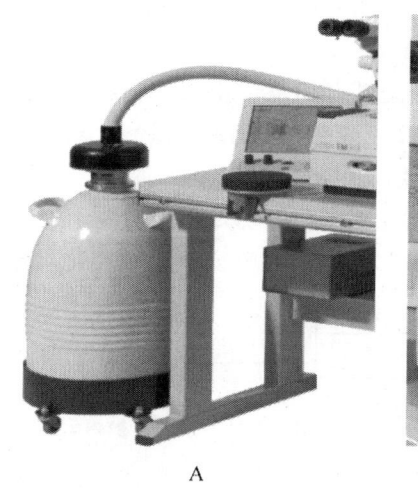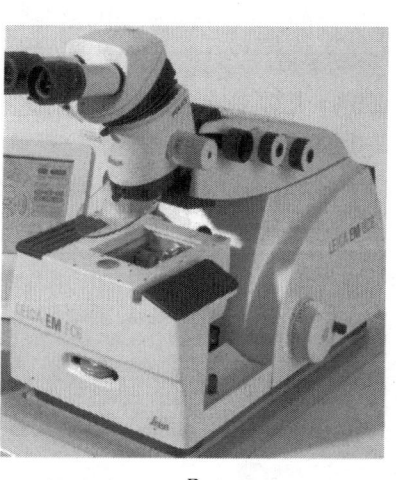

A　　　　　　　　　　　　　　B

图 4-8　Leica EM UC6 冷冻超薄切片机（B）和附属制冷装置（A）（Leica 公司）

切片之前也要对组织块进行修块。可以在冷冻剂中用锐利刀片修整，也可以把样品安置到超薄切片机上用玻璃刀修块。如果在取材时就把组织块预修成一定形状，定向安置在样品台上，就可省去后来的修块操作。

切片的方法有两种，即液槽法和干刀法。液槽法是采用液槽收集和展平切片的方法。用玻璃刀切片时，刀槽液需采用在低温下不冻结的、不与样品作用的、又能使切片浮起来的液体，可以采用二甲基亚砜、异戊烷、甘油或氟利昂。切片的温度由所选择的刀槽液决定，一般在 $-100 \sim -60$ ℃。超薄切片可以用常规超薄切片方法捞片，用载膜铜网与切片接触而使切片粘在铜网上。也可以用一特殊的塑料环，先用它套住刀槽液表面上的切片，并连同一滴刀槽液一起捞起切片。迅速转移到蒸馏水中洗去刀槽液，并使切片解冻。然后，再将塑料环上切片移到铜网上，或直接染色后再转移到铜网上。

干刀法不用刀槽液，直接在干玻璃刀上切片。这种方法切片的温度范围较广，切片难形成带，经常黏附在刀刃上。

捞片方法之一是用预冷的眉毛笔将切片收集到预冷的铜网上，然后用一根一端抛光的铜棒在液氮中冷却后，用抛光端轻压切片，使其展开，但效果不大好。方法二是用液滴法。用一眉毛笔携带一滴饱和的蔗糖溶液作为收集液，先在切片机冷室中使液滴凝固，然后用这种液滴去粘取切片。再将液滴拿到冷室外面，在室温下使液滴解冻，利用溶液的表面张力使切片展开。此时便可以把切片移到覆膜铜网上，用蒸馏水洗去蔗糖，然后染色。可以用二甲基亚砜、甘油代替蔗糖。

近年来，用蔗糖-蛋白质混合液 [2% 血清白蛋白的 2 mol/L 蔗糖溶液（Tokuyasu，

1980，1986)]或蔗糖-甲基纤维素混合液[2%甲基纤维素与2.3 mol/L蔗糖溶液1∶1混合液(Liou et al.，1996)]作切片收集液，可以更有效地降低表面张力，能使易碎的切片保持平整。Liou等(1996，1997)还使用甲基纤维素-乙酸双氧铀混合液(1.8%的甲基纤维素的2.5%乙酸双氧铀混合液)作切片收集液，除可以收集新鲜冷冻切片外，还可以观察到难以保存的膜结构。但如果要进行免疫标记，用乙酸双氧铀是不合适的。

冷冻超薄切片的厚度可以像常规超薄切片那样用干涉色来判断。

7) 染色和观察

冷冻超薄切片大多采用负染法染色。负染具有简单、快速、有利于保存结构和分辨率高等优点。常用的负染色剂有：0.2%～1%磷钨酸，pH 6.5～8.5，染色1～15 s；0.5%～3%乙酸双氧铀，pH 4.5～5.2，染色1～15 s。

如果用冷冻超薄切片进行免疫化学研究，需要在将切片捞到载网上未干燥之前进行免疫标记，然后再染色(图4-9)。详情见第七章第六节电镜免疫细胞化学相关内容。

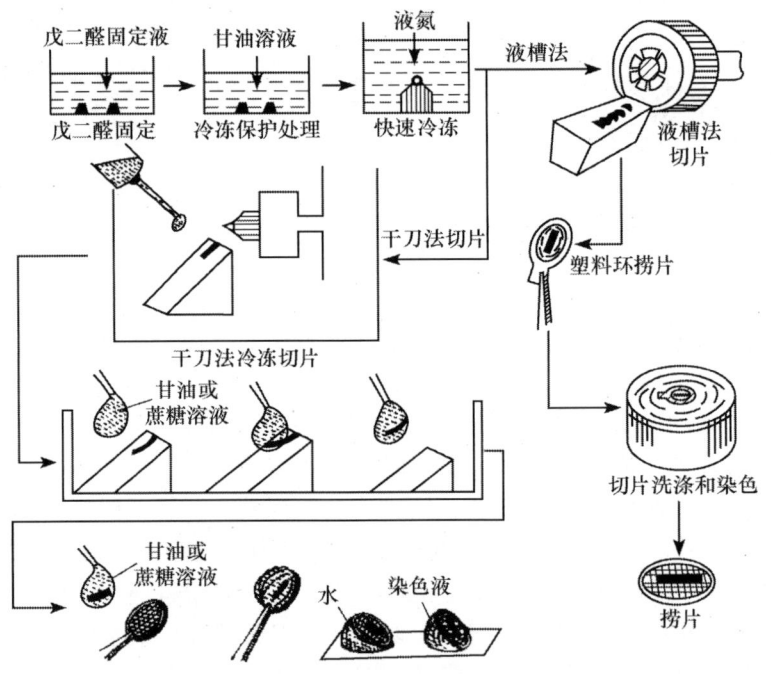

图4-9 冷冻超薄切片制备方法示意图

知识点4-2 植物材料的冷冻超薄切片制备流程

(1) 取材：植物材料要新鲜，有代表性；取样速度要快。一般将样品切成边为0.5～1 mm³的块。

(2) 醛固定：用0.1 mol/L二甲胂酸钠缓冲(pH 7.2)的2.5%戊二醛固定液或4%甲醛+0.5%戊二醛混合固定液固定1 h，温度37℃。

(3) 包封：将组织块放到30℃的10%～20%明胶溶液中，15～30 min后放到冰箱中冷却到4℃，凝固，样品被明胶包封。也可用纤维蛋白原包封。

(4) 冷冻保护和冷冻处理：将组织块浸泡在20%～30%甘油等渗透溶液中5～30 min，或20%二甲基亚砜中10～30 min，或在2～2.3 mol/L蔗糖溶液中30～60 min，或在蔗糖和PVP混合液中浸泡

2 h。采用投入冷冻法或高压冷冻法快速冷冻。

(5) 切片和捞片：将冷冻好的样品取出，安置到超薄切片机上用玻璃刀修块。切片时要注意样品和刀的温度，一般生物样品低于-35℃，刀的温度要比样品的温度高出 10~20℃ 为宜。一般选择切片速度 <0.05 mm/s。切片的厚度可根据研究的目的选择，一般 70~100 nm 比较合适。切片的方法包括液槽法和干刀法。

(6) 染色：根据研究的目的选择染色的方法。常用的有负染色、单标记或双重标记免疫染色、正染色等。如进行一般形态学观察，可进行负染色。用 0.2%~1% 磷钨酸（pH 6.5~8.5）染色 1~15 s 或 0.5%~3% 乙酸双氧铀（pH 4.5~5.2）染色 1~15 s。

如果用冷冻超薄切片进行免疫化学研究，需要在将切片捞到载网上未干燥之前进行免疫标记，然后再染色。

(7) 电镜观察。

五、冷冻断裂和蚀刻技术

冷冻蚀刻法（freeze etching）或称冷冻复型法（freeze replica）是生物样品冷冻技术之一，也是研究生物膜形态结构的重要方法。冷冻蚀刻技术可用在细胞超微结构研究和免疫化学中，使人们能更加全面地了解生物样品的结构和功能。

（一）冷冻断裂和蚀刻原理

将样品在液氮中冷冻，然后放到真空喷镀仪中的冷冻断裂装置中切断，其断面上有细胞器和其间已冻结的水分。经过加热升温，使冰升华，使得埋藏在冰中的细胞器中的膜结构暴露出来，即称为蚀刻。然后在切面上喷镀一层铂-碳投影膜，再喷碳加固，形成一层复型膜。再把复型膜下的组织腐蚀掉，将膜捞在铜网上用电镜观察（图 4-10）。通过冷冻复型法不但能看到细胞器的各种膜结构，而且能看到细胞表面的联结装置、内吞和外排囊泡等结构。此外，所得到的图像立体感强，分辨率较高，并且样品（复型膜）可长期保存。

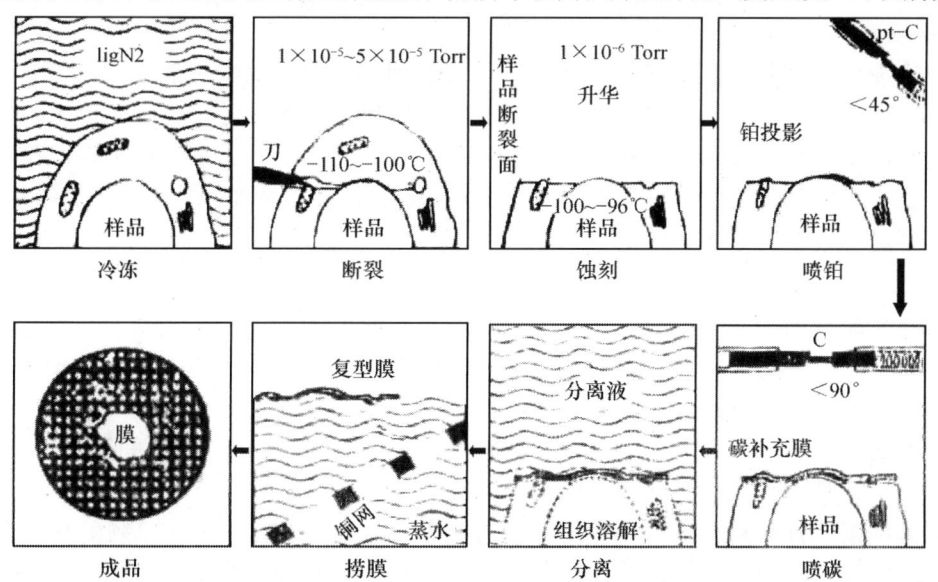

图 4-10 复型制备过程模式图（林钧安，1989）

（二）冷冻蚀刻制样步骤

1. 取样、固定和防冰晶处理

取出植物或动物组织，迅速将组织放进 2.5％戊二醛固定液中固定 30 min。再在塑料板上滴几滴冷固定液，将组织切成 3 mm×1 mm×1.5 mm 小块后继续固定 3～5 h。其间轻摇几次，以增加固定效果。

固定好的样品块用 0.1 mol/L PBS（pH 7.2～7.4）反复漂洗 0.5～1 h，再放入 30％甘油-生理盐水中浸渍。浸渍时间至少要 20 min，也可延至 8～24 h。

2. 冷冻复型装置的准备

在样品处理到冷冻开始之前，应先将喷镀仪打开，预抽真空。为保证切断装置的性能，每次使用之前必须认真进行擦拭，以除去水分、油污反氧化层，必要时可用抛光膏和丙酮进行表面清洗。

3. 填装样品

将经过预处理的组织块装入样品杯内，并加入少量 30％甘油-生理盐水。将浸渍好的样品加以修整，按选定的方法装入孔内。孔内不可留有空隙，样品应高出杯孔约 1 mm。注意镊子夹持会使样品产生损伤，应夹样品的顶端。

4. 装刀和加热器

选一把刀刃完好的保险刀片装在刀座上。刀刃要凹进滑动面 0.1 mm，拧紧螺丝。将加热器固定在样品座底部，拧紧螺丝。

5. 冷冻样品

完成上述各项工作之后即可开始冷冻。用样品篮把装有标本的样品杯快速放入液氮中冷冻。将切断装置也放入液氮中冷冻，待液氮停止沸腾后，提起切断装置，以最快速度将预冷的样品杯装到切割器上，再放入液氮中继续冷冻。

6. 断裂与蚀刻

将冷冻好的切断装置从液氮中取出，迅速装到真空喷镀仪中。抽真空，当真空度达到 $40×10^{-4}$ Pa 以上、样品的温度在 -110～-100℃时进行断裂。猛拉挡板手柄，刀座顺势沿斜面下滑将样品切断。在样品断裂后继续升温 15～19 s 后停止加热，此即蚀刻过程。在 -100℃时的蚀刻深度为 30～40 nm。根据各种不同组织的要求掌握好蚀刻的深浅度是显示细胞内结构的关键。

7. 喷镀复型

把样品断裂面上暴露的微细结构用一金属膜复制下来的过程称复型。一般采用与样品成 45°角喷铂以增强复型膜的立体感。先将棒碳预热（红），再加大电流使铂在 2～3 s 内熔化并气化，当刚刚出现碳花时立即停止通电。喷铂后在与样品垂直的方向喷碳，以加固复型膜（图4-11）。一般采用间断喷镀法，每次喷碳时间为 1 s，间隔 3～4 s 后再喷第二次，共喷 4～5 次。

喷镀结束后打开真空罩。为使复型膜避免破碎，立即滴加一小滴 1％的火棉胶，用滤纸轻轻地吸去多余的火棉胶。把样品杯放进盛有蒸馏水的白色小坩埚中。

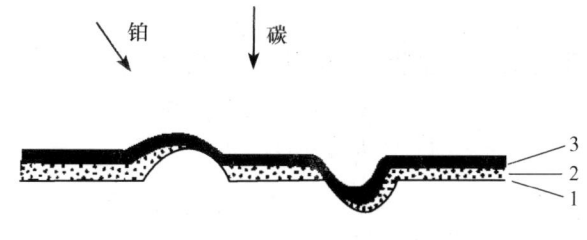

图 4-11　喷镀示意图
1. 样品表面；2. 铂；3. 碳

8. 复型膜的分离和清洗

在立体显微镜（或放大镜）下用细针轻轻剔出样品，再用吸管将其移入另一个小坩埚中。往样品中滴加少量 10% 的次氯酸钠溶液。当样品周围渐冒气泡时（约过 0.5 h），复型膜逐渐与样品分离，漂于水面上。用细吸管将复型膜吸出放进蒸馏水中，反复洗净复型膜。对于易碎的复型膜可先将复型的组织放在 20% 的甘油-生理盐水中，然后转到腐蚀液与甘油-生理盐水的混合液中并逐渐提高腐蚀液的浓度。最后 100% 腐蚀液使组织完全溶解，再用蒸馏水洗 3 次。

9. 捞膜与观察

将洗净的复型膜用吸管移至 30% 的丙酮溶液中，膜即在溶液面上漂浮并展开，再移至蒸馏水中，用 400 目铜网捞取。滤纸吸干后，将载有复型膜的铜网浸泡在乙酸戊酯中约 30 mm（中间可换 1~2 次），以除去火棉胶。铜网干燥后即可电镜观察。图 4-12 为冷冻蚀刻法显示的细胞核被膜、核孔及胞质内的质体的超微结构。

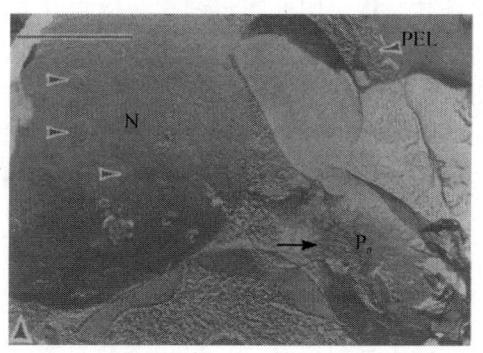

图 4-12　冷冻蚀刻法电镜照片显示眼虫藻核被膜、核孔及胞质内的质体（Holt and Stern，1970）
N. 细胞核；P_a. 副淀粉粒；PEL. 表膜；箭头指相应结构

第三节　冷冻电子显微镜三维重构技术

一、冷冻电子显微镜三维重构技术发展过程

电子显微技术和生物大分子结构三维重构技术在生命科学诸多领域中得到越来越广泛的应用，其结构解析的对象从仅有几纳米大小的单个蛋白质分子到整个病毒粒子，其

至是微米尺度的细胞器。以 X 射线晶体学、核磁共振技术（NMR）、电子显微学和计算生物学为基本研究手段的结构生物学将在其中扮演越来越重要的角色。X 射线晶体学和 NMR 是目前分辨率最高的结构测定方法，已经非常成功地解析了大量单个分子的三维结构，但上述两种方法各有其特点和局限性（图 4-13）。

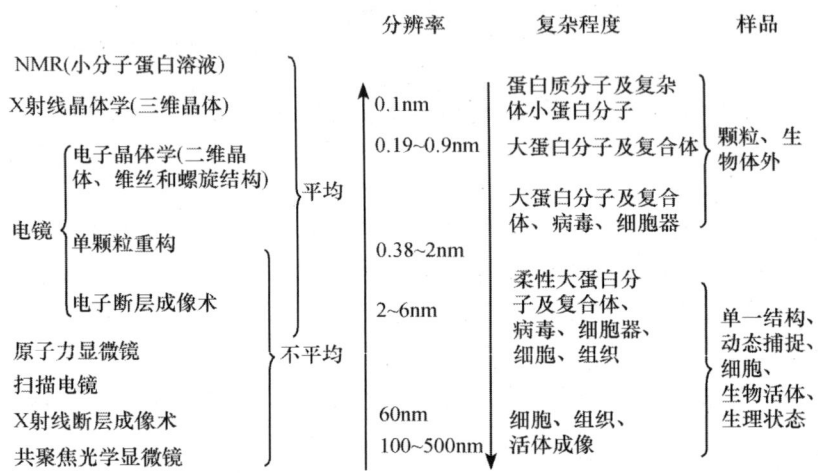

图 4-13 常用的几种生物三维结构分析技术比较（隋森芳，2007）

早期的电子显微镜三维重构工作主要用 1%~2% 乙酸铀或其他重金属盐溶液对蛋白质分子进行负染色。负染样品分辨率低（低于 1.5 nm），不能直接反映蛋白质分子的电荷分布，对样品还往往有压扁效应，因此无法得到高分辨率的三维结构。蛋白质必须在天然含水环境下才能保持其结构，因此要得到高分辨率电镜结构，就必须维持这种含水环境；但是电镜需要在高真空条件下工作，因而无法维持样品含水环境；另外，生物样品主要由轻元素（如 H、C、O、N）构成，极易受到辐照损伤而丢失高分辨率结构信息。虽然提高电子的加速电压可以减小辐照损伤，但提高加速电压意味着电镜造价的提高，加速电压太高还会导致图像的衬度降低，尤其是 CCD 采集数据的衬度会大幅下降，因此电镜三维重构发展受到限制。

20 世纪 70 年代 Taylor 和 Glaeser 开创了冷冻电子显微术（cryo-electron microscopy，Cryo-ME），较好地解决了维持天然含水条件的难题。经过不断发展和完善，冷冻电子显微术已发展成为一种确定蛋白质分子、蛋白质复合物和细胞器结构的有效方法。冷冻电镜三维重构技术主要是将样品保存在液氮或液氦温度下，利用透射电子显微镜进行二维成像，再经过对二维投影图像的分析进行三维重构。

冷冻电子显微镜技术具有许多独特的优势：①可以对均一的（如二十面体病毒等对称结构）、不均一的（如核糖体等）样品进行三维结构重构，同时对生物大分子及其复合物或亚细胞结构进行测定；②通过快速冷冻可以将样品保存在生活状态，其结构更接近功能活性状态；③可以研究细胞瞬时状态变化，有助于对蛋白质的动力学特性和功能的研究；④低温冷冻既能保持样品的含水条件，又能维持电镜高真空环境，同时还能够大幅度减小辐照损伤。在 20 世纪 90 年代，生物冷冻电镜技术已经成为了研究生物大分子的常规技术，在世界各地逐步普及。

冷冻电子显微镜三维重构技术主要涉及低温冷冻制样技术、冷冻样品台技术和低剂量曝光及图像采集技术。

(1) 冷冻制样技术：该技术是生物冷冻电镜的核心技术。对于蛋白质二维晶体和单颗粒样品，主要通过快速冷冻（plunge freezing）技术制备。当水以超过 10^5 K/s 的速度快速冷冻时，会形成无序冰而不是晶体冰，可以避免冰冻结晶过程中对蛋白质结构的损伤。对于较厚的生物样品，如细胞或组织样品，则通常采用高压冷冻和冷冻切片技术制备。

(2) 冷冻样品台技术：冷冻样品台的热稳定性直接关系到能否拍摄到高分辨率图像。侧插式冷冻样品杆（图 4-14）可以使普通电镜进行冷冻电镜工作。一些高性能的冷台可以直接整合到特定型号的电镜中去，这些新型号的内置式液氮/液氦冷冻样品台，具有更高的热稳定性，可以获得超高分辨率的电镜图像，并且可以同时装载多个冷冻样品以极大地提高电镜的利用率。

(3) 低剂量曝光及图像采集技术：生物样品不耐辐照，因此需要严格控制样品的观察、聚焦和拍摄所需要的电子曝光剂量。在低剂量曝光条件下，拍摄的电镜图像噪声非常大，需要很好的数据采集

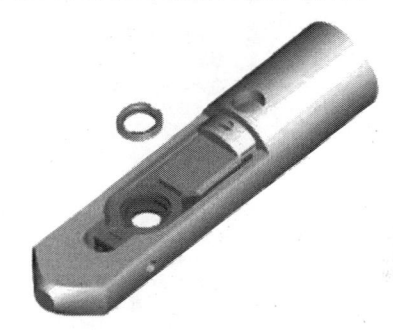

图 4-14　三维重构用冷冻旋转样品杆
（Gatan 公司）
可旋转±110°，便于多角度收集冷冻
样品的结构信息，用于三维重构

设备。传统的方法是使用底片照相，而目前更多的工作是采用高质量慢扫描 CCD 直接采集数字化图像，其优点是可以连续收集大量图像并实时观察和评估样品及图像的质量。采集的图像可通过计算机的专门软件进行三维重构处理。

二、冷冻电子显微镜三维重构原理

电子显微镜三维重构的思想早在 1968 年就由 De Rosier 和 Klug 提出，而冷冻电子显微镜三维重构技术则是在 1974 年首次由 Taylor 和 Glaeser 创建。

（一）电子显微镜三维重构理论

三维重构是电子显微镜技术与计算机图像处理技术相结合而产生的，它利用电子显微镜样品的一系列二维投影图像，经过计算机图像处理重构出样品的三维空间结构。电子显微镜三维重构思想的数学基础是傅里叶变换的投影与中央截面定理。该定理的含义是一个函数沿某方向投影函数的傅里叶变换等于此函数的傅里叶变换通过原点且垂直于此投影方向的截面函数。因此电子显微镜三维重构的理论基础是一个物体的三维投影像的傅里叶变换等于该物体三维傅里叶变换中与该投影方向垂直的、通过原点的截面（中央截面）。每一幅电子显微像是物体的二维投影像。倾斜试样，沿不同投影方向拍摄一系列电子显微像，经傅里叶变换会得到一系列不同取向的截面；当截面足够多时，会得到傅里叶空间的三维信息；再经傅里叶反变换便能得到物体的三维结构。这种方法可以应用到细胞器、生物大分子复合物和大分子晶体三维结构研究中。

在 20 世纪 70～80 年代发展成三种独立的三维重构技术：电子晶体学（electron

crystallography)、单颗粒分析技术（single particle analysis）和电子断层成像术（electron tomography）。电子晶体学、单颗粒分析技术和电子断层成像技术分别针对较小的对称结构、较大的不对称结构和更大的亚细胞结构进行三维重构及功能研究。虽然这三种技术在样品制备、数据收集和处理方式上有所不同，但其三维重构计算的数学本质完全相同（图4-15）。

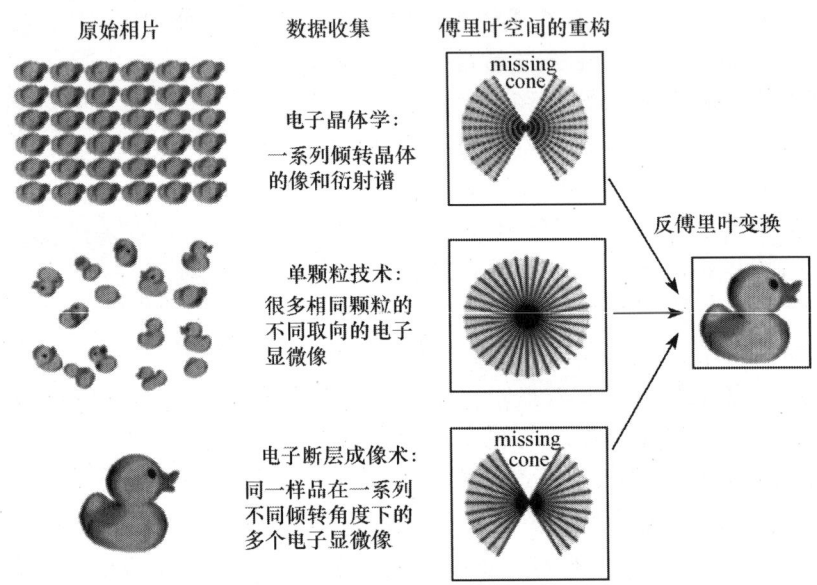

图4-15 电子显微学方法中三种研究对象和三维重构方法（王大能等，2003）
missing cone（缺失锥）是指由于样品倾转角度范围的限制，使得倒易空间中有一个锥形区域的信息丢失

（二）三维冷冻电子显微镜技术

冷冻电子显微镜经过近30年的发展，已经成为研究生物大分子结构与功能的有力工具。这种方法采用高压快速液氮冷冻方法使样品包埋在玻璃态的水环境中，保持细胞生理状态和结构破坏，能够观察到生物大分子天然结构。同时通过快速固定，能观察到细胞某些特定时刻的结构特点，进而分析其功能。冷冻电子显微镜获得的是处于天然状态下未经染色的分子二维投影像，如果将样品进行不同角度的倾斜和拍照，通过计算机的数据分析，采用不同重构技术，可以获得分子的天然结构图像。

三、几种常用的电子显微镜三维重构技术及其应用

（一）电子晶体学

1. 电子晶体学概念

X射线晶体学与生物电镜的结合形成电子晶体学。它综合了三维密度图和傅里叶变换数学理论。电子晶体学通过获得结构规则的二维晶体的高分辨率电子密度图，来解析出它的原子水平结构。电子晶体学只能对二维晶体样品的结构进行原子或接近原子分辨率水平的观察；螺旋对称样品或二十面体对称的病毒结构也可用此方法获得高分辨率的

结构。要利用电子显微学方法测定蛋白质的结构，必须得到在二维方向上高度有序且足够大的蛋白质二维晶体。

2. 电子晶体学原理

二维晶体的三维傅里叶变换在倒易空间中表现为一系列的衍射点，晶体的结构信息就存在于这些衍射点中。晶体结构因子的振幅可直接从电子衍射谱测出，而相位可以从电子显微像的傅里叶变换得到，将两者整合并进行逆傅里叶变换就获得了晶体相应投影方向的结构密度图。晶体的三维重构则是通过倾转样品，拍摄不同转角下的电子衍射谱和电子显微像，获取不同转角下的振幅和相位信息，最后将这些信息在三维倒易空间中拟合，并加入相应的晶体学对称，通过逆傅里叶变换得到样品空间晶体结构图像。

3. 电子晶体学在生命科学中的应用

电子晶体学是电子显微学中获得原子分辨率结构的有效方法，目前蛋白质二维晶体结构解析最高分辨率已达到 0.19 nm。目前已有若干个膜蛋白的原子分辨率的结构通过电子晶体学方法确定下来，如细菌视紫红质（bacteriorhodopsin）、植物捕光复合体Ⅱ（plant light-harvesting complexⅡ）和水通道蛋白（aquaporin）等。电子晶体学研究的关键步骤在于得到有序度很好的二维晶体或管状晶体。对于膜蛋白最常用的方法是将蛋白质重组到脂双层中形成二维晶体。对于水溶性蛋白，最常用的是在脂单层膜上实现蛋白质的二维有序组装。有一些蛋白质并不形成这种片层状的二维晶体，而是形成螺旋对称的管状晶体，如肌质网钙 ATP 酶、乙酰胆碱受体等。另有一些蛋白质在体内就以螺旋对称的纤维形式存在，如肌动蛋白及一些病毒粒子（如烟草花叶病毒）。这类呈螺旋对称的结构的优势在于一张照片中包含了各个角度的蛋白像，因此不需要倾转样品，在数据收集上相对简单；而缺点就是含有的晶胞数比较少，信噪比低，分辨率没有典型的二维晶体高。

电子晶体学的独特优势在于通过这种方法得到的是膜蛋白或膜相关的水溶蛋白在膜环境中的结构信息，与 X 射线晶体学解析的结构相比更能反映生理状态下的真实构象。

（二）冷冻电子显微镜单颗粒分析技术

1. 冷冻电子显微镜单颗粒分析技术原理

单颗粒分析就是对分离纯化的颗粒状分子进行结构分析。它可以对有多面对称结构的病毒、可溶性复合物（如核糖体等）、溶解状态的膜蛋白等进行分析。该方法最大的优点是不用结晶，对于传统方法不易进行的大分子复合物结构的研究有很大优势。其基本原理是通过对相同的生物大分子某方向的投影显微像在时空中经调整后进行叠加，从而提高信噪比，最后将不同投影方向的单颗粒显微像在三维空间进行重构获得单颗粒大分子的三维结构信息。

2. 冷冻电子显微镜单颗粒分析技术步骤

（1）制备化学和结构上均一的生物大分子的冷冻含水样品。

（2）选择可能产生最佳图像的颗粒密度和玻璃态冰厚度的样品。

(3) 设定最佳的参数（如放大倍数和电子剂量等），记录这些样品区域的大量图像。

(4) 用手工或半自动程序选择那些离散的分子形成的投影图。

(5) 通过计算不同图像之间的相对方位来重组出复合物的三维结构模型。

(6) 最后可以利用从晶体学或 NMR 获得的结构将原子坐标定位到密度图中。

由于低剂量的电子辐射使得图像的信噪比非常低，要提高信噪比，就必须采集更多的图像数据。通常要求获得 10 000 张以上的照片才能满足分子分辨率的要求；要获得原子分辨水平（0.4 nm）的结构则需要上百万张图像。因此图像数据处理成为冷冻电子显微镜获得高分辨图像的一个瓶颈。随着计算机图像处理技术的发展尤其是图像自动采集技术的应用，数据收集会越来越快，分辨率也会逐步提高。

3. 冷冻电子显微镜单颗粒分析技术在生命科学中的应用

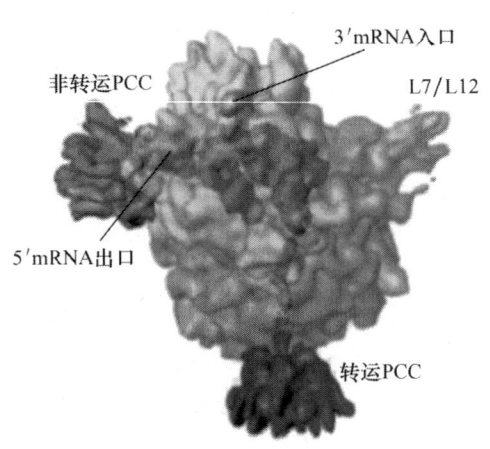

图 4-16　由冷冻电镜单颗粒三维重构得到的核糖体-新生肽链-SecYEG 多元复合体的结构（Mitra et al., 2005）

图中展示出了核糖体小亚基（30S）、大亚基（50S）和 A-、P- 和 E-site tRNA，以及转运和非转运的肽链传输孔道（PPC）

目前已发表的对无序冰包埋的蛋白质样品进行单颗粒结构解析最好的分辨率已经达到 0.6 nm，得到的三维结构模型中已经可以清晰地辨认出 α 螺旋和 β 折叠等二级结构，但是这需要积累大量的数据（超过 50 万个颗粒不对称单元的图像）。

冷冻电子显微镜单颗粒技术的一个成功应用就是解析了 DNA 从转录到翻译成蛋白质过程中的一系列复合体的结构，包括 RNA 聚合酶/转录因子复合体（RNA polymerase/transcription factor complex）、剪接体（spliceosome）和核糖体（ribosome）等，其中核糖体的结构研究最为深入。经过多年努力，人们现在已经得到了一系列的核糖体三维结构模型，在这些模型中可以清楚地分辨出各 RNA、蛋白质组分和它们之间的连接关系，以及核糖体与其他相关蛋白质的联系等（图 4-16）。

（三）电子断层成像技术

1. 电子断层成像技术的基本原理

利用快速冷冻技术保存生物样品的天然结构，然后使用透射电镜进行断层扫描成像，获得三维物体的二维投影像。通过对同一样品每间隔一定角度（通常是 −70°～70°）拍摄一幅照片，得到多幅代表同一结构不同角度下的二维投影像，然后对这一系列投影像对正，用加权背投影的方法获得样品的空间结构。获得的断层图像的分辨率依赖于样品的厚度和获得的相应投影图像的数量。如果想获得厚度为 0.25 μm 样品的分子分辨率（0.5 nm）的图像，大约需要 160 张相同空间的投影图。电子断层成像技术显示的是完整结构系统的静态结构信息。

冷冻电子断层成像技术对于研究处于细胞内天然状态的生物大分子复合物的三维结

构有着独特的优势。该方法是对保存在玻璃样冰中的天然状态细胞进行不同倾斜角度拍照，进行电子显微成像，再对这些电子像进行三维重构。目前已经获得 5～8 nm 的分辨率图像，并且分辨率还在不断提高。

冷冻电子断层成像术也面临着许多问题：①样品厚度超出了冷冻电镜的适用范围，要求采用高压冷冻或高速冷冻技术准备样品；②冰冻含水样品很难制成超薄切片；③需要对同一样品进行重复照射，应采用相应技术措施对样品进行保护，减少电子辐射累计量对样品的损伤；④细胞中其他成分产生的噪声信号和细胞内各成分的密度叠加使解释实验结构变得困难；等等。

2. 冷冻电子断层成像技术在生命科学领域中的应用

电子断层成像技术已广泛应用到快速冷冻（plunge-freezing）的样品研究中去。自从快速冷冻和制作较厚的冷冻切片成为常规技术以来，冷冻电子断层成像技术已运用到 800 nm 厚的样品上。通过电子断层成像术得到的细胞结构，现在已能达到 5 nm 左右的分辨率，在这个分辨率下相对分子质量大于 400 000 的结构可以精确定位在细胞中。

冰冻电子断层成像术的应用使得人们可以直接观察到整个细胞内的结构和动态变化，从而可以用于研究亚细胞量级的生物学过程。例如，Bohm 等（2001）对 T5 噬菌体是如何将 DNA 释放到宿主细胞中的过程进行了研究，他们对体外重组的噬菌体-脂质体系统进行了冰冻电子断层成像和结构分析，揭示了噬菌体尾部和膜上受体结合后的结构变化及一些结构细节。Medalia 等（2002）用电子断层成像术重构了网柄菌细胞（dictyostelium cell）的胞质结构，从中可以清楚地看到以肌动蛋白为主的细胞骨架系统，及其与细胞膜和胞质里的一些大分子的空间连接关系（图 4-17）。

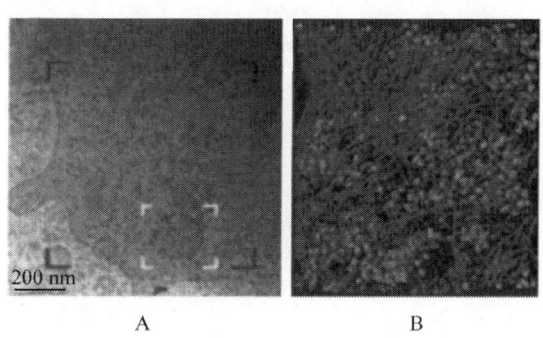

图 4-17　网柄菌细胞的电子断层成像结构解析（Medalia O et al.，2002）
A. 网柄菌细胞的冷冻电镜透射照片；B. 网柄菌细胞内肌动蛋白细胞骨架在 5.5 nm 分辨率下的三维结构模型

3. 冷冻电子断层三维重构具体操作流程

1）样品制备

用于冷冻电镜研究的生物大分子样品必须十分纯净。冷冻电镜样品制备就是在亲水的支持膜上将冷冻的含水样品包埋在一层较样品略高的薄冰内的过程。详情参考第四章第二节冷冻制样相关内容。

2）冷冻样品向电镜内的转移

制备好冷冻样品转移到电镜内的过程，既不能使样品解冻，又不应在样品表面结霜。为此，需要用专门的设备——冷冻输送器（cryo-transfer）来完成这一步骤。目前已有商品化的冷冻输送器，具体操作参照相关说明书。

3）冷冻样品在电镜下的观察和拍照

用于冷冻含水样品观察的电镜必须配备冷冻样品杆。样品杆的温度应保持在 $-150℃$ 以下，以免玻璃态的冰转变为结晶，而且样品杆应能倾斜 $\pm 60°$。电镜还应配备有效的防污染装置，其工作作温度应比样品温度更低，即 $-160\sim-150℃$。在电镜下观察时首先要确定样品中的冰是否处于玻璃态，这可以通过电子衍射来判断。玻璃态冰的电子衍射花纹微宽而呈弥散的衍射环。看不到这种衍射花样时，必须重新制作样品。

由于冷冻样品对于辐射非常敏感，因此电镜下的资料收集必须使用最小曝光技术（minimal exposure technique）。如果在 40 000 倍下拍摄一张冷冻含水样品的电镜图像，样品的曝光量应在 $500\sim1000$ 个电子/nm^2。通过旋转冷冻样品杆，从不同角度对同一样品进行连续拍照，将照片储存在计算机中。冷冻电镜方法虽然能够很好地保存生物大分子在生活状态时的结构，但与常规方法相比信噪比更低。可在低剂量曝光下拍摄一种生物大分子的大量图像，然后用某种方法加以平均来消除噪声。

4）图像三维重构

采用专门软件对旋转不同角度拍摄的照片在计算机中进行处理，得到细胞或生物分子的三维结构图像。

第五章 其他相关仪器的结构原理和应用

扫描探针显微镜（scanning probe microscope，SPM）是一类全新的显微镜的总称，包括扫描隧道显微镜（scanning tunneling microscope，STM）、原子力显微镜（atomic force microscope，AFM）等十几种类型。目前在生物医学中得到广泛应用的主要是扫描隧道显微镜及原子力显微镜。激光扫描共聚焦显微镜（laser scanning confocal microscope，LSCM）是 20 世纪 80 年代发展起来的一项具划时代意义的高科技产品。它在荧光显微镜成像基础上加装了激光扫描装置，利用计算机进行图像处理，把光学成像的分辨率提高了 30%～40%，已经成为形态学、分子生物学、神经科学、药理学、遗传学等领域中新一代强有力的研究工具。本章简单介绍 STM、AFM 和 LSCM 的工作原理、制样技术和应用领域。

第一节 扫描隧道显微镜

一、扫描隧道显微镜结构原理

1982 年国际商用机器公司（IBM）苏黎世实验室的 G. Binning 和 H. Rohrer 发明了扫描隧道显微镜（STM），以此获得 1986 年的诺贝尔物理学奖。

扫描隧道显微镜的基本原理是利用了量子理论中的隧道效应。所谓隧道效应是量子力学中一种复杂的物理现象，其经典实验为：将一根金属针放在一待测物体表面之上，在金属针与物体间加一偏电压（一般为 2 mV～2 V），一旦探针非常接近待测样品的表面，就会使物质表面的电子克服逸出功而离开样品，形成隧道电流。按照量子力学计算，物质表面电子总有一定的概率穿透高度为 Φ、宽度为 S 的位垒，称为隧道效应。隧道电流由下列公式给出：

$$I = V\exp(-A\Phi^{1/2}S)$$

式中，V 为加在针尖和样品之间的偏置电压；Φ 为平均功函数；S 为间距；A 为常数，在真空条件下约等于 1。因此，隧道电流 I 与针尖和样品之间距离 S 和平均功函数 Φ 有关。

扫描隧道显微镜的探针针尖为钨丝或铂铱丝，其曲率半径为 0.1～0.01 nm。针尖和样品表面分别为不同的两电极，当二者之间距离达到数纳米时，两者之间电子云重叠。当二者间加上一个 2 mV～2 V 的微电压时，就会产生隧道电流。根据扫描过程中针尖与样品间的相对运动的不同，可将 STM 的工作模式分为恒电流模式和恒高度模式两种。

（1）恒电流模式：隧道电流强度对针尖与样品表面之间距离非常敏感，如果距离 S 减小 0.1 nm，隧道电流 I 将增加一个数量级，因此，利用电子反馈线路控制隧道电流的恒定,并用压电陶瓷材料控制针尖在样品表面的扫描,则探针在垂直于样品方向上高低的变化就反映出样品表面的起伏。将针尖在样品表面扫描时运动的轨迹直接在荧光屏上显示出来,就得到了样品表面态密度的分布或原子排列的图像。这是一种常用的扫描模式,可用于观察表面形貌起伏较大的样品。

(2)恒高度模式:对于起伏不大的样品表面,可以控制针尖高度守恒进行扫描,通过记录隧道电流的变化也可得到样品表面密度的分布图。这种扫描方式的特点是扫描速度快,能够减少噪声和热漂移对信号的影响,但一般不能用于观察表面起伏大于 1 nm 的样品。

STM 横向分辨率为 0.1 nm,在与样品垂直的纵向分辨率高达 0.01 nm,因此,可获得样品高精度的三维图像(图 5-1)。在隧道效应中,隧道电流仅仅在只有几个原子宽的半导体间流过,因此,对探测器的要求就成为接收隧道电流的关键。

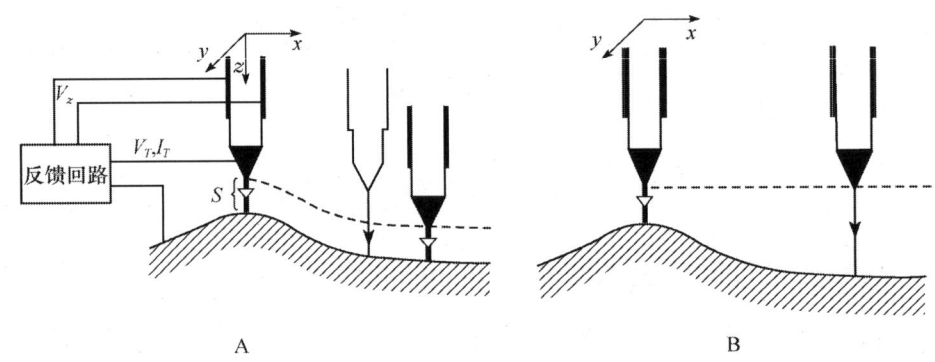

图 5-1 扫描模式示意图

A. 恒电流模式;B. 恒高度模式

S 为针尖与样品间距;I_T 为隧道电流;V_T 为偏置电压;V_z 为控制针尖在 z 方向高度的反馈电压

二、扫描隧道显微镜的生物样品制备

扫描隧道显微镜最初主要用于观测半导体表面的结构缺陷与杂质,目前,已在材料科学、物理、化学、生命科学及微电子等领域得到了广泛的应用。扫描隧道显微镜可在真空、大气、常温、高温等不同环境下工作,甚至可将样品浸在水或其他溶液中。相对于透射电子显微镜,扫描隧道显微镜结构简单、成本低廉。在成像方面,为了观测样品分子的原子排列,要求样品以单分子结晶态固定于原子级的表面上。用 STM 在大气中成像多选用高定向热解石墨(HOPG)、MoS_2、Au(111)基底面;在超高真空下,可以用 $SiTiO_3$(100)面、Si(100)面、Pd(100)面等为基底。

下面以 DNA 样品的制备为例说明样品的制备过程。

DNA 的样品可利用物理-化学吸附法固定于导电基质 HOPG 上,从而获得 DNA 原子想,并展示 DNA 的大沟与小沟。在空气条件下沉积于 HOPG 上的 Poly(dA),可以辨别 DNA 的嘌呤与嘧啶碱基等,但是由于 HOPG 具有与 DNA 极其相似的拓扑结构,因而很容易产生假像。现在,人们多以 Au(111)代替 HOPG 为基底进行 STM 成像。

由于金基底富含负电荷，使得 DNA 难于固定，因此常将其表面进行分子修饰，以达到固定 DNA 的目的。

（1）利用共价交联法，使质粒 DNA 成像。例如，利用 Au-S 键使氨烷基硫醇固定于金表面，并利用氨基化的正电荷性质，使得负电性的 DNA 得以固定。此法利用电子束蒸发金，使其附着在新解离的加热至 480℃的云母片上，然后将其切为 0.48 cm^2 的小片。将附着有金的一面浸于 0.005 mol/L 半胱胺或 2-二甲氨基乙烷硫醇缓冲液中对其表面进行化学修饰，修饰后的金表面会覆盖 2-二甲氨基乙烷硫醇或 2-半胱氨酸，能对 DNA 起固定作用。水洗，空气干燥，最后基底悬浮于 1 mL 浓度为 0.25×10^{-6} g/L 的 DNA 溶液上（包含 0.01 mol/L 的乙酸铵），金面向下。3~6 h 后，用蒸馏水、去离子水冲洗，空气干燥，进行 STM 观察。此法制备的样品稳定性较好，在 pH 为 5~8 时均可成像。

由 Lindsay 等发展起来的电化学方法，通过控制电压，使 DNA 电位沉积于 Au（111）电极上，也可得到较为理想的结果。此方法可以获得稳定的、可重复的单链及双链 DNA 图像，且分辨率较高，可分清双螺旋走向。

（2）采用修饰 DNA 链的方法固定 DNA。Clemmer 等利用功能化 DNA 的方法，探讨了 S 修饰的 DNA 在 Au（111）面上的吸附性质。实验利用三种方法对三种不同的 DNA 进行沉淀。①DNA 带有一个硫醇化鸟嘌呤的单链 8 碱基寡核苷酸；②DNA 用硫修饰主链磷酸的单链 15 碱基寡核苷酸；③DNA 没有进行修饰的双链质粒 DNA。沉积方法为：15 μL 不同浓度的修饰 DNA 沉积于直径为 5 mm 的 Au（111）单晶上约 10 h，为避免液滴蒸发，整个吸附过程处在以少量水使空气保持饱和的密闭容器中，之后用超纯水洗涤 3 次，空气中干燥。

于力华等（2001）通过在单晶上固定单链 DNA，获得了单晶表面上的 ssDNA 自组装图形，首次发现 ssDNA 可通过自折叠的方式自组装成岛状物，其宽度为 0.9 nm，约为双链的一半，并观察到了 DNA 上的条纹结构，即碱基戊糖结构单元。

（3）直接用云母片做基底。Guckenberger 等在云母片上成像了未经包埋的 DNA，观察到质粒环状结构，链宽为 3.5 nm，接近于 DNA 直径 2.5 nm。这一高分辨 DNA 图谱的成功依赖于能够精确地控制表面上的薄层水膜，为 STM 提供侧向导电性；另外，则是对 0.05 pA 的隧道电流的高灵敏度检测，说明非导电性的样品也可在 STM 上成像，只要在导电基底上的样品层非常薄（理想尺寸为单分子层），或是精确控制、利用水分子膜的导电作用。这是 STM 应用的一个重大突破，为其在生物学领域开辟了更为广阔的应用前景。

三、扫描隧道显微镜在生命科学中的应用

由于 STM 的分辨能力高，不损伤样品，可在接近生物体自然环境下的液体中分析，因此它无疑是生命科学研究中的一种重要的新技术，为生物学家更进一步地观察研究生命现象提供了可能。STM 主要应用于病毒、细菌、染色体、细胞膜、微管、胶原、配体和受体、DNA、RNA 结构分析等（表 5-1）。

表 5-1 STM 在生命科学研究对象

结 构	种 类	具体成分
基本分子结构	氨基酸，多肽	甘氨酸，赖氨酸，色氨酸，亮氨酸，蛋氨酸，缬氨霉素，胶原蛋白端肽
大分子结构	多糖，碳水化合物	黄原胶，糖原，β-环式糊精
	核酸/多聚核苷酸	多聚（dA-dT），多聚（rA），多聚（rU），tRNA，DNA，质粒 DNA，λDNA，dsRNA，RNA 聚合酶，DNA-复合物，DNA-细胞色素 c 共聚物
	蛋白质/酶类	豌豆球蛋白，短杆菌肽，糜蛋白酶原，Ⅰ型胶原蛋白，层粘连蛋白，磷酸化酶，免疫球蛋白 G-小牛血清白蛋白复合物，免疫球蛋白 G，玉米蛋白，纤维蛋白原，溶解酵素，α-巨球蛋白，HMW 小麦亚基，纤粘连蛋白，磷酸化酶激酶，反转录酶
超分子聚集体	分离的细胞膜蛋白	HPI 蛋白，F-肌动蛋白，T4 噬菌体聚合头部，膜结合的铁蛋白，烟碱乙酰胆碱受体通道，叶绿体，T7 噬菌体，菌视紫质，霍乱毒素
细胞	细胞膜碎片	神经细胞膜，人红细胞膜，膜间隙连接，脂质-蛋白 LB 结构
	细胞骨架和运动结构	细菌鞭毛，微管，中间丝
		红细胞，白细胞，血小板，内皮细胞，精子 RBL-2H3，CHO 纤维原细胞，T-24 肿瘤细胞（膀胱），肺癌 131 细胞系，肾细胞，神经胶质细胞，小鸡骨细胞，芽孢杆菌，大肠杆菌，盐杆菌 E38266

（一）DNA 结构的研究

DNA 是生命遗传信息的载体，研究其形态结构对分子生物学具有重大的意义。

图 5-2 扫描隧道显微镜下的 DNA 双螺旋结构（2 000 000×）

Lindsay 和 Bird（1987）用 STM 观察金基底上水覆盖下的 DNA，看到 DNA 像液晶样致密排列，每条 DNA 链的宽度和高度均为 2 nm 左右，这与 DNA 双螺旋的螺旋直径的理论值大致相等。Amrein 等（1988）在冷冻干燥的 A-DNA 样品表面上蒸镀一层厚约 1 nm 的铂铱合金薄膜，然后用 STM 进行观察，可以看到 DNA 右手螺旋的结构特点，但 DNA 的细微结构被铂铱合金模所掩盖（图 5-2）。Beebe 等（1989）把溶于盐溶液的双链 DNA 铺展在石墨衬底上，干燥后用 STM 观察 DNA 戊糖链的双螺旋结构，测得螺距为 2.7～6.3 nm，并能区分 DNA 的大沟与小沟，但未能观察到碱基的配对现象。牟建勋等（1989）将溶于重蒸水的 DNA 铺展在金衬底上，并覆盖一薄层 50% 的甘油水溶液，在 STM 下观察并获得 DNA 内部结构碱基图像。

（二）蛋白质结构研究

1. 结构蛋白的 STM 研究

目前报道的主要是对胶原蛋白、细胞骨架蛋白、大麻分离蛋白（HPI）进行的研究。在对胶原蛋白的研究中，首先获得了金属被膜的Ⅳ型胶原蛋白的网状结构及单个纤维的 STM 图像，发现胶原蛋白表面的结构呈山峰状，图像中能够看到高为 4~5 nm 的末端球区域。在对裸露的Ⅰ型胶原蛋白进行的 STM 研究中，获得了高分辨率图像，能够看到单个胶原蛋白链上约 9 nm 的周期性峰，这反映了胶原蛋白单体链的周期性。

2. 氨基酸和多肽的 STM 研究

对吸附在定向裂解石表面的氨基酸进行 STM 研究，分别获得色氨酸、甘氨酸、亮氨酸及蛋氨酸等氨基酸的 STM 图像。这些氨基酸分子的图像都表现为大小符合分子尺度的亮点。

3. 功能蛋白的 STM 研究

（1）蛋白聚集体。把溶菌酶和胰凝乳蛋白酶原 A 吸附在石墨基底上，用 STM 观察发现这两个功能蛋白质在石墨上都呈现某种规律性排列。随着初始溶液浓度的不同，滴在石墨上后溶菌酶体系能够呈现周期变化，出现从约 4 nm（溶菌酶分子的大小）到 15 nm 的不同二维排列形式。在胰凝乳蛋白酶原 A 体系中同样发现了小范围的二维有序排列。

（2）分散蛋白质。利用 Hopping 技术已经获得了猪胃蛋白酶的 STM 图像。无论是裸露的样品还是碳被膜的样品，都分别获得了聚集状态和单个状态的分子图像。裸露的单个胃蛋白酶的 STM 图像中分子的表面形貌也与 X 射线晶体衍射结果符合。在覆以碳膜样品的 STM 图像中，发现分子横向尺度偏大，高度则只有裸露样品的 1/4，这可能与镀膜过程有关。

（三）细胞膜表面的结构

孙润广等（2002）用 STM 分别研究了磷脂脂质体和磷脂胆固醇脂质体的微观结构，又用 STM 研究了离体培养的肿瘤细胞膜的超分子结构及电磁场对其超分子结构的影响机制。把卵磷脂双层膜放在基底上，干燥后进行观察，发现其结构呈岛状排列，直径约 21 nm，间距约 4 nm，由大约 170 个头部聚集在一起的脂分子形成。在其他区域可以看到脂分子头部在某些区域呈有序分布，这种有序分布可能是由于干燥前脂分子的有序排列引起的。将 TE671 细胞的细胞膜吸附在高度定向热解石墨上，获得了相应的 STM 图像，在 TE671 膜结构中能够分辨出纤维状结构。在卵细胞膜图像中，发现了同样的纤维结构，推测纤维结构可能是连接脂膜的细胞骨架，丘状结构可能是膜蛋白与脂的复合体。现将 STM 在生命科学中的研究对象总结于表 5-1。

第二节　原子力显微镜

一、原子力显微镜工作原理

原子力显微镜（atomic force microscope，AFM）是一种通过探针与被测样品之间微弱的相互作用力（原子力）来获得物质表面形貌的信息的显微镜。1986 年，G. Binning、C. F. Quate 和 C. Gerber 发明了原子力显微镜（AFM）。原子力显微镜的放大倍数高达 10 亿倍，比电子显微镜分辨率高 1000 倍，可以直接观察物质的分子和原子。这为人类对微观世界的进一步探索提供了理想的工具。

AFM 有一个尖端附有探针的极灵敏的弹簧悬臂——微悬臂。当微悬臂接近样品表面时，探针和样品表面原子间将产生相互作用。当微悬臂距离样品较远时（0.2～10 nm），起作用的主要是范德瓦尔斯力（Van der Waals force，VDW）。VDW 是存在于物体之间的相互作用力，是一种量子力学现象。VDW 有很大的非相加性，其大小依赖于探针和样品性质、环境介电常数及探针和样品的宏观尺寸等因素。当探针距离样品很近时，两者表面原子的电子云开始重叠，产生巨大的排斥力。排斥力的大小取决于两个物体原子的接近程度。

原子力显微镜（AFM）探针安装在一个灵活的悬臂上，激光二极管发出的一束激光经悬臂反射后，打在一个分裂式光电二极管上，当探针在样品表面扫描时，由于样品表面原子结构起伏不平，悬臂也就随之起伏，于是激光束的反射也就起伏。光电二极管将其接收、放大，即可获得样品表面凹凸信息的原子结构图像。原子量级的表面形态记录是原子力显微镜（AFM）特有的性能（图 5-3）。

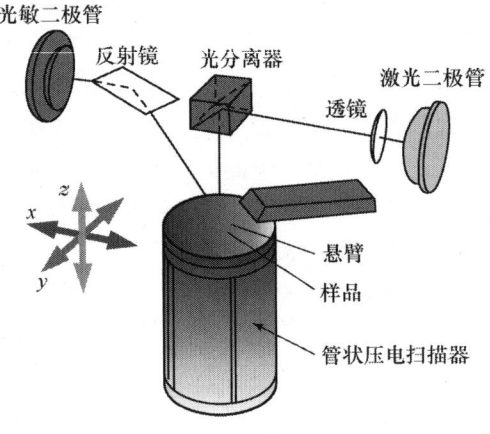

图 5-3 AFM 示意图

在大气条件下，样品和探针之间还存在附着力，它是由于空气中的水蒸气凝结等原因使样品和探针之间存在"液桥"，从而使探针和样品间表现出一定大小的吸引力。它对 AFM 的分辨率有较大的影响，附着力越大，分辨率越低。

原子力显微镜主要有三种工作模式：接触模式、非接触模式和轻敲模式。接触模式分辨率高，但易"拖刮"损伤样品表面，且还会由于探针与样品表面产生的黏滞力造成图像失真。非接触模式虽然可以避免上述问题，但由于探针与样品表面距离较大，作用力太小，图像分辨率降低，且可能因表面张力干涉而造成图像变形。轻敲模式是新发明的一种较为先进的模式，交替地让针尖与样品表面"接触"和"抬高"。这种交替通常每秒钟 5 万～50 万次。这种模式结合了上述两种模式的优点，既不损坏样品表面，又有较高的分辨率。

AFM 具有以下特点：①待测样品无需导电；②可得到高分辨物体表面的三维形貌；③可以在多种环境（如真空、大气、溶液、低温等）下工作，特别是在溶液环境下生物样品可保持其自然状态，从而避免制样过程中所造成的样品变形或变性；④可以进行连续动态分析，它能在接近生理状态的条件下观察样品，以了解某些生命活动的动态过程；⑤能提供生物分子和生物表面纳米尺度分辨率三维图像及局部电荷密度和物理特性；⑥可以测量生物大分子间（如受体和配体）的相互作用力；⑦能对单个生物分子进行操纵,如可搬移原子、切割染色体或在细胞膜上打孔等。

二、原子力显微镜样品的制备

AFM 样品制备简单,甚至无需处理,对样品破坏性小,现场操作性好,载体选择更简单。下面以 DNA、蛋白质和细胞样品制备为例说明样品制备过程。

(一) DNA 样品

1. 离子处理基底

在 DNA 分子的 AFM 研究中,云母是最常用的基底。Hansma 等 (1995) 采用阳离子介质沉积方法,让云母经镁离子溶液预处理,增加 DNA 同云母的结合程度。具体操作方法是将新解离的云母片用去离子水、重蒸水冲洗后,浸入含有多价离子的溶液中过夜,然后用去离子水冲洗,以除去多余的盐分,将云母于真空中 13.3~26.6 kPa 气压下辉光放电,迅速滴几滴 DNA 溶液于其上,静置片刻后,用重蒸水冲洗,N_2 吹干即可。Bustamante 等 (1996) 以乙酸镁处理过的云母为基底,使用针尖半径为 10 nm 的探针,在室温、干燥空气(湿度<40%)条件下得到可重复的质粒 DNA 的图像,可以观察到三维环状的 DNA 分子结构,估算分子的宽度和高度。

DNA 也可沉积于未处理的云母表面。制样方法有两种:①将含有多价离子的 DNA 溶液直接滴于新解离的云母片,静置几分钟后,用水、水:乙醇(1:1)、乙醇分别洗涤,干燥即可;②将含有多价离子的 DNA 溶液滴于新解离的云母片上,将其置于去离子水中过夜,然后 N_2 吹干。这种方法可以避免当 Mg^{2+} 浓度过高时,改变 DNA 的二级结构,得出的结构是 B 型的 DNA 结构。在离子固定的 DNA 操作中,离子浓度的控制是较重要的,浓度过低很难固定 DNA,浓度过高又会覆盖 DNA 链。

2. 修饰基底的方法

用 AFM 研究 DNA 时,发现 DNA 分子可以在水、缓冲溶液及各种溶剂体系(如乙醇等)中顺利成像,但须首先对云母片进行修饰,使其带上正电荷。具体方法是首先在云母片上共价键合 APS,然后进行甲基化和水解过程,修饰后的云母片浸入 DNA 溶液中 (10 mmol/L Tris-HCl,10~20 mmol/L NaCl,5 mmol/L EDTA),室温下恒温 1~2 h,DNA 浓度为 0.01~0.1 mg/L。用去离子水冲洗样品,滤纸吸干,真空干燥。用这种方法制备,可以获得高清晰度的线性和环状 DNA 图像,成像 DNA 大分子可以达到 48 502 bp。

3. DNA 样品的展开方法

采用细胞色素 c,使 DNA 展开到覆盖碳膜的云母片上。用这种方法制备的样品可直接用 AFM 在空气或有机溶剂中观察 DNA 的结构。Schaper 等 (1993) 采用类似的方法,用 BAC(苄基二甲苯氯化胺)将 DNA 展层到新解离的云母片表面,用 AFM 也获得了直观的、充分展开的 DNA 分子图像,且背景干净,沉积物少。此法也能用于 DNA-蛋白质复合物结构的成像。

(二) 蛋白质样品

原子力显微镜可用于膜蛋白、游离蛋白质分子及结晶蛋白质等结构的研究。下面主要介绍两种蛋白质样品的制备方法。

（1）蛋白质吸附固定法。首先将云母裁成 1 cm×1 cm 的小片，用双面胶固定于 AFM 基底上，剥开云母片，得到新鲜裂解的云母表面。将一定浓度的蛋白质溶液滴加于云母表面，并用 N_2 将其展平并吹干，蛋白质便可吸附于云母表面。样品置于 AFM 的扫描器上，即可进行细胞表面形态的成像观测。

（2）蛋白质共价固定法。利用蛋白质分子上的氨基与巯基丙酸的羧基形成肽键连接的原理，进行蛋白质的固定。固定好的样品置于 AFM 的扫描器上，即可进行生物大分子表面形态结构的成像观测。

（三）活细胞的观察

AFM 对活体细胞的成像效果还很不理想，这主要是因为细胞膜表面比较柔软，与基底的固定较弱，探针的压力会使探针和细胞表面的接触面积大大增加，从而损伤细胞或造成细胞的漂移。下面主要介绍活体细胞样品制备过程。

（1）游离细胞样品制备步骤。提取实验用细胞，用 2.5%戊二醛固定；同时制备新鲜解离的云母片，并用双面胶固定于基底表面。将固定细胞滴加于云母表面，用 N_2 吹干并展平。用接触式或轻敲式模式进行细胞的表面形态观测。

（2）活的培养细胞样品制备。事先将培养皿或盖玻片用多聚赖氨酸进行处理，培养细胞于培养皿或盖玻片上。检查前将培养皿或盖玻片制成小于 1 cm×1 cm 的小片，再将指甲油滴加于 AFM 液体池底部。小片的无细胞面沾到指甲油上，在有细胞面上滴加培养液；待指甲油干后，液体池中充入培养液，置于 AFM 的扫描器上，即可进行细胞表面形态的成像观测。

三、原子力显微镜在生命科学中的应用

（一）DNA 研 究

DNA 分子是扫描探针显微镜早期测试中的一个较好的样品。Bustamante 等（1992）用 AFM 在室温和干燥空气条件下得到了可重复的质粒 DNA 图像；图像分辨率达到分子级水平，可以清晰地观测到三维环状 DNA 分子的结构，并可估算分子的宽度和高度。Hansma 等（1995）在丙醇体系中用轻敲式研究小片段 DNA 和双链 DNA 的分子结构，得到分辨率为 2 nm 的高清晰度图像。

（二）抗体分子成像

由于抗体分子庞大而易于变形，因而在最初的图像中难以观察到其亚结构。后来人们使用低湿技术对 IgG 分子进行固定后才观察到其典型的 Y 形结构。现在，在常温下，使用 AFM 技术，在液体中也能获得其高分辨率图像。图 5-4 中显示了大量类似却又形态各异的 IgG 分子，其中 IgG 分子的旋转

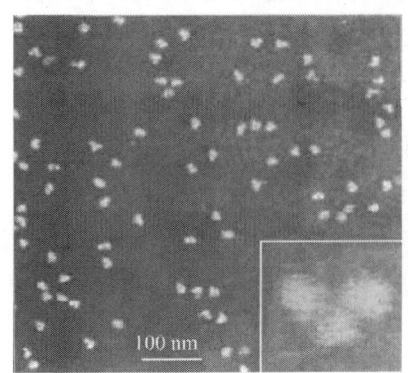

图 5-4 IgG 分子在丙醇中的 AFM 图像（Hansma，1999）

方向各不相同。

（三）DNA和蛋白质相互结合

通过AFM技术可以直接了解是否有蛋白质与DNA结合，以及结合蛋白质的相对位置和数目，还能用以对100 kb以上的分子进行研究，这是AFM技术较其他结合蛋白质研究方法的优势。该研究对于寻找新的DNA结合蛋白，研究生物体中遗传信息的复制、转录、修复和重组的分子生物学机制具有重要意义。谢建明等（2003）对DNA结合蛋白的AFM图像的分析方法进行了研究，图5-5是pET28a$^+$质粒DNA分子和限制性内切核酸酶$EcoR$ I结合的AFM图像，扫描范围为1 μm^2，在AFM图像上可以看到伸展但弯曲的线性长链DNA。其亮度不均匀，粗细不一致；在DNA长链上，结合蛋白质一般表现为较亮点，但不能排除是杂质点。背景呈现比较暗的明暗相间条纹（图5-5）。

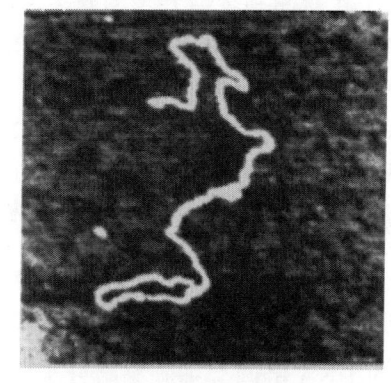

图5-5　AFM图像（谢建明等，2003）

（四）使用AFM观察生化过程

随着样品处理技术和成像技术的发展，应用AFM观察复杂的生化过程成为可能。例如，用AFM能对DNA的转录过程进行实时观察。在加入核苷酸后，沉积到云母上的延长复合物沿着DNA模板单向移动。对照实验证实RNA聚合酶（RNAP）和DNA的相对移动与转录实际情况相符。在一个对照中，以没有终止子的微环DNA作为模板，在云母上进行转录。在干燥后通过AFM可观察到合成的RNA长链（图5-6）。在第二个对照中，DNA在相同的条件下，在云母上进行转录。不同的是加入的核苷酸用

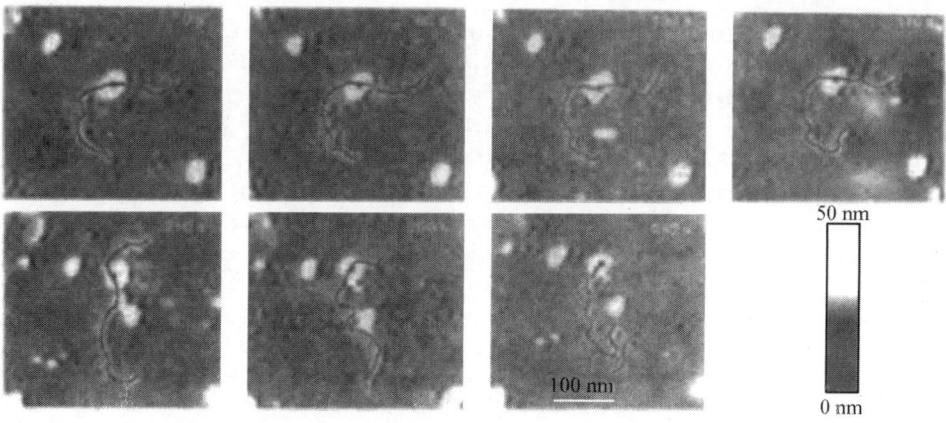

图5-6　转录中的 *E. coli* RNAP的系列TM-AFM图像（Kasas et al., 1997）

在注入5 mmol/L的核酸进入液体小室之前（0 s），发现是一延滞的延伸复合体，在后来的结构中，RNAP牢固地结合在云母的基底表面，螺旋状的DNA模板结合在单方向的启动子上。从图片中可以测得平均的转录速率为每秒钟1.5个核酸分子

^{32}P 标记。通过 PAGE 对反应产物进行分析,结果显示与云母结合的复合物具有活性,而且转录的速度与用 AFM 测得的近似。

(五) 多糖结构

AFM 的出现使得对多糖这样的生物大分子表面形貌观察成为可能。目前已用 AFM 观测到多糖分子的高级结构和二维多糖网络结构,并研究了多糖浓度及几种离子浓度对凝胶网络形成的影响。用 AFM 还能直接观察以纤维素和微纤维素为主体的植物细胞壁。蔡林涛等(1999)用 AFM 扫描观察虫草多糖分子链呈分枝结构。马秀俐等(2000)用 AFM 观察到西洋参多糖(PPQ-d)的分子链聚集状态,呈多股紧密并行螺旋形排列。孙润广等(2002)采用 AFM 的轻敲模式,观察了从甘草提取出来的多糖分子的形貌结构,首次获得了清晰、稳定的六折叠螺旋结构图像。

(六) 在分子识别中的应用

AFM 可作为一种力传感器用来研究分子间的相互作用。AFM 已被用于研究互补的 DNA 链间、细胞黏附分子间及配体-受体间的相互作用力等。

(七) 观察蛋白单分子的结构与功能

这些蛋白单分子包括旋转分子马达、质子泵和离子泵、光合作用相关蛋白、蛋白分子伴侣等。Tiina 等(2003)应用 AFM 在生理条件下观察了 HeLa 细胞肌动蛋白装配过程。有研究者使用原子力显微镜成功地对核孔复合物(NPC)进行了成像研究。

总之,AFM 作为一种新兴的技术,已广泛应用于生物学领域的各个方面(表 5-2),随着 AFM 技术的提高和样品制备的改进,其将会发挥更大的作用。

表 5-2 AFM 在生命科学领域的研究对象举例

结构	种类	具体成分
(1) 大分子结构	① 多肽	α 螺旋多肽片段(多聚-L-赖氨酸),α 螺旋肽(多聚-L-谷氨酸(PGA)),乳糖-聚乙烯乙二醇连接的多聚-L-赖氨酸
	② 多糖	黄原胶,淀粉颗粒,细菌内毒素,裂褶菌多糖,壳聚糖/纤维胶人造纤维,琼脂糖凝胶
	③ 碳水化合物	神经节苷酯的 GM1 结构域,纤维素,透明质酸,叶绿素
	④ 核酸/多聚核苷酸	超螺旋 DNA,三链 DNA,mtDNA,质粒 DNA,双链 RNA,溴化乙锭与质粒 DNA 的复合物,短链 DNA 的双螺旋结构,金颗粒标记的 RNA,环状 DNA 复合物,多聚核苷酸,支链 DNA,反义寡核苷酸,mRNA,DNA-类脂载体(cytofectin)复合物
	⑤ 蛋白质/酶类	淀粉样原纤维,肌动蛋白,胶原,细胞色素 P450,发夹状核酶(具有酶功能的 RNA),捕光天线复合物 LH2,β-大豆球蛋白,运动蛋白-RNA 复合物,微管相关蛋白,RNA 酶,核糖核酸酶 A,伴侣蛋白复合物,谷类种子储藏蛋白,果蝇肌原纤维,纤粘连蛋白,小麦麦谷蛋白,菌视紫质,葡萄糖氧化酶,抗生蛋白链菌素-生物素复合物,纤维蛋白,免疫球蛋白 G,拓扑异构酶 II,大肠杆菌 RNA 聚合酶,纤维蛋白原,整合素,角蛋白,乙酰胆碱酯酶,核酸外切酶,核蛋白质,α-糜蛋白酶,弹性纤维,层粘连蛋白-1,P-选择素/配体复合物,A 型原纤维大肠杆菌 F_0-F_1-ATP 酶

续表

结　构	种　类	具体成分
(2) 超分子聚集体	① 细胞膜蛋白	T4 噬菌体基板，骨骼肌钙离子-释放通道（RYR1），水通道蛋白，肺表面活性蛋白，光系统Ⅱ核心复合物，光系统Ⅰ复合物，核孔复合物，视紫质，钾离子通道，ATP 敏感的钾离子通道蛋白
	② 细胞膜碎片	间隙连接，脂质膜，脂质体，α-突触核蛋白膜，菠菜叶的原生质膜，植物脂质体，突触小泡膜，核膜，基细胞膜
	③ 细胞骨架	微管和动力蛋白，红细胞膜骨架
	④ 细胞器	核小体，叶绿体，原生质体，细胞核，染色质，多核糖体
(3) 细胞	① 变形虫	弓浆虫，内阿米巴虫
	② 昆虫细胞	大黄蜂上表皮细胞，大心肌和骨骼肌细胞，平滑肌细胞，心肌细胞
	③ 培养的细胞	红细胞，神经细胞，造骨细胞，淋巴细胞，人、鼠、羊和牛等的精子，皮肤纤维原细胞和肝脏内皮细胞，星形胶质细胞，上皮细胞，角膜上皮细胞，血小板，人口腔细胞，神经胶质细胞，巨噬细胞腺癌细胞，L929 细胞，RBL-2H3 细胞，F9 细胞，MDCK 细胞，牙骨质肿瘤细胞，小鼠 F9 胚胎癌细胞
	④ 两栖动物细胞	蟾蜍的卵母细胞（*Xenopus laevis*）
	⑤ 植物细胞	硅藻，绿藻（*Enteromorpha*），大麦细胞，黄睡莲花粉粒外壁，谷类花粉粒，植物细胞壁
	⑥ 微生物	疟原虫裂殖子，葡萄状球菌，大肠杆菌，B 型肝炎病毒，烟草花叶病毒，芜菁黄花叶病毒，酵母假单胞菌，真菌孢子

第三节　激光共聚焦显微镜

1987 年，White 和 Amos 在英国《自然》杂志发表了"共聚焦显微镜时代的到来"一文。随后 Leica 等多家公司相继开发出不同型号的激光共聚焦显微镜（laser scanning confocal microgrape，LSCM）。

激光共聚焦成像系统能够用于观察各种染色、非染色和荧光标记的组织及细胞等，可广泛用于细胞生物学、分子生物学和医学等各个方面。例如，LSCM 可用于细胞活体的生长发育特征、细胞间通讯和蛋白质互作、膜电位与膜流动性等研究，同时能完成图像分析和三维重建等分析。

一、激光共聚焦显微镜成像原理

传统的光学显微镜使用的是场光源，标本上每一点的图像都会受到邻近点的衍射或散射光的干扰。激光扫描共聚焦显微镜则利用激光束经照明针孔形成点光源对标本内焦平面的每一点扫描，标本上的被照射点在探测针孔处成像，由探测针孔后的光点倍增管（PMT）或冷电耦器件（cCCD）逐点或逐线接收，迅速在计算机监视器屏幕上形成荧光图像。照明针孔与探测针孔相对于物镜焦平面是共轭的，焦平面上的点同时聚焦于照明针孔和发射针孔，焦平面以外的点不会在探测针孔处成像（图 5-7），这样得到的共聚焦图像是标本的光学横断面，克服了普通显微镜图像模糊的缺点。

每一幅焦平面图像实际上是标本的光学横切面，这个光学横切面总是有一定厚度的，又称为光学薄片。由于焦点处的光强远大于非焦点处的光强，而且非焦平面光被针

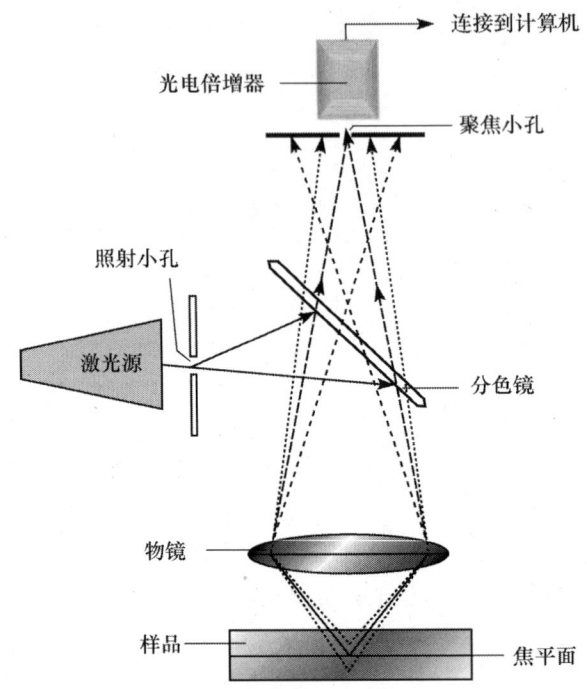

图 5-7 激光扫描共聚焦显微镜的成像原理

孔滤去，因此共聚焦系统的景深近似为零，沿 z 轴方向的扫描可以实现光学断层扫描，形成待观察样品聚焦光斑处二维的光学切片。把 x-y 平面（焦平面）扫描与 z 轴（光轴）扫描相结合，通过累加连续层次的二维图像，经过专门的计算机软件处理，可以获得样品的三维图像。

二、激光共聚焦显微镜基本特征

（1）能滤除杂散信号；图像分辨率高，接近光镜的理论分辨率（0.2 μm）。

（2）可以探测到样品深层的信息，辅以计算机处理，获得实时的三维结构像。

（3）照明针孔与探测针孔在焦平面上是共轭的，焦平面上的点同时聚焦于照明针孔与探测针孔。焦平面以外的点不会在探测针孔处成像，即共聚焦。

（4）LSCM 扫描标本所得的图像称为光学切片（面），对标本无损伤。待测样品最大厚度为 1~2 mm，样品最小光切厚度为 40 nm。

（5）激光具有单色性、准直性、高能量及强穿透能力等特点，使 LSCM 性能介于光镜与电镜之间。

三、激光扫描共聚焦显微镜图像模式

（一）单张光学切片

光学切片是 LSCM 的基本图像单位。固定和染色的标本以单波长、双波长、三波长或多波长模式采集数据，以数字方式进行图像储存。

（二）活细胞成像

用 LSCM 进行活组织成像比固定的组织成像更为困难（表 5-3），因为活细胞并不是总能耐受成像所需的苛刻条件。成功的活细胞成像，要求在成像过程中始终保持镜台上细胞的存活。因此，应注意使用最小强度的激光作为照明光源，防止高能激光束造成的光损伤。加入抗氧化剂如维生素 C 可减少来自激发的荧光分子产生的氧，因为氧可引起自由基形成并杀死细胞。

表 5-3　固定细胞和活细胞使用 LSCM 的比较

	固定细胞	活细胞
照明	荧光团的光衰减	光毒性和染料的光衰减
抗衰减剂	苯二胺等	不可使用
封片剂	甘油（$n=1.51$）	水（$n=1.33$）
高 NA 物镜	1.4	1.2
每帧图像时间	无限制	受生物学反应速度和标本对光敏感性的限制
信号平均值	可	无
分辨率	由波动光学决定	由光子统计学计算

注：n 表示折射率。

（三）Z 扫描和三维重建

Z 扫描是在标本的不同平面采集一系列图像，它是通过显微镜细调节螺旋的移动完成的。通常的方法是通过计算机控制的步进马达以预先设定的步距移动显微镜的镜台，采集一幅图像，以预设的距离移动焦距，采集第二幅图像。以这种方式进行图像采集和储存，直到所需采集的图像采集完成。常从 Z 扫描图像系列中选择 2~3 幅图像进行数字化叠加使得特定结构得到特异的显示，还可以很容易的进一步处理成 3D 图像用来阐明 3D 结构和组织功能之间的关系。3D 图像的特殊参数可以揭示标本内部不同层面的特定结构，也可进行长度、深度和体积的测量。

（四）四维图像

用 LSCM 采集 Z 扫描延时图像，可以对活体组织产生 4D 数据，即 3 个空间量（X、Y、Z）和 1 个时间量。通过 4D 观看程序进行观察，建立每一时间点的立体照片；也可进行每一时间点的 3D 重建，以电影方式观看或进行画面剪辑。

（五）X-Z 图像模式

对于标本的纵向结构，可采用 X-Z 模式观察，如表皮层的纵向切面。X-Z 模式的图像可在步进马达的控制下，通过不同的 Z 轴深度进行单线扫描而获得；也可通过在 Z 扫描图像的光学切片中使用 3D 重建程序的切割平面功能完成。但在标本较厚时，内部的荧光标记可能不清楚。

（六）反射光成像

通过 LSCM 以反射光模式还可以对未染色的标本进行观察。另外，标本可用反射光线的探针进行标记，如免疫金或银颗粒。这种成像方法的优点在于不存在光漂白问题，尤其是对于活组织更适合。

（七）透射光成像

任何形式的透射光显微镜成像都可采用透射光探测器进行采集，该探测器是 LSCM 上采集透过标本光的一种设备。采集标本的透射光和非共聚焦图像，并将其与一种或多种标记物质的荧光图像进行叠加常可提供有用的信息，可用于在较长时间内（几小时或几年）监测标记的细胞亚群在未标记细胞群中的时间和空间迁移情况。

（八）与相关显微镜的联合应用

将激光共聚焦显微镜（LSCM）与透射电子显微镜（TEM）或扫描电子显微镜（SEM）联合使用，能够取得良好的观察结果。

四、标本制备和图像采集

（一）样品制备

与普通光学显微镜相比，LSCM 可采集较厚标本深部的荧光，但对于其标本的染色，往往要求染色的时间较长或荧光探针的浓度较高。标本的特性、透光性和浑浊度可影响激光束的穿透深度。

由于激光能穿透较厚的标本，因此可用普通切片机切出较厚的切片，也可用振动切片机制备活组织切片，在 LSCM 下均可获得良好的标记效果。

（二）图像采集

1. 物镜选择

物镜的选择对于 LSCM 观察标本来说非常重要。透镜的 NA（数值孔径）反映了透镜的光采集能力，与光学切片的厚度和最终分辨率有关。通常情况下物镜 NA 越大，则光学切片越薄，放大倍数越高，物镜价格也越昂贵。因此，在标本的扫描区域和最大分辨率之间常要作出均衡考虑（表 5-4）。为获得较好的分辨率，应考虑使用 NA 较大的物镜，而不是用 NA 较小的物镜进行无限制的放大。

表 5-4 物镜的选择

特 性	物镜 1	物镜 2
设计	平面-复消色物镜	CF-fluor DL
放大倍数	60 倍	20 倍
NA	1.4	0.75
盖玻片厚度	170 μm	170 μm

续表

特 性	物镜 1	物镜 2
工作距离	170 μm	660 μm
镜筒长度	160 μm	160 μm
介质	油	干
色彩校正	最好	好
视场平整度	最好	中等
UV 透照	无	优良

注：物镜 1 更适合高分辨率固定细胞的成像，物镜 2 比较适合用 UV 染料染色的活组织图像采集。

2. 荧光探针的选择

在选择荧光染料对活细胞进行成像时，要注意某些荧光探针可能对活细胞有毒性。荧光探针与待测的细胞内细胞器需特异性染色。例如，PI 或 EB 标记死细胞的细胞核，Rodamin123 505/534 可染活细胞的线粒体，DiOC6 484/500 较高浓度标记内质网、较低浓度标记线粒体等。荧光探针与仪器也应相匹配。多重染色时，一般选择发射光谱没有交叉或交叉小、发射峰值波长不同的荧光探针。目前，在生物学研究中经常会用到荧光染料对结构物质进行标记，常用的荧光染料很多，见表 5-5。

表 5-5　常用荧光探针及对应的激发光和发射光波长

荧光探针	激发光波长/nm	发射光波长/nm
Cy5	652	672
Cy3.5	581	588
FITC	496	518
四甲基罗丹明	554	576
DAPI	359	461
碘化丙啶	536	619
TOTO3	642	661
吖啶橙	502	526
Rodamin123	505	534
DiOC6	484	500

许多用于基因表达的新荧光探针也已出现，如绿色荧光蛋白（GFP）可作为外源基因的报告基因实时监测外源基因的表达；还可以用于实时原位跟踪特定蛋白质在细胞生长、分裂、分化过程中的时空表达；与定位于某一细胞器特殊蛋白基因相连，就能显示活细胞中细胞核、内质网、高尔基体、线粒体等细胞器的结构及病理过程。

3. 样品自发荧光处理

通常情况下，许多细胞会自发荧光，如植物细胞就可以看到红色的叶绿素荧光。某些试剂，特别是戊二醛固定剂可能是自发荧光的来源，但经过氢硼化物处理或使用超出自发荧光激发光波长范围的激光，均可能降低或消除自发荧光。然而，在进行多标记显示时，利用组织细胞的自发荧光可以显示出完整的细胞形态。

4. 图像采集

在进行图像采集前，熟悉仪器的基本操作是必要的，然后按如下步骤采集图像。

(1) 选择需要观察的区域。先用明视场显微镜和普通荧光显微镜进行定位,找到需要观察的部位;也可使用共聚焦系统配备的显微镜,以常规模式预观察。如直接采用共聚焦模式扫描许多标本,常费时较多。许多仪器具备快速扫描功能,但其分辨率较低。因此,当寻找少见的现象时,较容易的方法是使用普通模式观察切片,一旦发现即刻切换到共聚焦模式进行图像采集。

(2) 掌握透镜 NA、针孔大小和图像亮度之间的相互关系。对于亮度,应以可获得最佳图像的最小激光强度为标准,即在保证成像的情况下,激光功率尽可能小。

(3) 进行特定成像参数的设定操作,应在标本需要观察的特定区域以外,这样,可防止有价值的区域发生光漂白。

(4) 采集的图像常储存在计算机的硬盘中,而后再进行拷贝。通常在图像采集过程中,应采集尽可能多的图像,如果需要删除,可在随后的图像处理过程中删除不满意的图像。

现将几种主要的采集图像模式总结于表 5-6。

表 5-6 LSCM 的图像采集模式

采集图像模式	单一荧光样品获得图像	多重荧光染色获得图像
单一层面采图	① 单一荧光图像 ② 荧光+透射光图像 ③ 荧光与透射光合成图像	④ 各荧光分解图像 ⑤ 各荧光分解图像+透射图像 ⑥ 各荧光分解图像+各荧光合成图像 ⑦ 各荧光分解图像+各荧光图像与透射光合成图像
逐层采图	除上述①~③外还可得到 (1) 各层面同时显示荧光图像 (2) 各层面同时显示荧光图像+透射光图像 (3) 各层面同时显示荧光图像+透射光图像+合成图像	除上述④~⑦外还可得到 (4) 各荧光不同层面的荧光图像 (5) 各荧光不同层面的荧光图像+透射光图像 (6) 各荧光不同层面的荧光图像+各荧光合成图像 (7) 各荧光不同层面的荧光图像+各荧光图像与透射光合成图像
三维重建	上述(1)~(3)各层面的图像组成三维重建立体图像	各荧光的三维重建立体图像
时间序列扫描	Ⅰ 任一时间的荧光图像 Ⅱ 连续时间的某一线、平面、三维空间图像即 Xt、XYt、XYZt 扫描	Ⅲ 任一时间的各荧光图像 Ⅳ 连续时间的各荧光图像

五、激光共聚焦显微镜在生命科学中的应用

激光共聚焦显微镜的众多功能大大扩展了它的实际应用领域,目前已被广泛用于细胞生物学中细胞结构、细胞膜结构、流动性、细胞器结构和分布变化、细胞凋亡机制的研究;也应用于结构性蛋白、DNA、RNA、酶和受体分子等细胞特异性结构的组分、分布及定量分析等;在生物化学的酶、核酸、受体分析、荧光原位杂交、染色体基因定位等研究中也广泛应用。利用共聚焦技术可以取代传统的核酸印迹杂交等技术,进行基因的表达检测、免疫荧光标记(单标、双标或三标)的定位,细胞膜受体或抗原的分布,微丝、微管的分布、两种或三种蛋白质的共存与共定位、蛋白质与细胞器的共定位

等。在遗传学中用于细胞生长分化、三维结构、染色体分析、基因表达、基因诊断等研究；在发育生物学中，应用于动物发育及胚胎的形成、骨髓干细胞的分化行为等。下面举例说明其具体应用。

（一）静态结构检测

1. 原位检测核酸

在细胞原位用特异探针（PI、AO 等）标记出核酸；AO 对细胞内 DNA、RNA 双重染色后，DNA 发绿色荧光，RNA 发红色荧光。此法可用于细胞核内 DNA、RNA 定位；检测细胞内 DNA 的复制、断裂情况及染色体定位观察。

2. 原位检测蛋白

采用免疫荧光标记（如 GFP/罗丹明）可原位检测蛋白质、抗体及其他分子，并进行准确定位和动态观察。

3. 检测细胞凋亡

细胞凋亡通常用的方法有细胞核形态观察，包括细胞核染色体凝聚、染色质边缘化等。利用脱氧核苷酸末端转移酶介导的缺口末端标记法（TUNEL）可检测 DNA 的断裂；用 Annexin-V 试剂盒可检测凋亡细胞膜损伤。还能准确检测细胞凋亡不同时期细胞形态结构的变化（图 5-8）、细胞凋亡相关蛋白等。

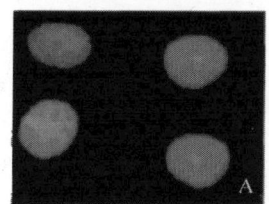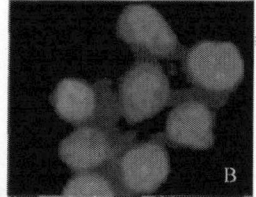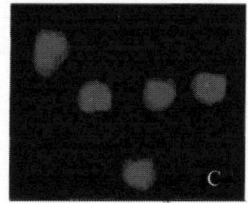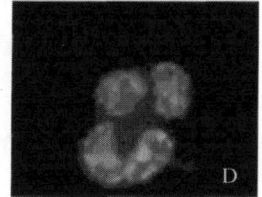

图 5-8　激光共聚焦显微镜检测 HepG2 细胞凋亡过程中的核变化（李发武，2007）

4. 细胞器观察及测定

荧光探针可以直接跨过死细胞或活细胞膜，特异选择性地与特定细胞器结合，通过观察荧光强弱和分布来观察测定细胞器及某些物质与细胞器融合后的分布情况（图 5-9）。

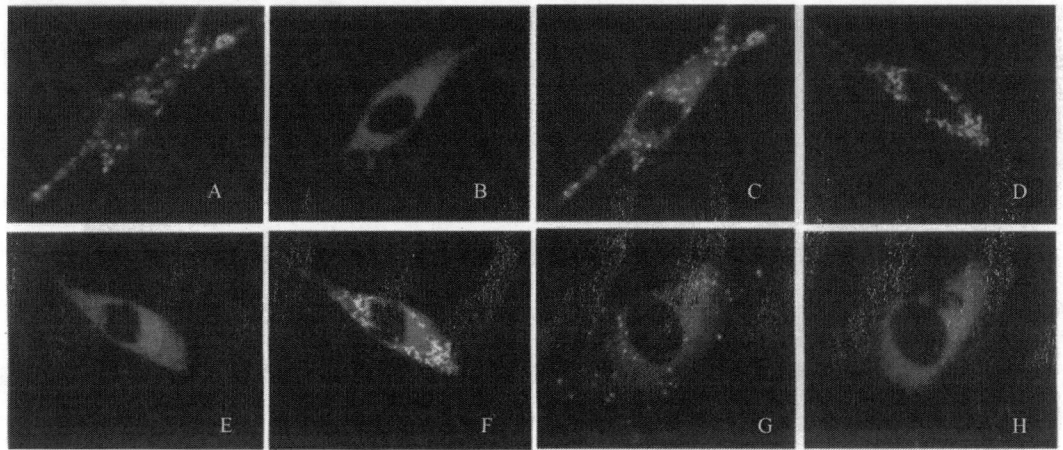

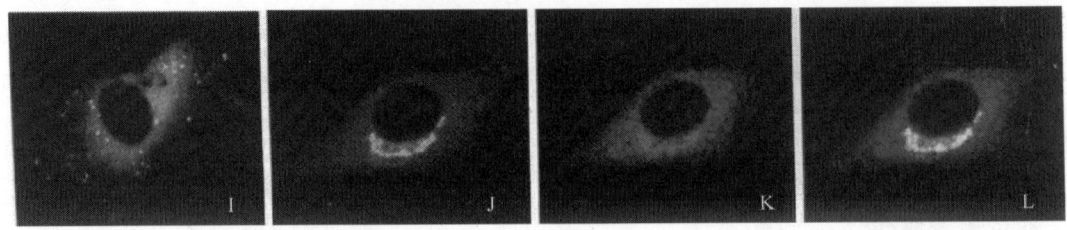

图 5-9 四种细胞器探针的荧光图像,显示细胞器在同一细胞中的分布(戴维德等,2004)
A, E, I. 线粒体探针; B, F, J. 溶酶体探针; C, G, K. 内质网探针; D, H, L. 高尔基体探针

知识点 5-1 细胞器常用荧光染料、激发光和发散光波长

1. 线粒体：罗丹明(Rhodamine) 123 (Ex：505 nm, Em：534 nm)。观察线粒体形态上的异常变化，以确定环境变化对真核细胞有氧代谢的影响。

2. 溶酶体：DAMP (无荧光探针，与抗 DNP 抗体联合使用)、中性红(neutral red, Ex：541 nm, Em：640 nm)、LysoTracker Blue DND-22 (Ex：373 nm, Em：422 nm)。观察溶酶体数量变化或初级溶酶体、次级溶酶体向髓样小体(一种特异的溶酶体)变化的情况。

3. 内质网：DiOC5 染色 (Ex：484 nm, Em：509 nm)。也能将高尔基体一同染色。

4. 高尔基体：NBD ceramide (Ex：464 nm, Em：532 nm)；
   BODIPY (Ex：505 nm, Em：511 nm)。

5. 细胞骨架：俄勒冈绿(Oregong green) 514 (Ex：511 nm, Em：528 nm)。该染料特异结合 F-actin，细胞骨架的图像可作为背景来反衬其他细胞器的位置与形态。

5. 检测细胞融合和有丝分裂

根据不同细胞的特性，将每一种细胞特有的物质用不同的荧光探针标记；融合操作后，确认不同的荧光信号是否共定位于同一细胞；若在同一细胞中同时检测到上述不同的荧光信号，则说明已经发生了细胞融合。利用荧光标记和激光共聚焦扫描技术观察细胞有丝分裂各个时期染色体的特征(图 5-10)，可以获得比传统方法更理想的效果。

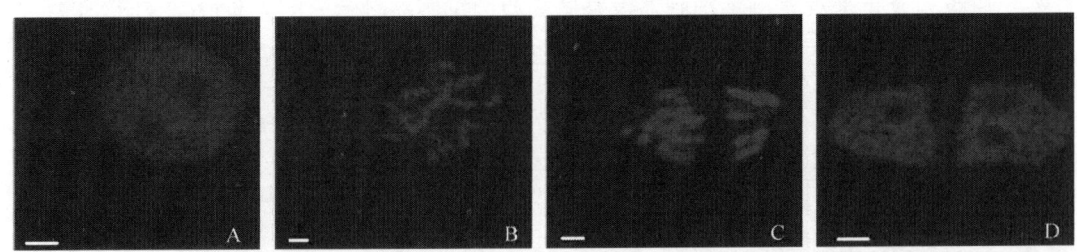

图 5-10 慈姑根尖细胞有丝分裂间期、中期、后期、末期的染色体(胡金朝等,2008)

6. 观察细胞骨架结构

细胞骨架包括微丝、微管和中等纤维。可用直接标记法或间接标记法特异地显示细胞中微丝和微管的分布(图 5-11)。

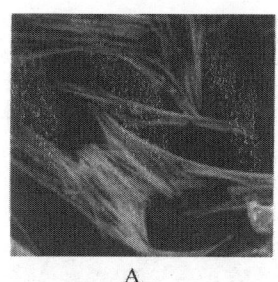 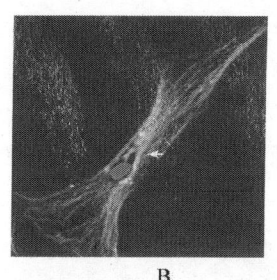

图 5-11 肌动蛋白（actin）抗体标记细胞中微丝分布（A）和微管蛋白（tubulin）抗体标记细胞中微管变化（B）（张红英等，2002）

（二）动 态 观 察

1. 实时定量测定细胞内钙的变化

Ca^{2+} 对肌肉收缩、细胞运动及分泌等多种功能有调节作用。胞外钙内流和胞内钙库动员形成的钙震荡（钙峰）在各种生理过程中起重要作用。LSCM 结合钙荧光探针（常用 Fluo-3、Fura-2、Calcium Green）使测量活细胞细胞质中游离钙的浓度变得简便易行。例如，Fluo-3 主要有游离状态和 AM 衍生物两种形式。游离形式有较强的亲水性，不易透过细胞膜，但能与 Ca^{2+} 结合产生荧光强度的变化；AM 衍生物形式容易进入细胞内，尤其是同活细胞一起孵育时则更易透过细胞膜进入细胞内，与 Ca^{2+} 结合形成复合物。这些复合物的荧光光谱变化可被 LSCM 记录，定量分析细胞内不同部位的 Ca^{2+} 浓度。

2. 测定细胞内 pH 变化

细胞内 pH 是反映内环境稳定的一项重要指标，它在调节细胞新陈代谢中起重要作用。LSCM 技术和荧光染料 SNARF 的应用，将 pH 测定技术提到了一个高层次。用双荧光探针 Fluo-3 和 SNARF，可同时检测细胞中的 Ca^{2+} 和 pH 的变化。

3. 检测膜电位的变化

LSCM 可利用荧光探针（快响应探针和慢响应探针）在细胞膜内外分布的差异测出膜电位。此法不但可以观察细胞膜电位的变化结果，还可以用于连续监测膜电位的迅速变化。例如，激光共聚焦显微镜下可观测线粒体膜电位的荧光强弱变化（图 5-12）。

 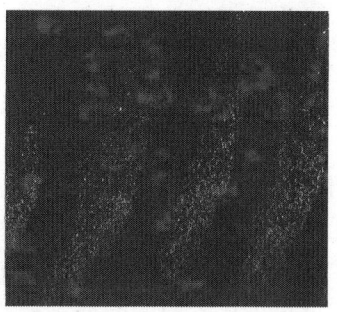

图 5-12 激光共聚焦显微镜观测线粒体膜电位的荧光强弱（张国桥等，2007）

4. 检测细胞内活性氧的产生

DCFH-DA 常用于直接测定细胞内活性氧自由基的动态变化。活性氧自由基的含量与荧光探针之荧光强度成正相关,而 LSCM 又可以在单个细胞水平进行连续、动态和实时的扫描研究。因此,LSCM 在细胞活性氧(ROS)研究中具有独特的优点(图 5-13)。

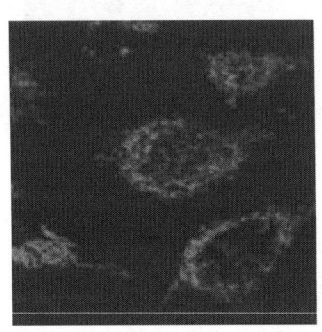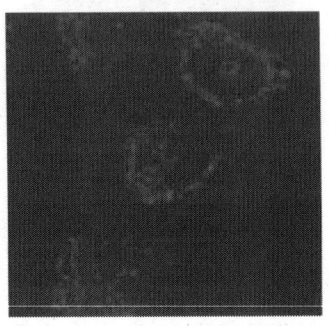

图 5-13 激光共聚焦显微镜显示两种细胞内 ROS 荧光强弱(张国桥等,2007)

5. 药物筛选

为了检测药物分子、病毒、细菌等外界物质能否跨膜进入细胞或组织,并观察它们在细胞中的位置和相对含量变化动态过程,可利用这些物质特异性自发荧光或标记荧光,在 LSCM 下进行跟踪和观察。

6. 检测荧光共振能量转移(FRET)

荧光共振能量转移的条件是有两个荧光分子:供体 FL1 和受体 FL2。供体与受体的距离在 2~7 nm;供体的发射波长与受体的激发波长一致。以 FL1 的激发波长的光照射样品,没有共振转移时,只检测到 FL1 的发射光(绿光);发生共振转移时,就可检测出 FL1 的荧光(绿光)减弱,FL2(红光)的增强。其可用于 GFP 和 YFP、BFP 和 GFP 等研究大分子间的相互作用,以及检测大分子(蛋白质)构象变化研究。

7. 囊泡运输研究

利用胞吞/胞吐探针 FM4-64,结合 LSCM、电镜,可以检测囊泡的运动过程,探讨药物和环境变化对胞吞或胞吐过程的影响。

8. 检测荧光漂白恢复(FRAP)

FRAP 技术可用于细胞缝隙连接和细胞膜流动性研究。其原理见细胞生物学相关内容。

(三)细胞断层扫描与三维重建

细胞断层扫描也称 Z 扫描。染色好的标本首先在 LSCM 上实行预扫,确定部位,设定 Z 扫描步距,逐层扫描,同时计算机记录每层的图像数据且以数字方式记录,因此容易进行标本的 3D 重建并进一步处理成 3D 图像(图 5-14)。旋转不同角度可观察各侧面的表面形态;也可从不同的断面观察细胞的内部结构,测量细胞的长宽高、体积和断层面积等形态学参数。LSCM 的三维重建广泛用于各类细胞骨架和形态学分析、染色体分析、细胞程序性死亡的观察、细胞内细胞质和细胞器的结构变化的分析及探测等方面。

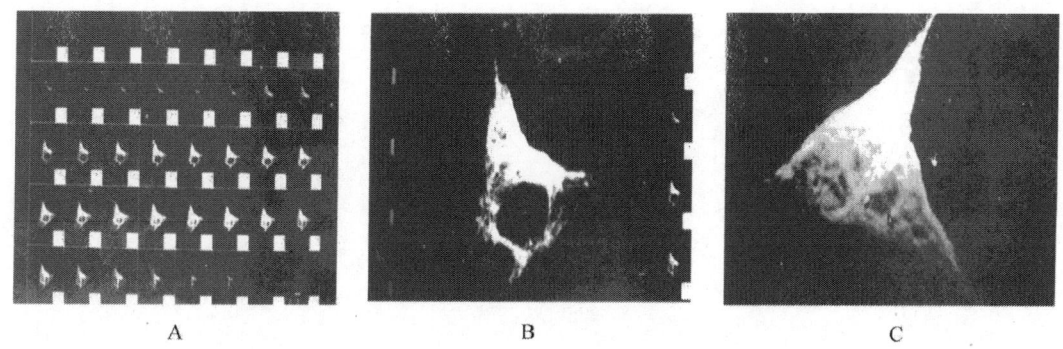

图 5-14　A. 滑膜细胞 Vimentin 的断层扫描图像；B. 图 A 中第 20 片断层扫描放大图；
C. 滑膜细胞 Vimentin 的三维重建图（张正治等，1995）

当然，共聚焦显微镜也不是万能的，它也存在其自身的不足。虽然 LSCM 能获取比普通显微镜更清晰的图片，但实际上 LSCM 的分辨率只比普通光学显微镜有少量的提高。LSCM 成像速度较慢，限制了其用来研究生物领域中的一些快事件。高强度的激光会让染料在连续扫描过程中迅速褪色，许多荧光染料分子会产生单线态氧或自由基等细胞毒素等。所以，在科学研究中要根据具体情况选择最佳研究手段。

下篇　超微细胞化学的原理和技术

第六章　生物大分子及离子的常规超微细胞化学技术
第七章　免疫电镜细胞化学技术
第八章　电镜放射自显影技术
第九章　显微细胞化学概述
第十章　超微和显微细胞化学在分子生物学中的应用

第六章　生物大分子及离子的常规超微细胞化学技术

超微细胞化学也称电镜细胞化学技术（electron microscopic cytochemistry）或电镜组织化学。其特点是把细胞超微结构及其原位发生的生化反应有机地结合起来进行研究，以揭示细胞的超微结构及其功能之间的内在联系。具体可以应用到细胞内生物大分子，如蛋白质（酶）、核酸、碳水化合物、脂类等，以及钙离子、磷酸盐离子等的定性、定位和半定量的研究。通常每种细胞器都具有 1~3 种标志酶。超微细胞化学可通过定位细胞器标志酶来追踪细胞器的动态变化，可为研究细胞器的功能提供依据。

第一节　蛋白质超微细胞化学定位

蛋白质参与细胞内的各种生命活动过程。据估计，典型的哺乳动物细胞中约有 10 000 种不同的蛋白质。有些蛋白质作为结构蛋白参与细胞结构的构建，如弹性蛋白、胶原蛋白、角蛋白；有些作为功能蛋白参与细胞的各种代谢，如细胞中约有 2500 多种酶，占细胞蛋白质总量的 90%，它们执行各种催化功能，维持生物体的正常代谢。下面重点介绍常规的蛋白质超微细胞化学定位技术。

一、结构蛋白的定位技术

由于各种蛋白质的化学结构和性质有差异，电镜细胞化学的染色机制和方法也各不相同，常用的有磷钨酸染色法、氨银染色法和六亚甲四胺银染色法等。

（一）磷钨酸染色法

此法可用来显示细胞内的总蛋白量。磷钨酸染色法的反应机制如下：当磷钨酸（PTA）在酸性的水溶液或某些有机溶剂中时，与细胞中的蛋白质有一定的亲和力，即磷钨酸的阴离子与蛋白质分子的正电基团相结合，形成电子致密的沉淀物，在电镜下可检测。反应沉淀出现的部位即为细胞中蛋白质所在位置。

磷钨酸染色法的具体操作步骤如下。

(1) 固定：取好的样品在 1% 戊二醛（0.067 mol/L 磷酸钾缓冲液配制，含 7.5% 蔗糖，pH 7.0~7.4）固定液中，于 4℃ 下固定 1 h。

(2) 清洗：用上述缓冲液清洗样品 2~3 次，每次 15 min。

(3) 反应：样品在 5% PTA（6.25% 硫酸钠水溶液配制）中，于室温下浸泡 3~5 h。

(4) 清洗：用 2% 硫酸铵水溶液清洗 3 次，每次 20 min。

(5) 脱水：系列梯度乙醇脱水。

(6) 环氧树脂包埋；切片观察。

注意：①设对照组之一，可先把组织乙酰化，并用胰蛋白酶消化之后，再用戊二醛固定和用

PTA染色，结果应是阴性；②可用甲酸（又称蚁酸）调pH。

（二）氨银染色法

氨银染色法可用于显示细胞中的碱性蛋白。其反应机制如下：氨化硝酸银与细胞中碱性蛋白（如组蛋白）反应，形成金属银颗粒沉淀，可在电镜下观察，细胞中有银颗粒沉淀的部位表示碱性蛋白存在的部位。

具体操作步骤如下。

(1) 取新鲜组织块（小于 0.5 mm³），用 2.5%戊二醛和 0.4%多聚甲醛混合固定液在室温下固定 2 h，并用缓冲液洗 3 次，每次 15 min。

(2) 用氨银溶液（见附录Ⅰ）在室温下避光孵育 10～20 min，间隔摇动。

(3) 用双蒸水充分冲洗 3 次，每次 15 min。

(4) 用 3%甲醛水溶液还原 5～10 min。

(5) 常规方法脱水，环氧树脂包埋，超薄切片和电镜观察。

（三）六亚甲四胺银染色法

此法可用来显示细胞中含硫氢基（—SH）的蛋白质，这类蛋白质广泛存在于哺乳动物的皮肤、胃肠道、心血管和肺等的结缔组织中。其反应机制为：碱性的底物中含 Ag^+，在特定条件下，细胞中含—SH 的蛋白质可将 Ag^+ 还原成金属银，使切片上显示银颗粒沉淀。因此，通过电子显微镜可以确定蛋白质存在的部位。具体方法如下。

(1) 生物样品采用常规电镜制样技术进行固定、脱水、渗透、包埋和超薄切片。切片捞于不锈钢网上。

(2) 先用 0.1 mol/L 盐酸浸 1 h（以防止非特异性染色），再用六亚甲四胺银溶液（见附录Ⅰ）在避光、45℃条件下，浸泡 1～3 h。

(3) 用 10%～15%硫代硫酸钠溶液在室温下洗 3 次，每次 20 min，以洗去浮在切片表面的螯合银，增加反应的特异性。

(4) 重蒸水洗 3 次，铅盐和铀盐染色。自然晾干，电镜观察。

注意：设两种抑制对照实验，一种在孵育之前先用 1%乙酸配制的 2%丙酮在室温下浸泡切片 1.5 h，以抑制醛基（—CHO），用来证明实验组的阳性结果不是由醛基的还原作用造成的。另一种是在孵育之前先用 20% n-丙醇配制的 0.3 mol/L 苯甲醇在室温下浸泡切片 40 min，用以还原二硫键（—S—S—）；然后用 20% n-丙醇和重蒸水洗，再用 1.86%的碘乙酸盐溶液在室温下浸泡切片 40 min，用以烷化硫氢基（—SH），然后用重蒸水洗。其目的是把—SH 掩盖（抑制）起来，使其不能与 Ag^+ 反应。如果抑制—SH 之后再孵育切片，得到阴性结果，可反证实验组阳性结果是—SH 与 Ag^+ 反应所致。

二、功能蛋白——生物酶的定位原理和方法

生物酶是细胞中重要的功能蛋白，因此下面以生物酶为例说明功能蛋白的定位。细胞中其他功能蛋白的定位方法请参考第七章内容。

（一）生物酶定位的原理

在特定的反应条件下（如 pH、温度等），生物组织在孵育液中进行孵育时，依次要发生两个不同的反应。第一个反应是底物经过酶的作用而分解，形成的水解产物称初级反应产物。初级反应产物是电子透明的，不能通过电子显微镜成像。第二个反应是初级反应产物和相应的捕获剂发生的特异反应，形成一种不溶性的化合物，叫最终反应产物。最终反应产物是电子致密物沉淀，它们出现的部位即代表了这种酶在该细胞超微结构中的定位。由此可以看出，定位的精确性取决于酶与底物反应的特异性强弱。反应特异性强，非特异反应产物的干扰就弱，酶的定位就更精确。

由于酶的化学初级反应产物是可溶性的，在样品制备过程中会流失或移位，并影响电镜检测的效果。可用重金属离子作为捕获剂（capture agent），与可溶性的初级反应产物结合形成不溶性的电子致密物沉淀来防止上述现象的发生，同时保证反应物在电子显微镜下容易被观察到。另外，酶电镜细胞化学样品制备过程要求比较严格，一般要做到：不破坏酶的活性；酶反应产物不扩散、定位于原位；超微结构清晰完整等。可采用选择对所检测酶特异性强的底物，选择最佳的固定、孵育和包埋条件，保证高质量超薄切片等措施来达到上述目的。

（二）常用的捕获方法

1. 金属盐法

钡（Ba）、铅（Pb）、铈（Ce）、铁（Fe）、锶（Sr）和铜（Cu）等重金属盐类都可作为捕获剂与可溶性的初级反应产物迅速反应，形成水不溶性的电子致密物沉淀，便于电镜观察。例如，在进行 ATP 酶的超微细胞化学定位时，在孵育反应中添加的 ATP 作为底物，Pb^{2+} 作为捕获剂。当细胞中的 ATP 酶接触底物 ATP 时，会产生 ADP 和 PO_4^{3-} 等初级反应产物。产生的 PO_4^{3-} 立即被捕获剂铅离子（Pb^{2+}）所捕获，在细胞原位产生电子显微镜下能观察到的重金属盐沉淀 $Pb_3(PO_4)_2$，因此，铅盐沉淀颗粒所在位置和数量可间接反映细胞中 ATPase 的分布和活性。铅盐沉淀法的不足之处在于样品放置时间过长，细胞中的铅盐沉淀会扩散或产生铅污染。如果用铈离子代替铅离子作为捕获剂可以克服上述不足。另外，铈盐沉淀法产生重金属盐沉淀颗粒小而均匀，在电镜下容易观察和识别。

$$\underset{\text{底物}}{ATP} \xrightarrow[\text{酶反应}]{ATPase} \underset{\text{可溶性产物}}{ADP + PO_4^{3-}} \xrightarrow[\text{捕获反应}]{\text{铅盐}(Pb^{2+})} \underset{\text{电子致密物沉淀}}{Pb(PO_4)_2}$$

铅盐沉淀法适宜检测 ATP 酶、腺苷酸环化酶、碱性磷酸酶、酸性磷酸酶、葡萄糖-6-磷酸酶、DNA 酶、RNA 酶、转氨酶和酯酶（包括脂族酯酶和胆碱酯酶）等。铈盐沉淀法除了能检测上述某些酶外，还特别适宜检测某些氧化酶，如 D-氨基酸氧化酶、NADH 氧化酶和胺氧化酶等。

2. 四唑盐法

常用四唑氮蓝（Nitro-BT）或四氮四唑蓝氯化物（TNBT）这两类芳香杂环化合物

与底物混合。当与组织中的脱氢酶反应时，底物分离出的氢原子与四唑盐就形成一种水不溶性嗜锇性产物——红色甲䐶（formazan）。接着，在制备电镜样品的过程中，用 1% OsO₄ 固定时，红色甲䐶与锇离子的亲和作用使酶存在的部位产生电子致密物沉淀。沉淀出现的部位即为细胞中脱氢酶所在位置，可用电子显微镜观察定位。由于反应物为红色的甲䐶，因此也可用光学显微镜观察，进行显微细胞化学定位。反应式如下：

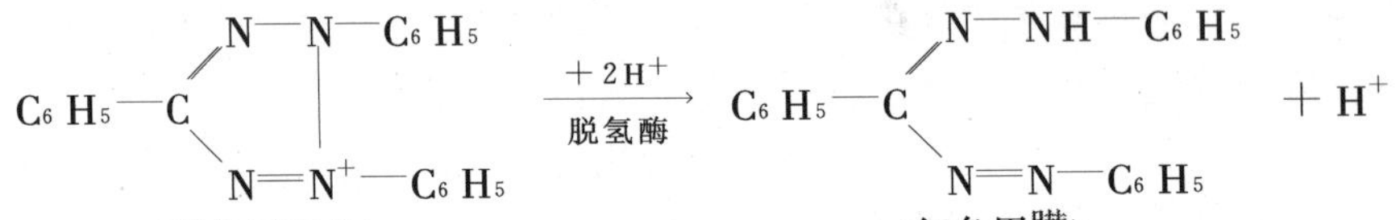

$$C_6H_5-C\underset{N=N^+-C_6H_5}{\overset{N-N-C_6H_5}{\diagdown}} \xrightarrow[\text{脱氢酶}]{+2H^+} C_6H_5-C\underset{N=N-C_6H_5}{\overset{N-NH-C_6H_5}{\diagdown}} + H^+$$

（无色四唑盐）　　　　　　　　　　　（红色甲䐶）

四唑盐沉淀法适宜检测细胞中各种氧化还原酶类，如琥珀酸脱氢酶、乳酸脱氢酶等。

3. 二氨基联苯胺法

这是一种偶联技术，当用二氨基联苯胺（DAB）作底物时，在细胞中氧化酶的氧化聚合与氧化环化作用下，最终形成嗜锇性的吩嗪多聚体（phenazine polymer）。用锇酸固定时，样品中氧化酶存在的部位产生锇黑沉淀，便于电镜观察和定位（图 6-1）。此法也可用于显微细胞化学，因为在没有使用锇酸固定时，反应物的聚合物呈棕色，可以用于光镜检测。二氨基联苯胺法适宜检测细胞中的过氧化物酶和细胞色素氧化酶等。由于过氧化物酶（如辣根过氧化物酶）常用于免疫电镜细胞化学中的标记物，因此，也常用二氨基联苯胺法显示细胞中抗原或抗体所在部位。详情请参阅第七章相关内容。

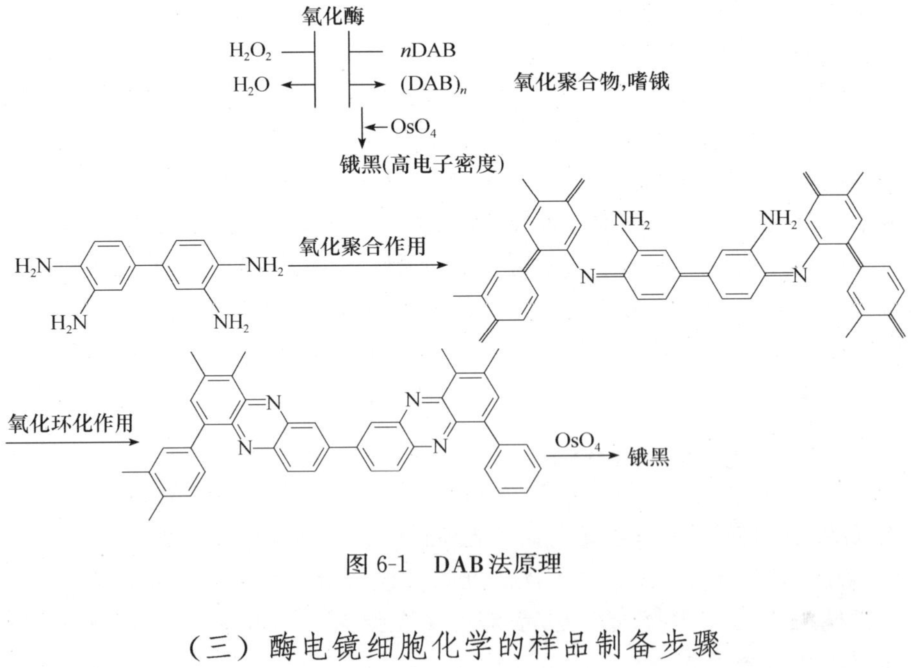

图 6-1　DAB法原理

（三）酶电镜细胞化学的样品制备步骤

根据样品的种类、固定方式及孵育反应与超薄切片的染色顺序不同，酶电镜细胞化学的样品制备步骤也不完全相同。具体如图 6-2 所示。

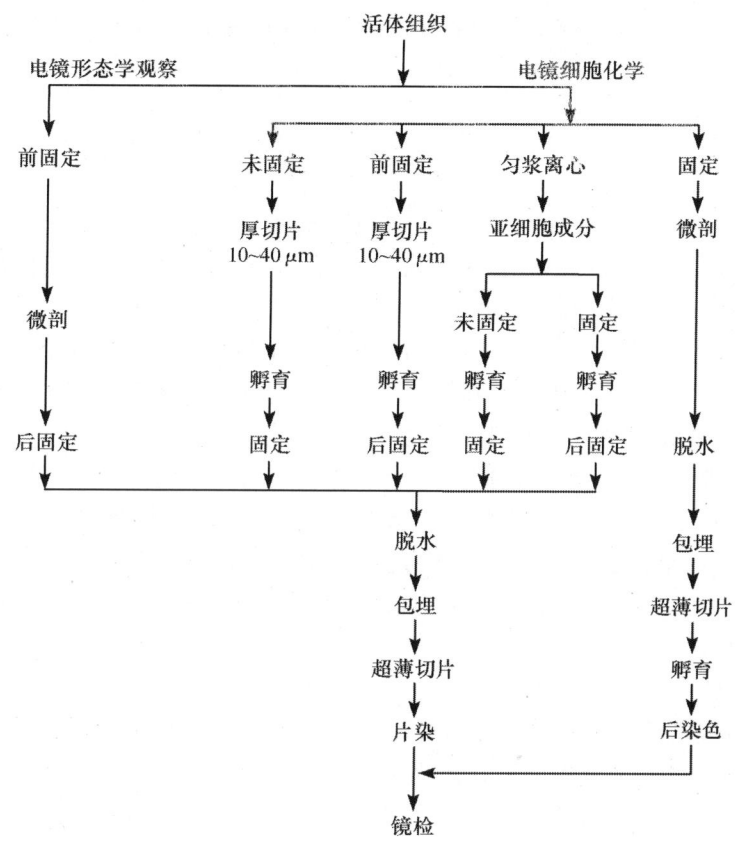

图 6-2 电镜细胞化学基本操作流程

酶电镜细胞化学样品制备有如下基本要求：①不破坏所检测的酶的活性，尽量做到不损失、不扩散，保持在原位；②细胞的超微结构要尽量的清晰完整，以便对检测的酶精确定位。具体的制样流程如下。

1. 取材

不同材料要求采用不同的取样方法。

（1）组织：将植物或动物样品切成长条和小方块，体积 1 mm³ 左右。在 4℃下，用 0.1 mol/L 二甲胂酸钠缓冲液漂洗后备用。

（2）培养细胞：用软木轻轻把细胞刮下来或吹打下来，不能用酶消化。

（3）游离细胞：离心（800 r/min）5 min，弃去上清液后凝块，用双面刀片切成很薄的片子，漂洗后备用。

2. 固定剂的选择和固定条件

固定剂的选择要考虑固定效果和与最大限度地保存酶活性之间的关系。醛类和四氧化锇等联合固定能较好地保存细胞的超微结构，但四氧化锇有强烈氧化作用，能破坏多种酶的活性，所以在酶的电镜细胞化学样品制备中要避免使用四氧化锇。不同醛类固定剂效果也各有优劣。表 6-1 中比较了三种醛类固定剂对细胞器的固定作用和对酶活性的保存效果。从表 6-1 中可以看出，戊二醛和多聚甲醛是电镜细胞化学较佳的固定剂。

表 6-1 醛类对细胞器固定作用和对酶活性保存效果比较

醛 类	酶活性保存	内质网	线粒体	高尔基体	细胞基质
多聚甲醛	优	良	良	中	中
戊二醛	良	优	优	优	优
丙烯醛	差	差	差	中	差

多聚甲醛中常含有少量甲醇和甲酸等杂质，使配制的固定液略显浑浊，且能破坏细胞中酶的活性。解决的办法是先将多聚甲醛溶于 60℃ 水中，再加几滴 1 mol/L 的 NaOH，使杂质完全溶解，固定液即变成透明。另外，存放过久的戊二醛不宜用来做电镜细胞化学的固定，因为戊二醛在缓慢的氧化过程中将产生一些杂质和聚合物，使细胞中的酶严重失活。解决的办法是用新鲜配制的戊二醛固定，也可把存放过久的戊二醛用活性炭或葡萄糖凝胶过滤一下再用。

植物样品最常用的固定条件是用 0.5%～3% 戊二醛或 4% 多聚甲醛（pH 7.0～7.2），在 4℃ 下浸泡固定 1～3 h；再用适宜的缓冲液在 4℃ 下洗 3 次，每次 20 min。对于某些动物材料，可用血管灌注固定。具体做法是：先用缓冲液（20℃，并加入 0.1% 普鲁卡因）灌注 3 min，以冲洗干净血管中的血液，使固定液能畅流；再用 1% 的戊二醛（预冷 4℃）灌注固定。

3. 孵育反应

孵育反应又称温育反应，是酶定位样品制备中最重要的一步。当被检测的组织（或细胞）被置于特异的底物溶液中时，在适当浓度的捕获剂、pH、温度和时间下，细胞中的待定位生物酶与底物发生特异的细胞化学反应。反应产物被捕获剂所捕获时，则产生电镜下可检测出的电子致密物沉淀，从而达到在细胞超微结构上对生物酶进行定位的目的。

（1）孵育液配制和孵育反应的一般条件。不同的生物材料和酶类有不同的最适宜底物和孵育条件。知识点 6-1 列举了三种酶的孵育液配方，供参考。一般将组织薄切片（40～150 μm）或常规包埋后制备的超薄切片（不能用铜网，通常用镍网或铂金网）浸入孵育液中反应 30 min～1 h，保持 30～37℃ 恒温。不同样品和酶类，其孵育时间、温度可能不同，读者可参考本章第二节相关内容。

注意：孵育液配制要选用与样品的 pH 和渗透压等相适宜的缓冲液。

知识点 6-1 常用孵育液配方

酸性磷酸酶

配方 I 0.05 mol/L 乙酸盐缓冲液（pH 5.0）50 mL；0.1 mol/L 甘油磷酸钠 5 mL；硝酸铅 50 mg；蔗糖 4 g。

配方 II 0.2 mol/L Tris-顺丁烯二酸缓冲液（pH 5.2）10 mL；0.1 mol/L 甘油磷酸钠 4 mL；0.02 mol/L 硝酸铅 6 mL；重蒸水 30 mL；蔗糖 4.2 g。

注意：适宜溶酶体酸性磷酸酶定位。

胆碱酯酶

配方 I 铜-甘氨酸盐溶液 2.0 mL；0.2 mol/L 硫酸镁 4.0 mL；0.2 mol/L 顺丁烯二酸缓冲液（pH 6.0）5.0 mL；1.0 mol/L 氯化钠 3.0 mL；加重蒸水 25 mL；调 pH 6.0。

配方 II 铜-甘氨酸盐溶液 0.8 mL；0.2 mol/L 乙酸钠缓冲液（pH 5.4）10.0 mL；0.2 mol/L 乙

酸 1.2 mL；0.02 mol/L 硝酸铅 0.6 mL；碘化乙酰硫代胆碱 60.0 mg；加重蒸水 25 mL；调 pH 5.4。

注意：铜-甘氨酸盐溶液为每 100 mL 的 0.1 mol/L $CuSO_4$ 中加入 3.75 g 甘氨酸。

葡萄糖-6-磷酸酶

配方 I　0.2 mol/L Tris-顺丁烯二酸缓冲液（pH 6.7）20 mL；0.125% 葡萄糖-6-磷酸二钠（钾）20 mL；2% 硝酸铅 3 mL；重蒸水 7 mL。

配方 II　0.2 mol/L Tris-顺丁烯二酸缓冲液（pH 6.5）6 mL；葡萄糖-6-磷酸二钠 30 mg；0.02 mol/L 硝酸铅 3 mL；重蒸水 11 mL。

(2) 影响孵育反应的因素。孵育反应是在细胞原位进行的一种化学反应，要在保证细胞超微结构完整的同时，产生在电镜下能够观察到的反应沉淀物，而且不能产生非特异性的电子致密物，因此孵育反应的条件控制显得至关重要。孵育反应往往受到多种因素的影响，如固定的条件（固定剂的 pH、固定温度和时间等）、孵育的条件（孵育液的成分、pH、孵育的温度和时间等），以及样品本身的性质（渗透压、pH、密度等）。如果上述条件控制不当，往往导致实验失败或实验结果重复性差。因此，当实验出现上述问题时，要考虑是否细胞中的酶已经失活。表 6-2 列举了导致酶活性丧失的可能原因和解决方法。

表 6-2　酶失活的可能原因和解决方法

	可能原因	解决方法
固定的因素	固定剂不适宜（浓度过高、pH、种类） 固定时间过长 固定温度过高	降低浓度，调节 pH，换固定液 缩短固定时间（<15 min） 4℃以下固定
孵育的因素	孵育液不适或放置过久 孵育温度不适 孵育时间不足 孵育液的 pH 和渗透压不适 孵育液的浓度不适 需特殊条件（避光或光照）	换孵育液或重新配制 调节温度 适当延长时间 通过实验调节 通过实验调节 通过实验调节
样品本身的因素	样品块过大 样品有特殊的 pH 要求 样品过于致密 固定液或孵育液的渗透压与样品不符	切成 50～150 μm 的厚切片或 0.5 mm 的小块，或直接切成超薄切片 调节固定液或孵育液的 pH 适当延长孵育时间 重新调节固定液或孵育液的渗透压
其他因素	所用溶液不纯，有杂质	改用分析纯以上的药品；重新配制更换缓冲液

4. 漂洗组织

用配制孵育液的缓冲液漂洗组织或细胞，以除去组织中剩余的各种孵育液试剂，特别是铅离子。一般漂洗 2～3 次，间隔 10～15 min。

5. 脱水包埋

采用常规电镜制样方法进行脱水和包埋。有些酶定位要求特殊的包埋剂，具体操作参见相关文献和产品说明。

6. 超薄切片与染色

超微酶细胞化学所用的切片可比常规超薄切片厚一些，干涉光以金黄色为好。酶反

7. 对照实验

酶细胞化学定位的对照实验设置十分重要。它可以鉴定非特异性染色强弱，判定实验成败。对照实验设置方法很多，要根据实验目的和条件有针对性地选择1或2个典型对照实验。下面介绍几种主要对照设置方法，可在实验时选择使用。

（1）无底物孵育对照：孵育液中不加底物，如果获得阴性结果，就反证实验组的阳性结果是底物所致。

（2）加入酶抑制剂孵育对照：往孵育液中加入专一酶的抑制剂，如果对照结果是阴性，反过来说明实验组的阳性结果是底物与细胞中专一酶的反应所致。

（3）加热组织块对照：在固定时（孵育之前）适当加热，使组织块中被检酶的活性丧失。如果对照结果是阴性，可以反过来证明实验组的阳性结果是底物与组织块中被检测的酶反应所致。

（4）省铅染色对照：样品只用铀染，以防止铅污染。如果对照组结果是阳性（有黑色颗粒），说明实验组的阳性结果不是铅污染所致。

第二节　主要生物酶的超微细胞化学定位

一、水解酶

水解酶是催化水解反应的酶类，可分为5组：①磷酸酶类；②酯酶类；③芳香基硫酸酯酶；④糖苷酶；⑤作用于肽键的酶类。在所有的水解酶细胞化学定位技术里，它们的特点是孵育液里一般都有酶的反应底物和捕捉剂，且捕捉剂通常都是重金属类（如铅、铈、铜、钡等）。最终反应产物是一些不溶性重金属沉淀物，在电镜下容易被检出。这种沉淀物在细胞内的位置代表酶促反应发生的位置。

（一）碱性磷酸酶

碱性磷酸酶（ALPase）又称碱性磷酸单酯酶，它在碱性条件下（pH 7.6～9.9）能水解单磷酸酯。ALPase对pH 8～10底物的非特异性极低，所以可用多种物质作为底物，但常用β-甘油磷酸。一般碱性磷酸酶的性质很稳定，在制备样品时，它能经受住较长时间的固定，用1%锇酸固定1 h也不会破坏其活性。具体的定位方法分为直接法和间接法。直接法的原理是用铅离子作为捕获剂，在细胞中含有碱性磷酸酶的部位形成磷酸铅沉淀，再用电子显微镜进行检测。下面以动物组织为例说明ALPase定位的制样步骤（直接法）。

（1）取样：将动物组织用生理盐水脉灌注，再用1.5%戊二醛（用生理盐水配制）固定，同时组织切成小块[(0.5～1)mm×(0.5～1)mm×(0.5～1)mm]，进行下一步操作。

（2）固定：将组织块继续置于4%多聚甲醛和2%戊二醛液中固定1 h。

(3) 缓冲液清洗：用 0.1 mol/L 二甲胂酸钠缓冲液 (pH 7.2~7.4) 漂洗 3 次，每次 20 min。

(4) 孵育：孵育液配方如下。

配方 I　0.1 mol/L 巴比妥缓冲液 4.0 mL；0.1 mol/L β-甘油磷酸钠 1.0 mL；0.05 mol/L 氯化镁 1.0 mL；0.02 mol/L 枸橼酸 2.0 mL；0.02 mol/L 硝酸铅 2.0 mL；蔗糖 0.75 g（用 0.1 mol/L NaOH 或 HCl 调 pH 8.5 以上）；

配方 II　0.2 mol/L Tris 盐酸缓冲液 (pH 8.5) 1.4 mL；0.1 mol/L β-甘油磷酸钠 2.0 mL；0.015 mol/L 硫酸镁 2.6 mL；0.5% 柠檬酸铅 4.0 mL；蔗糖 0.8 g (pH 9.0~9.4)。

(5) 清洗：用 0.1 mol/L 二甲胂酸钠的缓冲液漂洗 2~3 次，每次 10~15 min。

(6) 后固定：用二甲胂酸钠缓冲液配制的 1% 锇酸后固定 1 h，再用缓冲液冲洗，方法同 (5)。

(7) 按常规方法丙酮逐级脱水，渗透包埋，超薄切片。切片厚度约为 60 nm；不经电子染色，样品直接在透射电镜下观察与拍照。

注意：①配制孵育液时药品要依次加入；②加硝酸铅溶液前要先排除二氧化碳，防止形成碳酸铅沉淀；③以孵育液中不加 β-甘油磷酸钠作阴性对照；④孵育液和对照液都要在临用之前配制，并用微孔滤器过滤。

(二) 酸性磷酸酶

1955 年 Shelden 等采用 Gomori 金属沉淀法最先在电镜下观察了酸性磷酸酶 (ACPase) 活性。目前仍然采用经典的 Gomori 法。下面说明 ACPase 定位的制样步骤。

(1) 取样：参照 ALPase 定位方法。

(2) 固定：ACPase 对固定剂的耐受性较强，不容易失活，但溶酶体膜不牢固，各种理化因素变化都会导致溶酶体膜破裂，使大分子酶颗粒或 ACP 酶的反应产物（小分子）从溶酶体流入细胞质，导致酶定位错误，出现假反应。为了避免酶的扩散，通常采用较高渗透的固定液，进行迅速灌注固定，固定时间 5~10 min，或用 2% 戊二醛和 2% 甲醛混合液对动物或植物组织进行浸润固定 1~2 h。固定液可用 0.1 mol/L 二甲胂酸盐缓冲液配制。

(3) 洗涤：用上述缓冲液洗涤 3 次，每次 20 min。为了使孵育介质中的底物、捕捉剂等物质能迅速进入细胞内，可在二甲胂酸钠缓冲液中加入少量二甲基亚砜 (DMSO)。DMSO 以 10% 的比例混合到洗涤液和反应液中，可使 ACPase 的活性增强。DMSO 对 ACPase 活性不易检出的培养细胞的溶酶体的效果更加明显。

(4) 厚切片：为了便于酶和底物接触及发生反应，可先进行厚切片。切片厚度 20~40 μm。

(5) 孵育：将厚切片在下列孵育液中浸渍 10~60 min。孵育液配方 (Gomori 法, 1950) 如下：0.05 mol/L 乙酸盐缓冲液 (pH 5.0) 50 mL；硝酸铅 50 mg；蔗糖 4 g；0.1 mol/L β-甘油磷酸钠 5 mL。孵育后用 0.1 mol/L 二甲基胂酸钠缓冲液洗涤 3 次，每次 10 min。也可使用知识点 6-1 中其他孵育液配方。

(6) 后固定：孵育后组织片投入预冷的1%四氧化锇溶液中浸润固定30 min。

(7) 丙酮系列脱水，树脂包埋，超薄切片，电子染色和电镜观察检测。

（三）腺苷三磷酸酶（ATPase）

ATPase别名腺苷焦磷酸酶或ATP磷酸水解酶。水解时由ATP产生ADP和磷酸。ATPase的活性不稳定，对固定的条件要求较高，一般只用浓度低的醛类固定剂，避免用二甲胂酸盐缓冲液，因为它可能会抑制某些ATPase的活性。另外，需要时可用蔗糖、葡聚糖、聚乙烯吡咯烷酮（PVP）调节孵育液的渗透压。目前在动植物细胞中已发现了多种ATPase，它们的激活剂、抑制剂及在细胞中的定位等都有区别。例如，钙离子可激活肌球蛋白ATPase，孵育反应最适pH为9。生物膜ATPase又分为能被镁离子激活的Mg^{2+}-ATPase和能被Na^+、K^+激活的Na^+-K^+-ATPase，它们的最适pH为7.5。Ca^{2+}-ATPase作为植物体内钙泵，使植物细胞质Ca^{2+}浓度维持在正常水平，还与植物抗逆性有关，此外还有线粒体ATPase等。下面以植物材料为例说明H^+-ATPase和Ca^{2+}-ATPase的制样步骤。

1. H^+-ATPase超微细胞化学定位

(1) 取样：根据实验目的，取得植物组织或细胞样品。取样时要做到迅速准确，同时保证取样有代表性。植物样品块大小一般为1 mm^3较为适宜。取回的样品要在4℃下保存。

(2) 固定：用50 mmol/L二甲胂酸钠缓冲液（pH 7.2）配制的2.5%戊二醛和4%多聚甲醛混合液，在4℃下将材料固定2 h。

(3) 清洗：用预冷的二甲胂酸钠缓冲液洗2次，每次10 min。再用50 mmol/L的Tris-顺丁烯二酸缓冲液（pH 7.2）洗涤3次，共3 h。

(4) 孵育：在22℃的酶反应液中孵育4 h。反应液的组成如下：50 mmol/L的Tris-顺丁烯二酸缓冲液（pH 7.2）中含底物ATP-Na_2·$4H_2O$ 2 mmol/L；捕获剂$Pb(NO_3)_2$，3 mmol/L；$MgSO_4$，5 mmol/L。设两个对照反应：①反应液中不加底物ATP-Na_2·$4H_2O$；②反应液中加入10 mmol/L的NaF，抑制细胞酶的活性作为对照。

(5) 清洗：用50 mmol/L的Tris-顺丁烯二酸缓冲液（pH 7.2）洗涤2次，每次10 min；再用50 mmol/L二甲胂酸钠缓冲液（pH 7.2）洗3次，每次10~15 min。

(6) 后固定：在4℃下，样品于1%四氧化锇（50 mmol/L二甲胂酸钠缓冲液配制）中过夜；双蒸水洗4~5次，共4 h。

(7) 按常规方法丙酮逐级脱水，渗透包埋，超薄切片。切片厚度约为60 nm；不经染色，直接在透射电镜下观察与拍照（图6-3）。

2. Ca^{2+}-ATPase超微细胞化学定位

Ca^{2+}-ATPase在有Ca^{2+}存在的情况下以ATP钠盐为底物生成磷酸根，磷酸根再与铅离子形成电子致密度高的磷酸铅沉淀，利用透射电子显微镜可以检测到黑色的颗粒状沉淀。此法可以精确定位细胞中的Ca^{2+}-ATPase，弄清它们在某个组织或细胞中的分布部位，而且还可以对其活性进行半定量分析。

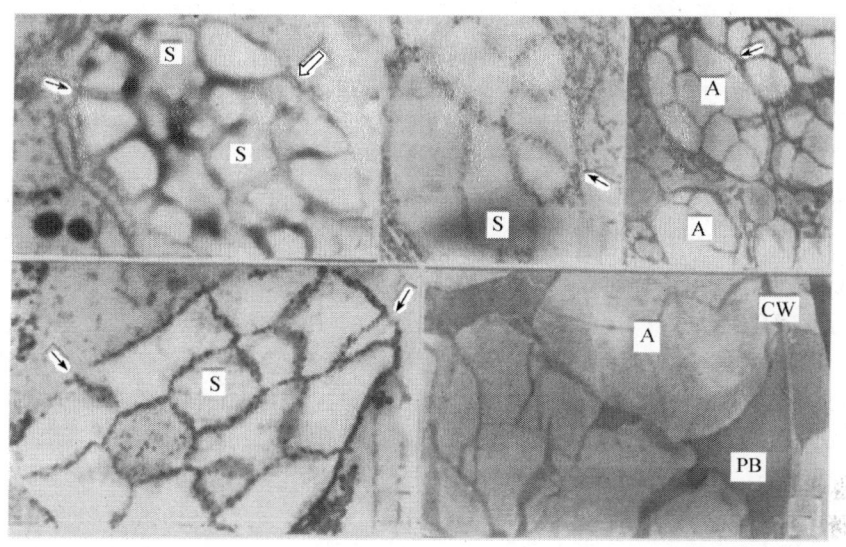

图 6-3 水稻胚乳发育中淀粉体和蛋白体 ATPase 活性的动态变化（周竹青等，2005）

S. 淀粉颗粒；A. 淀粉质体；CW. 细胞壁；PB. 蛋白体。箭头所指为淀粉颗粒之间的通道，空箭头指淀粉质体膜

（1）取样：取植物组织 1 mm³ 大小，迅速放入固定液中。

（2）固定：用 50 mmol/L 二甲胂酸钠缓冲液（pH 7.2）配制的 4%戊二醛和 3%多聚甲醛混合液，在 4℃下将材料固定 3～4 h。

（3）漂洗：用预冷的 50 mmol/L 二甲胂酸钠缓冲液（pH 7.2）漂洗 3 次，每次 30 min。再用 50 mmol/L 的 Tris-顺丁烯二酸缓冲液（pH 7.4）漂洗 3 次，每次 30 min。

（4）孵育：22℃下，样品在不含底物 ATP 的孵育液中预孵育 15 min，再在完整的孵育液中孵育 2 h。孵育液配方为 50 mmol/L 的 Tris-顺丁烯二酸缓冲液（pH 7.4）中含 3 mmol/L Pb(NO$_3$)$_2$ 或 3 mmol/L 氧化铈（CeCl$_3$·7H$_2$O）、2.5 mmol/L CaCl$_2$、2 mmol/L ATP 钠盐（ATP-Na$_2$·4H$_2$O）。

（5）漂洗：50 mmol/L Tris-顺丁烯二酸缓冲液（pH 7.4）清洗 2 次，每次 15 min。再用 50 mmol/L 二甲胂酸钠缓冲液（pH 7.2）漂洗 3 次，每次 60 min。

（6）后固定：4℃下，样品于 50 mmol/L 二甲胂酸钠缓冲液（pH 7.2）配制的 1%四氧化锇中过夜；双蒸水洗 4～5 次，共 4 h。

（7）按常规方法丙酮逐级脱水，渗透包埋，超薄切片。切片不染色，电镜观察。

（8）对照组：①孵育液中加入缓冲液配制的 0.01 mol/L NaF 抑制剂；②孵育液中加入 0.1 mol/L 的 EGTA，不加 CaCl$_2$。

（四）葡萄糖-6-磷酸酶

1919 年，Gomori 最早在光镜下检出了葡萄糖-6-磷酸酶（G-6-P）活性，随后 Wachstein 和 Meisel（1957）提出了改良的 G-6-P 酶活性检出法。Tice 和 Barrnett（1962）把 Wachstein 法用于 G-6-P 酶活性的电镜。G-6-P 酶电镜法还有 Kanamura 和 Wanson 法。具体制样步骤如下。

(1) 取样：参见 ATPase 定位的取样方法。

(2) 固定：G-6-P 酶对固定剂的耐受性较差，所以戊二醛固定时间不宜超过 30 min。固定后可用 Tris-顺丁烯二酸盐（maleate）缓冲液（pH 6.7）充分洗涤。

(3) 厚切片：细胞化学常规切片，厚度为 30～40 μm。

(4) 孵育：样品在 37℃下，于孵育液中孵育 30 min。G-6-P 酶孵育液（Wachstein and Meisel, 1957）的组成如下：0.2 mol/L Tris-顺丁烯二酸盐（pH 6.7），20 mL；重蒸水，7 mL；0.125% G-6-P 二钾，20 mL；2% 硝酸铅，3 mL；蔗糖，4 g。也可参考知识点 6-1 配方。

注意：此法具有强染色性，但稍有扩散现象，为了避免扩散，可适当减少底物的量。在 pH 5.0 以下酶活性完全被抑制。在对照实验时，可采用 1 mol/L Hg^{2+}、1 mol/L NaF 或 1 mol/L CN^- 等作为抑制剂。

(5) 后固定：用冷 1% 四氧化锇后固定 30～60 min。

(6) 采用丙酮脱水、树脂包埋、超薄切片、电子染色等常规电镜制样技术步骤，最后电子显微镜检测。

（五）5'-核苷酸酶

所有的生物细胞膜包括微生物在内，均具有 5'-核苷酸酶（5'-NP 酶）。它被广泛应用于分析细胞匀浆的组分时鉴定细胞膜。5'-NP 酶超微细胞化学定位制样步骤如下。

(1) 取样：同 ATPase 定位的取样方法。

(2) 固定：此酶对固定剂耐受性较强，可用 2.5% 戊二醛或 2% 甲醛固定 10～60 min。固定剂用 0.1 mol/L 二甲基胂酸钠缓冲液配制。

(3) 洗涤和厚切片：用 0.1 mol/L 二甲基胂酸钠缓冲液洗 3 次，每次 15～20 min。再进行厚切片，制成 30～40 μm 厚切片。

(4) 孵育：样品在下述孵育液中，在 37℃下孵育 10～60 min。5'-NP 酶硝酸铅法（Wachstein and Meisel, 1957）孵育液配方：AMP，5 mg；0.1 mol/L Tris-顺丁烯二酸盐缓冲液（pH 7.2），5 mL；0.1 mol/L 氯化锰，1 mL；蒸馏水，5 mL；2% 硝酸铅，1 mL。

(5) 后固定：用 1% 四氧化锇固定 60 min。

(6) 丙酮脱水、树脂包埋、超薄切片、电子染色等常规处理，电子显微镜检测。

二、氧化还原酶

氧化还原酶参与生物体内的氧化还原反应，与生物体呼吸和糖酵解过程有关。在氧化还原酶的细胞化学方法中，它们同时催化一对氧化还原反应。在反应中一个底物被还原，另一个底物被氧化。这两个底物中有一个是酶的生理底物，另一个是专门选择的试剂，在它被氧化或还原时会起特殊的化学变化，使得酶定位。这种专门选择的底物在细胞化学反应中的作用与捕捉剂相似，称为捕捉底物。

在氧化酶细胞化学定位中，生理底物是氧或过氧化氢；捕捉底物是四盐酸 3,3'-二氨基联苯胺（DAB）。DAB 很容易氧化聚合，经过一系列化学变化生成强嗜锇性的聚合物，再经锇固定就形成高电子密度的锇黑。反应原理见图 6-1。

脱氢酶细胞化学定位常用的是亚铁氰化铜法（图 6-4）。此法以铁氰化物为捕捉底物，酶促反应中游离出来的氢被铁氰化物接受，铁氰化物被还原成亚铁氰化物，不溶于水。在铜离子存在下，进一步形成高电子密度的亚铁氰化铜。酶活性产物被捕捉而沉淀，在电镜下可观察到，酶得以定位。

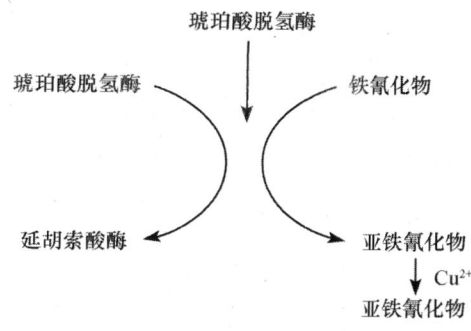

图 6-4 琥珀酸脱氢酶的反应原理图

（一）过氧化物酶

过氧化物酶在许多细胞中都存在。髓过氧化物酶位于动物粒细胞和单核细胞的内质网、核膜及细胞质颗粒中，是这些细胞的标志酶。辣根过氧化物酶广泛存在于植物中，尤其以辣根中最高。它与植物乙烯、植物成熟激素和木质素等的生物合成有关。过氧化物酶是一种氧化还原酶，它们以由过氧化物来的氧进行氧化作用为其特征。细胞中的过氧化物酶能使底物 H_2O_2 分解放出氧，氧化捕捉底物 DAB，形成 DAB 的聚合物；再经四氧化锇后固定，生成在电镜下可见的锇黑。锇黑出现的部位即为细胞中过氧化物酶所在位置。

过氧化物酶定位的制样步骤如下。

(1) 取样：参见 ATPase 定位的取样方法。

(2) 固定：样品用 1.5%～2% 戊二醛，或 2% 戊二醛和 2% 多聚甲醛的等量混合液（0.1 mol/L PBS，pH 7.4 或 0.1 mol/L 二甲胂酸盐缓冲液，pH 7.4，7% 蔗糖配制）在 4℃下固定 10～15 min。

(3) 洗涤：0.1 mol/L PBS (pH 7.4，含 7% 蔗糖) 洗涤 3 次，每次 10～20 min。

(4) 预孵育：为了使 DAB 充分浸透，在 37℃下将样品切片浸入预孵育液中处理 10～30 min。预孵育液配方为：DAB-4HCl，5 mg；0.05 mol/L Tris-HCl 缓冲液 (pH 7.6)，10 mL。

(5) 孵育：预孵育完成后，再在孵育液中于室温或 37℃下孵育 1 h。孵育液配方 (髓过氧化物酶，Graham and Karnovsky，1966)：DAB-4HCl，10 mg；0.05 mol/L Tris-HCL 缓冲液 (pH 7.6)，9.9 mL；1% H_2O_2，0.1 mL。

(6) 洗涤：用 0.1 mol/L PBS (pH 7.4，含 7% 蔗糖)，洗涤 30 min。

(7) 后固定：用 1% 四氧化锇 (0.1 mol/L PBS，pH 7.4) 后固定 1 h。

(8) 脱水，包埋，超薄切片，电子染色。

(9) 镜检：电镜阳性部位形成锇黑，电子密度增强。实验过程设两个对照：①孵育液中不加底物；②孵育液中不加 DAB。

（二）细胞色素氧化酶

细胞色素氧化酶是线粒体呼吸链中的终末氧化酶，普遍存在于线粒体内。细胞色素氧化酶的检出可采用 Seligman 等（1968）的 3,3′-二氨基联苯胺（DAB）四盐酸盐法。在细胞色素氧化酶的化学反应中，DAB 将氧化型细胞色素 c 还原，还原型细胞色素 c 又被氧化型细胞色素 c 再氧化。通过这一循环，DAB 不断被氧化的同时，在酶的活性部位上不断沉积 DAB 氧化物。DBA 氧化物含有活性游离基，能使四氧化锇还原，形成在电镜下可见的锇黑（osmium black），从而达到酶定位的目的。细胞色素氧化酶定位的制样步骤如下。

（1）取样：参见 ATPase 定位的取样方法。

（2）固定：将组织用冷的 2.5%～2%戊二醛（0.1%磷酸缓冲液配制，pH 7.4）浸润固定 20 min。动物可用血管灌注固定 10 min，然后取下脏器放置于固定液中细切和固定。

（3）洗涤：用冷的 0.1 mol/L 磷酸缓冲液（pH 7.4）充分洗涤 1 h 以上，中间需换液 3 次。洗涤后制成 40 μm 厚的切片。

（4）孵育：将切片置于下述孵育液中，在 37℃下孵育 1 h。细胞色素氧化酶孵育液（Seligman et al.，1968）的组成如下：蒸馏水，5 mL；DAB-4HCl，5 mg；0.2 mol/L 磷酸盐缓冲液（pH 7.4），5 mL；过氧化氧酶，1 mg；细胞色素 c（马心肌，Ⅲ型），10 mg；蔗糖，850 mg。

注意：DAB-4HCl 溶于蒸馏水时，如果呈现淡红褐色，则应过滤。这是由于光线照射引起的自动氧化所致，因此孵育宜在避光处进行。对照组孵育液中加氰化钾，可抑制 DAB 氧化。

（5）洗涤：用 0.1 mol/L 磷酸缓冲液清洗 3 次，每次 20 min。

（6）后固定：用冷 1%四氧化锇（0.1 mol/L 磷酸缓冲液配制，pH 7.4）固定 1 h。细胞后固定时，DAB 氧化物与四氧化锇起反应变成高电子密度的锇黑。

（7）按超薄切片常规法进行脱水、包埋、超薄切片和电子染色等处理。

（8）电子显微镜观察和检测。

（三）过氧化氢酶

此种酶具有分解双氧水的能力。目前仍普遍采用 DAB 碱性反应定位法。

（1）取样：参见 ATPase 定位的取样方法。

（2）固定：用 3%戊二醛（0.1 mol/L 磷酸缓冲液配制，pH 7.4）充分浸润或过夜。固定越充分，越能提高过氧化氢酶的特异性，因为充分固定对细胞色素氧化酶和过氧化物酶都有抑制作用。

（3）洗涤：为防止来自线粒体细胞色素 c 的假过氧化物酶反应，固定后需充分水洗。因为细胞色素 c 为水溶性物质，经充分水洗去除假阳性。用磷酸缓冲液洗涤 60 min 以上，最好过夜，换液 3 次。

（4）厚切片：洗涤后制成 30～40 μm 厚切片，便于孵育反应。

（5）预孵育和孵育：为了使浸透力甚弱的 DAB 充分浸透，将切片投入预孵育液中，在 37℃下孵育 30 min。预孵育后不经水洗直接进入孵育液，在 37℃下孵育 1 h。一般采用 Novikoff-Goldfischer（1969）法，其配方如下。①过氧化氢酶预孵育液：DAB-4HCl，10 mg；蒸馏水，1 mL；0.05 mol/L 2-氨基-2-甲基-1,3-丙二醇，9 mL。

②过氧化氢酶孵育液：在预孵育液的基础上加入 1‰ H_2O_2 0.2 mL，即成孵育液。

注意：预孵育液和孵育液的 pH 可用氢氧化钠调节。提高反应液的 pH（8.5～10.5）、增加 H_2O_2 的浓度、遮光下进行孵育是本法成功的关键。

（6）洗涤：用冷的磷酸缓冲液充分洗涤 3 次，每次 20 min。

（7）后固定：用 1% 四氧化锇（0.1 mol/L 磷酸缓冲液配制，pH 7.4）固定 60 min，使氧化沉淀物形成锇黑。

（8）按常规处理进行脱水、包埋、超薄切片、电子染色和电镜观察等。在电子显微镜下有电子致密物出现的部位为锇黑，也就是过氧化氢酶所在位置。

（四）琥珀酸脱氢酶

在三羧酸循环中，琥珀酸经脱氢变成延胡索酸需琥珀酸脱氢酶（SDH）参与。在光镜组织化学上可用琥珀酸四唑盐还原来检测，在电镜细胞化学上亦可用四唑盐法定位。目前大多采用金属盐法，即 Ogawa 铁氰化物法（图 6-4）。琥珀酸脱氢酶定位的制样步骤如下。

（1）取样：参见 ATPase 定位的取样方法。

（2）固定：琥珀酸脱氢酶对固定剂的耐受性甚弱，所以要将组织用极低浓度醛类（0.25%～0.3% 戊二醛或 0.5% 甲醛）固定液短时间固定（10～20 min）；若采用常规浓度（2.0% 戊二醛或 4% 甲醛）进行固定，固定时间应限制在 2～3 min。为了防止酶过度失活，也可用 6% 羟基己二醛固定 30 min，它保存酶活性优于戊二醛，但对细胞的微细结构保存欠佳。

（3）洗涤：用 0.1 mol/L 磷酸盐缓冲液（pH 7.0）清洗样品 3 次，每次 10～20 min。

（4）孵育：将切片置于下述孵育液中孵育。琥珀酸脱氢酶孵育液（Ogawa et al.，1968）配方如下：琥珀酸钠，100 mg；0.1 mol/L 磷酸盐缓冲液（pH 7.0），3.0 mL；0.1 mol/L 柠檬酸钠，0.6 mL；30 mmol/L 硫酸铜，2.0 mL；蒸馏水，2.4 mL；5 mmol/L 高铁氰化钾，2.0 mL；蔗糖，3.0 g。试剂依次加入，待完全溶解后再加高铁氰化钾。

（5）洗涤：用 0.1 mol/L 磷酸盐缓冲液（pH 7.0）清洗样品 3 次，每次 10～20 min。

（6）后固定：用 1% 四氧化锇（0.1 mol/L 磷酸缓冲液配制）固定 60 min。

（7）洗涤：用 0.1 mol/L 磷酸盐缓冲液（pH 7.0）清洗样品 3 次，每次 10～20 min。

（8）按电镜常规技术步骤进行超薄切片和电子染色。

（9）电镜观察和检测。琥珀酸脱氢酶定位于线粒体内膜和嵴，是线粒体的另一种标志酶。

三、其他酶类

（一）硫胺素焦磷酸酶

硫胺素焦磷酸酶（TPP 酶）是丙酮酸脱羧酶和酮戊二酸脱氢酶的辅酶。TPP 酶的激活剂有 Mn^{2+}、Mg^{2+}、Ca^{2+} 等。此酶能分解 TPP 而对尿苷二磷酸、腺苷二磷酸和 β-

甘油磷酸等无分解作用。其制样步骤简述如下。

(1) 取样：参见 ATPase 定位的取样方法。
(2) 固定：用冷甲醛钙-戊二醛混合溶液固定，固定后需充分洗涤。
(3) 厚切片：样品制成 30～40 μm 厚切片。
(4) 孵育：TPP 酶孵育液有两种，即硝酸铅法（Novikoff and Goldfischer，1969）和柠檬酸铅法（Ogawa et al.，1968）。柠檬酸铅法优点是浑浊较少，最适合在 pH 9.5 附近检测酶活性。①硝酸铅法配方：0.2 mol/L Tris-meleate 缓冲液（pH 7.2），10 mL；TPP，24 mg；25 mmol/L 氯化锰，5 mL；1% 硝酸铅，3 mL；蒸馏水，7 mL；蔗糖，1.25 g。②柠檬酸铅法配方：0.2 mol/L Tris-meleate 缓冲液（pH 8.5），1.4 mL；蒸馏水，2.0 mL；氯化 TPP，1.0 mL；0.015 mol/L 硫酸镁，2.6 mL；0.5% 高碱性柠檬酸铅液（pH 10.0），4 mL。
(5) 洗涤：用缓冲液洗涤 3 次，每次 20 min。
(6) 后固定：用 1% 四氧化锇后固定 1 h。
(7) 按超薄切片常规法进行脱水、包埋和超薄切片等处理。
(8) 电镜观察。

（二）烟酰胺腺嘌呤二核苷酸磷酸酶

烟酰胺腺嘌呤二核苷酸磷酸酶（NADP 酶）通常被定位于高尔基体的成熟面膜囊与中间膜囊，它是中间几层扁平囊的标志酶。

(1) 取样：参见 ATPase 定位的取样方法。
(2) 固定：用 0.1 mol/L 二甲胂酸钠缓冲液配制（含 0.05% $CaCl_2$）的 0.2% 戊二醛（pH 7.3）固定。在 37℃ 条件下固定 15 min，然后在 4℃ 条件下再固定 2 h。
(3) 洗涤：将组织切成 1 mm^3 小块，用 0.1 mol/L 二甲胂酸钠缓冲液（pH 7.4）在 4℃ 下漂洗 3 次，每次 20 min。
(4) 厚切片：制成 75 μm 切片，然后用 0.01 mol/L 乙酸盐缓冲液（pH 5.0）清洗。
(5) 孵育：厚切片在 37℃ 下孵育 2 h。NADP 酶孵育液配方（Smith，1980）如下：4 mmol/L NADP，10 mL；0.01 mol/L 乙酸盐缓冲液（pH 5.0），10 mL；0.76 mg/mL 柠檬酸铅，5 mL；蔗糖，1.25 g；双蒸水，10 mL。
(6) 乙酸盐缓冲液洗涤。
(7) 1% 锇酸后固定，乙醇梯度脱水，Epon 812 包埋，超薄切片。
(8) 透射电镜观察。

（三）胞嘧啶单核苷酸酶

胞嘧啶单核苷酸酶（CMP 酶）是一种酸性磷酸酶，主要定位于高尔基体反面网状结构和溶酶体中；反面膜囊中也有少许。

(1) 取样：参见 ATPase 定位的取样方法。

(2) 固定：动物细胞用 0.2% 戊二醛灌注 3~5 min 后，置于固定液中固定 0.5 h。再将组织切成 1 mm³ 正方体。用 0.1 mol/L 二甲胂酸钠缓冲液（pH 7.4）在 4℃ 下漂洗组织块 7~8 次，共 2 h 以上。

(3) 厚切片：将组织块埋于 7% 琼脂滴中，置冰箱中冷却；用组织切片机切成 100 μm 的厚切片。切片收集于 4℃ 的 0.1 mol/L 二甲胂酸钠缓冲液中。

(4) 孵育：将切片先置入 70 mmol/L 乙酸缓冲液（pH 5）中；然后再置于反应孵育液中，在 37℃ 下孵育 2 h。CMP 酶孵育液配方（Novikoff et al., 1971）如下：$1'-5'-CMP$，50 mg；0.1 mol/L 乙酸盐缓冲液（pH 5），10 mL；0.76 mg/mL 乙酸铅，5 mL；0.05 mol/L 氯化锰，5 mL；4% 蔗糖，2 g；双蒸水，5 mL。对照组孵育液中不加底物。

(5) 洗涤：用 0.1 mol/L 乙酸盐缓冲液清洗 3 次，每次 20 min。

(6) 后固定：用亚铁氰化钾还原的 1% 锇酸后固定。

(7) 常规技术依次脱水、包埋和超薄切片。

(8) 电镜观察。

四、细胞中一些重要细胞器的标志酶定位

每种细胞器都具有几种特异性较强的酶，通常称为该细胞器的标志酶（表 6-3），这些酶通常被作为标志物来探讨细胞的演变及其生物膜的合成过程，对研究细胞内部结构和功能的相互关系具有重要意义。

表 6-3 细胞膜和各种细胞器的标志酶

部 位	标志酶
细胞膜	核糖核苷磷酸酶（如 ATP 酶）、碱性磷酸酶
线粒体	细胞色素氧化酶、琥珀酸脱氢酶
微体	过氧化物酶
溶酶体	酸性磷酸酶
高尔基复合体	焦磷酸硫胺素酶、烟酰胺腺嘌呤二核苷磷酸酶、胞嘧啶核苷酸酶（CMP 酶）
内质网	核苷二磷酸酶、葡萄糖-6-磷酸酶

（一）溶 酶 体

溶酶体是细胞内起消化作用的细胞器，并参与细胞的自噬和异噬过程。目前用生化方法已被证明的溶酶体酶有 60 余种，多数为水解酶，适宜 pH 为酸性范围。用电镜酶细胞化学方法检出的酶主要有酯酶、酸性磷酸酶（ACP 酶）、芳香硫酸酯酶、N-乙酰-β-葡萄糖胺酶等。其中 ACP 酶普遍存在于溶酶体，而且酶检出方法稳定可靠，所以通常把它作为溶酶体的标志酶。其定位方法见本节相关内容。

在初级溶酶体、次级溶酶体、残余体等可检测到呈现阳性的 ACPase；在吞噬泡和自噬泡中该酶活性为阴性。

（二）线粒体

线粒体是细胞的供能细胞，其中含有大量的氧化还原酶。在电镜下被检出的酶有 20 余种，如乙醇脱氢酶、乳酸脱氢酶、羟基丁酸脱氢酶、苹果酸脱氢酶、β-羟基类固醇脱氢酶、磷酸甘油醛-磷酸脱氢酶、琥珀酸脱氢酶、NADP 脱氢酶、细胞色素还原酶、细胞色素氧化酶、NADPH 脱氢酶、胺氧化酶、天冬氨酸转氨基转移酶、肉毒碱乙酰基转移酶、三磷酸腺苷酶（ATP 酶）等。其中琥珀酸脱氢酶和细胞色素氧化酶为线粒体的标志酶，二者的超微细胞化学定位方法见本节相关内容。

琥珀酸脱氢酶的高电子密度的亚铁氰化铜一般沉着于线粒体内膜、嵴和嵴间隙，而细胞色素氧化酶活性出现在线粒体的嵴间隙。

（三）内质网

通过超微细胞化学方法，能被电镜下检出的内质网酶有 20 余种，如乳酸脱氢酶、过氧化物酶、天冬氨酸氨基甲酰基转移酶、鸟氨酸氨基甲酰基转移酶、胆碱乙酰基转移酶、磷酸甘油酯酰基转移酶、γ-谷氨酰转移酶、磷酸化酶、肌酸激酶、芳香酯酶（A-酯酶）、羧酸酯酶、ACP 酶、葡萄糖-6-磷酸酶（G-6-P 酶）、ATP 酶、二磷酸核苷酶等。其中，G-6-P 酶为内质网的标志酶。G-6-P 酶定位的方法见本节相关内容。

G-6-P 酶一般被定位在内质网腔内及核膜内外膜间隙。当细胞进入变性期，G-6-P 酶活性显著下降。二磷酸核苷酶活性在大多数内质网中均为阳性，所以二磷酸核苷酶亦可作为内质网的标志酶。

（四）高尔基体

高尔基体与细胞分泌有关，通过电镜的细胞化学可检出的酶有胆碱乙酰基转移酶、ACP 酶、烟酰胺腺嘌呤二核苷酸酶（NADP 酶）、β-D 葡糖苷酸酶、硫胺素焦磷酸酶（TPP 酶）、胞嘧啶核苷酸酶（CMP 酶）等。其中 NADP 酶、TPP 酶和 CMP 酶是一组高尔基体的标志酶，三者的定位方法已经在本节介绍了。

嗜锇反应也是高尔基体特有的细胞化学反应。在细胞分裂期，高尔基膜囊和大囊泡均消失，高尔基体均变为小泡，其典型的形态特征难以辨认。因此，可用不同标志酶的细胞化学定位技术来追踪高尔基体的动态变化，研究高尔基在细胞分裂过程中的作用。通过电镜的细胞化学定位可以发现，高尔基体的不同膜囊之间细胞化学反应具有一定的特异性。嗜锇反应区主要位于高尔基体的生成面；NADP 酶活性常见于高尔基体的中间膜囊内；TPP 酶的反应区位于成熟面的第 1～2 层膜囊；而 CMP 酶和 ACP 酶的活性则出现于 GERL。

（五）微体

在细胞器微体中通过电镜细胞化学已经定位的酶有 L-2-羧基氧化酶、过氧化氢酶、天冬氨酸氨基转移酶、苹果酸合成酶等，其中过氧化氢酶为微体的标志酶。其定位方法见本节相关内容。

（六）细 胞 膜

在细胞膜中被检出的酶也有十几种，如碱性磷酸酶、ATP酶、Na^+-K^+-ATP酶、乙酰胆碱酯酶、$5'$-核苷酸酶、腺苷酸环化酶、胆碱乙酰基转移酶、NADPH脱氢酶、D-氨基酸氧化酶等。通常将$5'$-核苷酸酶、碱性磷酸酶、ATP酶作为细胞膜的标志酶，这三种酶的超微细胞化学定位方法见本节相关内容。ATP酶除定位于细胞膜外，还可出现在肌浆网和线粒体。

第三节 核酸的超微细胞化学技术

一、乙酸双氧铀染色法

这种方法能选择性地染附着有核蛋白的核酸。其反应机制为：用乙酸双氧铀、三氯化铟、钨酸钠等重金属盐或磷钨酸盐-吡啶黄等复合物处理样品，使核酸着染。具体制样过程如下。

（1）取样。

（2）多聚甲醛或戊二醛固定。

（3）锇酸后固定。

（4）用过氧化氢：水＝1∶9（V/V）的溶液处理切片10～20 min；或用10%过碘酸水溶液处理20～30 min，以去除切片中残存的锇酸。

（5）丙酮系列脱水，环氧树脂（或甲基丙烯酸酯）包埋，并制作超薄切片。

（6）染色：用10^{-5} mol/L乙酸双氧铀水溶液在室温下染2～3 h（用0.1 mol/L的HCl调pH为3.5）。

（7）用重蒸水洗。

（8）切片干燥，电镜观察。

注意：如果乙酸双氧铀浓度偏高，容易产生非特异的染色。使用丙酮系列脱水能减少非特异性染色。

二、孚尔根-六亚甲四胺银染色法

此法染DNA有一定的特异性。它适宜染哺乳动物细胞的细胞核和线粒体中DNA，以及细菌和病毒中的DNA等。其染色机制如下：用浓盐酸处理样品时，能使DNA水解并暴露醛基（—CHO），醛基再与底物中的Ag^+发生沉淀反应，生成还原银电子致密物，使得在电子显微镜下能检测到存在DNA的部位。具体制样方法如下。

（1）多聚甲醛或戊二醛固定样品。多聚甲醛是最理想的固定剂，其次是戊二醛。如果用四氧化锇或丙烯醛作固定剂，会产生一些非特异性染色反应。

（2）常规脱水包埋，并制作超薄切片，将切片捞在惰性材料制成的载网上（如镍、金、不锈钢等）。

(3) 用 5 mol/L 的 HCl 处理切片，20℃下 1 h，并用重蒸水彻底清洗。
(4) 用六亚甲四胺银溶液孵育，60℃下避光反应 1~2 h，孵育液配方见附录 I。
(5) 用重蒸水洗。
(6) 干燥，镜检。

注意：设对照组之一是省去 HCl 水解，实验结果为阴性。用戊二醛时固定时，必须设一个省去浓盐酸水解的对照组，且结果应是阴性。如果有微弱的阳性反应，则可能是由戊二醛引起的。

三、孚尔根-席夫-乙醇铊染色法

此法高度选择性地染细胞中的 DNA，特别是真核细胞核与病毒核样物等中的 DNA。除了特异性强之外，其反应产物的电子密度高，且不是颗粒状的，分辨率高。其染色机制如下：DNA 水解后产生的醛基（—CHO）与席夫试剂反应，并产生游离的羟基（—OH），接着羟基与乙醇铊反应并形成醇亚铊。醇亚铊有增加孚尔根-席夫反应产物密度的作用。具体制样方法如下。

(1) 固定：4% 多聚甲醛/0.1 mol/L 磷酸缓冲液（含蔗糖）固定样品。要避免用戊二醛固定，以防止游离醛基干扰实验结果。用 0.1 mol/L 磷酸缓冲液洗 3 次，每次 20 min。

(2) 脱水：系列浓度丙酮梯度脱水。用无水吡啶液 4℃下洗 3 次，每次 10 min。

(3) 乙酰化：用无水吡啶液（6 份）和乙酸钠饱和的乙酸酐（4 份）制成新鲜的溶液处理组织 12 h。目的是增加反应的特异性，防止乙醇铊与非 DNA 产生的羟基反应，减少非特异性染色。

(4) 渗透、包埋、超薄切片：依次渗透，丙酮：吡啶＝1：1（V/V）5 min→无水丙酮 3 次，每次 10 min→无水乙醇：环氧树脂包埋剂＝1：1（V/V）→纯环氧树脂包埋剂包埋。聚合，制备超薄切片，捞在镍网或金网上。

(5) 水解：同孚尔根-六亚甲四胺银染色法。

(6) 漂洗：将载网在副蔷薇苯胺溶液（见附录 I）上漂浮 30 min。用流动重蒸水冲洗 10~15 s，放在滤纸上自然干燥。

(7) 乙醇铊染色：临时用 1 mL 无水乙醇、一滴乙醇铊和一滴重蒸水配制染液，将切片浸没 8~15 min，然后用无水乙醇冲洗约 5 s，再用滤纸吸干切片和镊子上多余的溶液，自然干燥。

(8) 为了防止水蒸气与样品中的铊反应形成氢氧化铊沉淀污染切片，制备好的样品要放入干燥器中保存，并尽可能在当日观察。

注意：①把染好的样品放入 200℃烤箱加热 15 min，可以减轻样品中染色剂的升华作用，从而使染色效果持久；②对照组之一是省略 HCl 水解，对照结果应该是阴性。如果有弱阳性结果，可能是戊二醛固定所致。对照组之二是用 DNA 酶消化样品中的 DNA，以阻止含 DNA 的结构着染，对照结果也应该是阴性。

四、乙酸双氧铀-EDTA 染色法

此法能选择性地染细胞中的 RNA。其主要特点是在乙酸双氧铀染色的基础上，增

加了一步 EDTA 分色，利用 EDTA 的强螯合作用，限制了 DNA 的着染，使 RNA 单独着色，从而显示 RNA 在细胞中存在的部位。具体制样方法如下。

(1) 固定。用 2.5% 戊二醛（0.1 mol/L 磷酸缓冲液配制）在 4℃下固定 1 h。
(2) 系列浓度梯度乙醇脱水，环氧树脂包埋，超薄切片，并将切片捞于铜网上。
(3) 室温下用 5% 乙酸双氧铀浸染切片 1 min。
(4) 室温下将切片漂浮在 0.2 mol/L EDTA 溶液（pH 7）上，40~60 min。
(5) 室温下用柠檬酸铅染 1 min。
(6) 重蒸水洗 3 次，每次 15 min。
(7) 切片干燥，镜检。

注意：用 0.01 mol/L NaOH 稀释柠檬酸铅染液 1:5~1:1000 (V/V) 倍，可以防止过度染色。虽然分色步骤限制了含 DNA 的结构着色，但却挡不住 RNA 以外的糖原、桥粒等结构的着染，所以这种方法的特异性还不是十分的理想。但这一方法能用来区分 DNA 和 RNP（核糖核蛋白颗粒），以及 DNA 和 RNA 在细胞中的不同区域。

五、核酸酶抽提定位法

此法的反应机制与前面不同，它是用专一的核酸酶（DNA 酶或 RNA 酶）抽提细胞中的 DNA 或 RNA，使其所在的部位形成空白区，以反证核酸在细胞中的定位。

（一）RNA 酶抽提定位法

(1) 用 4% 多聚甲醛固定小组织块，4℃下 30~60 min。
(2) 冷冻超薄切片或乙二醇甲基丙烯酸酯（GMA）包埋，并制作超薄切片。
(3) 室温下用 RNA 酶（1 mg/mL 的水溶液，pH 6.5~7）抽提 15 min~2 h，使细胞中的 RNA 降解。
(4) 用重蒸水彻底清洗。
(5) 切片干燥，镜检。

（二）DNA 酶抽提定位法

(1) 固定条件同前。
(2) GMA 包埋，制作超薄切片。
(3) 在 37℃下，用 DNA 酶（1 mmol/L 的硫酸镁或乙酸配制，pH 6.5~7）处理切片 1~3 h，降解细胞中的 DNA。
(4) 用重蒸水彻底清洗。
(5) 干燥，镜检。

注意：①对照组之一是需要在第二步后用加热法处理切片（100℃，10 min），使 RNA 和 DNA 变性，结果呈阴性；②加 RNA 酶和 DNA 酶之后，操作时要注意防止酶失活；③所选 DNA 酶或 RNA 酶纯度要高。

第四节 糖类的超微细胞化学技术

细胞中的碳水化合物包括单糖、二糖、寡糖、多糖等。淀粉和糖原是典型的多糖。复合糖类包括糖蛋白和糖脂。糖类的超微细胞化学定位方法主要分三大类：①过碘酸氧化法，它主要通过检测糖的醛基（—CHO）、羟基（—OH）、氨基（—NH$_2$），达到定位糖的目的；②静电结合法，即带正电的胶体颗粒或金属离子与糖蛋白和糖脂上的负电荷基团结合，达到定位目的，常用的有钌红染色法；③细胞凝集素也可以检测细胞中的糖类，此法有较强的特异性，类似于免疫细胞化学方法。另外，淀粉酶消化法也可检测动物细胞中的糖原。

一、过碘酸氧化法

过碘酸氧化法可检测细胞中的多糖、糖蛋白、黏蛋白和某些黏液质，但对酸性黏液质无效。染色反应的机制如下：当用过碘酸处理样品时，细胞中的糖类被过碘酸氧化后，打开了碳水化合物中的糖苷键，使醛基暴露。醛基再与孵育液中的重金属离子（如金离子和铋离子等）反应，生成电子致密物沉淀，使能在电镜下检测出来。切片中有沉淀的部位即是碳水化合物存在的部位。下面介绍三种常用的过碘酸氧化法制样步骤。

（一）过碘酸-六亚甲四胺银染色法

（1）样品固定：2%～4%多聚甲醛单固定。为了减少非特异性反应的干扰，需选用多聚甲醛固定而避免用戊二醛和丙烯醛固定，因为后两者产生的一些游离的醛基会干扰正常反应。另外，还应避免用锇酸进行后固定，因为四氧化锇能引入游离的酮基（—C＝O），也导致非特异染色。

（2）常规包埋，制作超薄切片。切片捞于不锈钢载网上。

（3）用1%过碘酸水溶液在室温下浸泡切片20～30 min。重蒸水洗3次，每次20 min。

（4）把切片浸入六亚甲四胺银溶液（配方见附录Ⅰ），在60℃下避光40～60 min，取出后自然冷却。

（5）用重蒸水洗；接着用5%～10%硫代硫酸钠溶液清洗2次，每次20 min，以去除切片表面的螯合银，减少非特异染色。对照组：省略过碘酸水溶液处理，结果应该为阴性。但因为难免有少量非特异性染色，也可能是微弱阳性。

注意：①第1步和第3步之间加用10%铬酸处理5 min，再用1%亚硫酸氢钠清洗等步骤，可能会减少一些非特异染色；②此法的不足之处是银沉淀颗粒较大（$d=10$ nm），又容易聚成团块状，从而影响图像的分辨率。

（二）过碘酸-碱性铋染色法

（1）样品固定：用2%～4%多聚甲醛单固定。

（2）常规脱水，环氧树脂包埋，超薄切片。切片捞于惰性材料制的载网上。

(3) 把切片面朝下放在乙酸盐缓冲的过碘酸复合溶剂（配方见附录Ⅰ）的液滴上，在室温下反应10～30 min，以暴露醛基。

(4) 用重蒸水彻底清洗载网3次，每次15 min。

(5) 将切片面朝下漂浮在碱性铋液（配方见附录Ⅰ）滴上，室温下30～60 min。

(6) 将切片在0.01 mol/L的NaOH中快速洗一下，以除去非特异的染色；再用重蒸水彻底清洗。

(7) 自然干燥，镜检。

注意：①此法能使细胞内的糖原着色，但基底膜不着色，核蛋白体和溶酶体可有少量非特异着色，但细胞中特异着色的部位必须用过碘酸氧化之后才能显示，所以通过对照比较，可以区分特异着色和非特异着色的部位；②此法产生的沉淀颗粒比较细，图像的分辨率较高；③对照之一是省去第2步。

(三) 过碘酸-氨基硫脲（或硫卡巴肼)-蛋白质酸银法

(1) 固定、包埋和超薄切片同前。

(2) 用1%过碘酸水溶液室温下处理切片20～25 min，用重蒸水彻底清洗。

(3) 将切片漂浮在1%的氨基硫脲（TSC）配制的10%乙酸溶液［或0.2%的硫卡巴肼（TCH）配制的20%的乙酸溶液］上，在室温下孵育30～45 min（以上两种溶液在4℃冰箱中可保存3～4 d）。

(4) 用10%乙酸彻底清洗3～4次，每次15 min，再分别用5%和1%的乙酸各洗5 min。最后用重蒸水洗2次，每次5～10 min。

(5) 用1%蛋白质酸银溶液（配方见附录Ⅰ）在室温下处理切片20～30 min。

(6) 用重蒸水彻底清洗，再用载网将切片捞起，自然干燥。

(7) 电镜观察和检测。

注意：①本方法是用蛋白质酸银测定TSC（或TCH）与过碘酸氧化所产生的醛基的结合部位，反应特异性强，分辨率高；②如果一系列染色操作是捞在载网上以后进行的，将影响着色的特异性；③需分别设如下几种对照：省去第2步；省去第3步；省去第5步。

二、静电结合法

静电结合法主要用于检测细胞中的碳水化合物的衍生物——酸性黏液物质（AMS）。它们包括各种硫酸黏蛋白（sulphomucin）、透明质酸、硫酸黏多糖（肝素、硫酸软骨素等），以及众多富含唾液酸（sialic acid）的黏液物质。其反应机制如下：当带正电的胶体颗粒或金属离子（镧、钌、金、铁、铊等离子）与酸性黏液质上的负电荷基团（羧基、硫酸基等）静电结合时，可形成电子致密复合物沉淀。下面介绍两种染色方法的制样步骤。

(一) 钌红-四氧化锇染色法

(1) 固定和染色：用5%戊二醛（0.2 mol/L二甲胂酸钠缓冲液配制）和0.1%钌

红1∶1（$V∶V$）的溶液浸泡小组织块。室温下，避光固定2 h。

（2）清洗：用0.2 mol/L二甲胂酸钠缓冲液清洗样品3次，每次15 min。

（3）后固定和染色：用1%锇酸（0.2 mol/L二甲胂酸钠缓冲液配制）和0.1%钌红1∶1（$V∶V$）的溶液后固定3 h。

（4）常规脱水，环氧树脂包埋，超薄切片。

（5）电镜观察和检测。

注意：这种方法适宜染细胞表面带负电荷的黏多糖。

（二）钌红染色法

钌红可与糖蛋白的羧基（酸性基）通过静电结合，在电镜下呈高电子密度高染色（图6-5）。

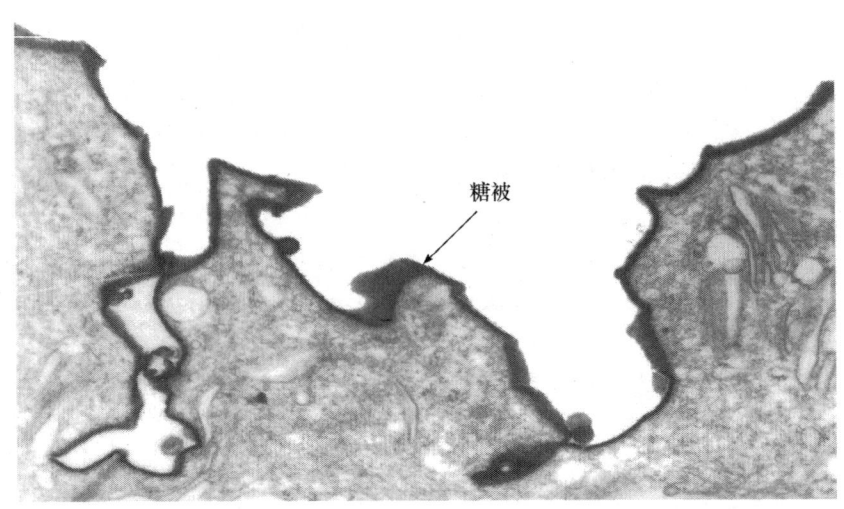

图6-5 膀胱上皮细胞表面的糖被（钌红染色）（梁凤霞等，1996）

（1）钌红原液配制：钌红溶于重蒸水，浓度为10 mg/mL，在60℃下振荡5 min；3000 r/min离心约10 min，取上清冷藏保存。

（2）固定：样品切割成大小为1 mm³的小块，在室温下置于前固定液中固定1 h。前固定液配方为：4%戊二醛，2.5 mL；0.2 mol/L二甲胂酸钠缓冲液（pH 7.3），2.5 mL；钌红原液，2.5 mL。按顺序混合。

（3）漂洗：用0.1 mol/L二甲胂酸钠缓冲液漂洗3次，每次20 min。

（4）后固定：室温下，样品在后固定液中后固定3 h。后固定液配方为：5%锇酸，2.5 mL；0.2 mol/L二甲胂酸钠缓冲液（pH 7.3），2.5 mL；钌红原液，2.5 mL。按顺序混合。

（5）漂洗，常规技术脱水，包埋和超薄切片。

（6）电镜观察和检测。

三、凝集素显示细胞中糖类

（一）凝集素定位细胞中糖类的原理

凝集素（lectin）是一种无免疫原性糖蛋白，与糖的结合有一定专一性，如伴刀豆凝集素只与葡萄糖、甘露糖结合，麦胚凝集素只与 N-乙酰葡萄糖结合。凝集素还可与标记物（如胶体金、辣根过氧化物酶等）结合，因此可将之作为检测糖基的一种简单而具有选择性的探针。不过由于糖类的复杂性及凝集素特异的相对性，凝集素显示糖类细胞化学结果相对比较粗糙。

近年来，凝集素电镜标记技术应用日益广泛，且获得较为满意的效果。凝集素电镜标记技术方法较多，常用的有凝集素-酶（常用为 HRP）、凝集素-生物素-酶电镜标记技术。凝集素与糖的结合属于亲和细胞化学范畴，因此在具体方法上可参照免疫细胞化学方法。

（二）凝集素显示糖类制样方法简介

1. 凝集素-胶体金显示糖类制样方法
(1) 制备或购买凝集素-胶体金探针。
(2) 常规方法固定组织，组织厚切片。
(3) 用缓冲液漂洗样品 3 次。
(4) 5～25 μg/mL 凝集素-胶体金溶液在 15～25℃下孵育 30～60 min。
(5) 缓冲液漂洗样品；锇酸后固定同常规电镜技术。
(6) 常规技术脱水，包埋，超薄切片。
(7) 电镜观察与检测。

2. 凝集素-酶（常用为 HRP）显示糖类制样方法（Sterit and Kreatzberg, 1986）
(1) 固定：常用 PLP 或多聚甲醛-戊二醛固定液。
(2) 用振动切片机切 60 μm 的厚切片。
(3) 厚切片孵育在 PBS （内含 0.1 mol/L $CaCl_2$、$MgCl_2$ 和 $MnCl_2$） 10 min （此步也可省略）。
(4) 为增强细胞通透性，切片可孵育于含 0.1%胰蛋白酶中，37℃下，30 min。PBS 洗 3 次，每次 5 min。
(5) 在凝集素：HRP=1：10 溶液中 （PBS 中含 0.1% Triton X-100） 于 4℃下过夜，最好不断地轻轻振荡。PBS 洗 3 次，每次 5 min。
(6) DAB-H_2O_2 显色。
(7) 1%四氧化锇水溶液后固定。
(8) 系列乙醇脱水，EPON 包埋，超薄切片，铅、铀盐双染。
(9) 电镜观察。结果是凝集素呈高电子密度常沉积在细胞膜上，易与细胞结构相区别。

四、淀粉酶消化法检测糖原

动物细胞中的糖原也可用淀粉酶消化法进行检测。具体方法如下。

(1) 固定：按常规方法用戊二醛固定动物组织。

(2) 漂洗：用含 0.2 mol/L 蔗糖的二甲胂酸盐缓冲液清洗样品 3 次，每次 20 min。

(3) 四氧化锇后固定，环氧树脂包埋，制作超薄切片。

(4) 切片置金或镍的载网上，用 0.5%~1% 过碘酸处理 10~15 min。

(5) 重蒸水漂洗后，放入含有 0.5% α-淀粉酶（0.05 mol/L 磷酸缓冲液配制，pH 6.9）中，37℃下保温处理 1~4 h。

(6) 重蒸水漂洗，切片浸泡于 1% 氨基硫脲或硫代卡巴肼溶液（用 25% 乙酸配制）中，室温下 30~40 min。

(7) 重蒸水漂洗，再用锇蒸气处理 1~4 h，使有足量的锇黑产生。

(8) 重蒸水漂洗 15 min，干燥切片。

(9) 电镜观察检测，根据糖原的形态和较高的电子密度，确认在酶消化下糖原的消失部位。

第五节　脂类的电镜细胞化学技术

脂类包括胆固醇和磷脂两大类。细胞中的脂类很不稳定，往往会干扰脂类的细胞化学反应。一方面，脂类易与固定剂反应，如能和醛类固定剂（特别是丙烯醛）、高锰酸钾和锇酸等反应；另一方面，脂类极易被脱水剂抽提掉。为了保存脂类，必须用特别的包埋方法。另外，为了更好地保存脂类，可采用缩短脱水时间、配制复合固定剂和选择新的包埋剂等方法。

一、保存脂类的包埋剂

极性含水包埋剂对脂类的保存是有利的，如戊二醛-尿素混合物（GUR）、戊二醛-卡巴肼（GACH）和戊二醛-尿素-乙二醇甲基丙烯酸酯共聚体（GUGM）等。上述方法可将 90% 的脂类保存下来。

二、保存胆固醇的毛地黄皂苷法

这种方法基于未酯化的胆固醇与毛地黄皂苷反应后，能形成一种不溶性的复合物，从而使胆固醇在包埋的过程中得以保存。具体方法如下。

1. 配制专门的固定剂

(1) A 液：0.2 mol/L 二甲胂酸钠-盐酸缓冲液（pH 7.2），2.5 mL；50% 戊二醛，2.5 mL。

(2) B 液：重蒸水，22.5 mL；多聚甲醛，1.0 g。（注意：加热 60℃，充分搅拌使溶解。再加 2~3 滴 1 mol/L NaOH 使溶液透明，冷却备用）

(3) C液：0.2 mol/L 二甲胂酸钠缓冲液（pH 7.2），22.5 mL；毛地黄皂苷，100 mg。（**注意：小心煮沸使溶解，再冷却备用**）

将 A、B、C 三种液体等比例混合（约 50 mL），再加 2.5 mg 的 $CaCl_2$ 作为固定剂使用。

2. 包埋程序

(1) 用上述专门的固定剂在室温下将小组织块固定 20 h。
(2) 梯度丙酮脱水。
(3) 用环氧树脂包埋剂室温下浸透 4 h，换新的环氧树脂包埋剂，室温下再继续浸透 24 h。
(4) 再换新的环氧树脂包埋剂，聚合后超薄切片。

三、保存磷脂的铁氰化钾法

虽然脂类在包埋过程中容易丢失，但不饱和的磷脂通过双键与四氧化锇反应后可形成不溶性的复合物，从而得以保存。另外，通过向固定液中添加钙离子或在脱水前用乙酸双氧铀进行块染，有助于保存未完全酯化的磷脂。尽管这样，也不能完全保存饱和的磷脂和完全酯化的磷脂。在此介绍铁氰化钾复合固定法，即让磷脂与阴离子和阳离子混合，形成三合絮状复合物，使更多的磷脂得以保存具体程序如下。

(1) 取样后将组织切成小块，用 2% 戊二醛（0.2 mol/L 二甲胂酸钠缓冲液配制）在室温下前固定 1 h，再用二甲胂酸钠缓冲液漂洗。
(2) 用 0.1 mol/L 硝酸铅和 0.1 mol/L 铁氰化钾 1：1（$V:V$）混合溶液在室温下浸泡组织 30 min。
(3) 用 1% 四氧化锇（0.2 mol/L 二甲胂酸钠缓冲液配制）溶液在 4℃下后固定 1 h（此步可以省去）。
(4) 系列丙酮脱水，用 Vestopal W 包埋剂（配方见附录Ⅰ）包埋，超薄切片。
(5) 电镜观察与检测。

第六节 细胞中相关离子定位技术

一、阳离子的超微细胞化学定位

离子细胞化学可用来显示细胞内离子定位分布情况，目前报道比较多的是细胞内钙的超微细胞化学定位。

（一）钙 离 子

细胞内钙离子（Ca^{2+}）分布是高度隔室化的，形成 Ca^{2+} 浓度不同的钙池。正常情况下，细胞质、线粒体、细胞核等部位都有 Ca^{2+} 分布。在大多病理情况下（如缺血、缺氧、中毒等），细胞内 Ca^{2+} 浓度可升高，并且进入到细胞内的 Ca^{2+} 很多进入到线粒体内。

Ca^{2+} 细胞化学的原理如下：用磷酸盐或草酸盐与 Ca^{2+} 反应，在原位形成沉淀，然后再用焦锑酸盐反应，替代磷酸盐或草酸盐形成焦锑酸钙。焦锑酸钙在电子显微镜下为电子致密物质。Ca^{2+} 超微细胞化学定位的具体制样步骤如下。

(1) 取样：取植物组织切成约 1 mm^3 的小块。

(2) 前固定：固定液为 2.0%焦锑酸钾（pH 7.8，用 0.1 mol/L 的磷酸钾缓冲液配制）配制成的 2.0%戊二醛。将样品放在固定液中，4℃下固定 4 h 以上。

(3) 漂洗：用含 2.0%焦锑酸钾的 0.1 mol/L 磷酸钾缓冲液（pH 7.8）漂洗 4 次，每次 30 min。

(4) 后固定：将材料固定在含 2.0%焦锑酸钾的 0.1 mol/L 磷酸钾缓冲液（pH 7.8）配制的 1.0%锇酸中，4℃过夜。

(5) 漂洗：重蒸水漂洗 4 次，每次 30 min，再用 pH 10.0 的重蒸水（0.1 mol/L 的 KOH 调 pH）洗 2 次，每次 30 min，以洗尽残留的焦锑酸盐。

(6) 脱水、包埋：丙酮常规系列脱水，树脂包埋。

(7) 电镜观察：超薄切片，切片不染色或经 0.5%乙酸双氧铀染色后在电镜下观察。

(8) 对照：①不含焦锑酸钾的固定液和缓冲液处理样品；②切片漂浮在 0.1 mol/L 的 EGTA（pH 8.0）溶液中，60℃，0.5～0.1 h，用 EGTA 脱去 Ca^{2+} 再观察。

注意：①焦锑酸钾常温下溶解很慢，加热至 90～100℃则可很快溶解。②锑酸盐还能与钠、镁等离子反应，形成沉淀，因此需控制实验条件，使焦锑酸盐主要与钙反应。用 1.5%～2%焦锑酸钾 4℃反应较为合适。③焦锑酸钾渗透到细胞内的速度很慢，因此组织块需切薄。④离子钙与结合钙问题。细胞内有离子钙及结合钙，并且两者可以相互转换。从理论上讲，与磷酸盐（草酸盐）-焦锑酸盐反应的应为离子钙，但实际情况可能并非完全如此，部分结合不牢固的结合钙也可能与磷酸盐（草酸盐）及焦锑酸盐反应形成沉淀。⑤切片染色可进行常规观察。如果要做能谱分析，则不染色。

（二）锌　离　子

锌离子（Zn^{2+}）电镜细胞化学定位主要是应用金属自显影术（autometallography，AMG），使 Zn^{2+} 在原位产生硒化锌或硫化锌等沉淀。银可以对金属硒化物和硫化物进行包裹，将信号在原位放大。电镜下显示电子致密的银颗粒，从而定位 Zn^{2+}（图 6-6）。

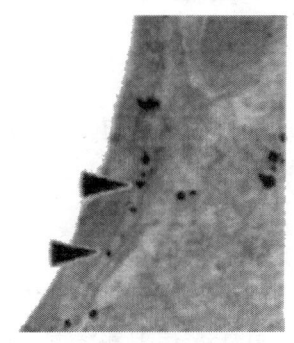 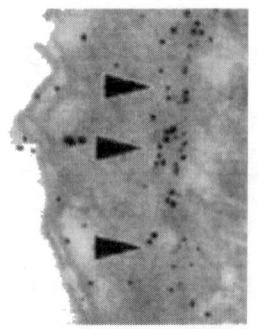

图 6-6　锌离子在海马组织中的细胞化学定位（池志宏，2005）

1. 硫化锌 AMG 法

（1）灌流：每只实验动物首先灌注 0.3%硫化钠溶液约 150 mL，10 min；然后灌注生理盐水 150 mL，约 10 min；最后灌注 2.5%戊二醛 150 mL，约 10 min。

（2）取样、孵育和后固定：取小块组织，震动切片 50 μm。暗室内，在 20℃下用 AMG 孵育液孵育 5~10 min。

AMG 孵育液（Nakamura et al.，1982）配方如下。溶液 A：20%阿拉伯树胶溶液 50 mL，24 000 r/min 离心 1 h，使上浮物沉降；10%硝酸银溶液，1 mL。溶液 B：溴代苯对二酚，200 mg；苯偏三酚，2 mg；柠檬酸，500 mg；重蒸水，10 mL。使用前将 A、B 液在暗室混合，在 23℃光照条件下孵育 1 h。

（3）后固定：1%锇酸后固定 30 min。

（4）常规脱水，Epon812 树脂包埋，制作超薄切片。

（5）电镜下观察。

2. 硒化锌 AMG 法

动物注射 0.1%硒酸钠（20 mg/kg）1.5 h 后，再注射 4%戊巴比妥钠麻醉。手术解剖，暴露组织，灌注生理盐水 150 mL 和 2.5%戊二醛 150 mL。取材、固定、孵育、电镜制样等过程同硫化锌 AMG 法。

二、阴离子的超微细胞化学定位

（一）氯化物离子的定位——乳酸银沉淀法

（1）取小块组织，用 1%~2%四氧化锇（0.5%~1.5%乳酸银；0.05~0.1 mol/L 二甲胂酸钠-乙酸缓冲液配制，pH 6.4~6.6），在 4℃下固定 2 h。

（2）用二甲胂酸钠-乙酸缓冲液彻底清洗。

（3）依次用系列丙酮脱水。

（4）常规包埋，超薄切片，乙酸双氧铀染色。

（5）电镜观察。

注意：对照组之一是省去固定液中的乳酸银。

（二）磷酸盐离子的定位——乙酸铅沉淀法

（1）把组织切成 1 mm³ 的小块，在 4℃下，用 2.5%戊二醛（0.2 mol/L 二甲胂酸钠-盐酸缓冲液配制，pH 7）和 3%~4.5%乙酸铅混合液固定 3 h。

（2）用 4%的乙酸铅溶液在 4℃下洗 1.5 h。

（3）用预冷 4℃的重蒸水洗 3 次，每次 20 min。

（4）乙醇脱水，环氧树脂包埋切片，乙酸双氧铀染色。

（5）电镜观察。

三、自由基的超微细胞化学定位

氧自由基主要指 O_2^-、HO^- 等。H_2O_2 虽不属于氧自由基，但与氧自由基有密切关系，其他氧自由基可转化为 H_2O_2。H_2O_2 也可氧化组织，使其发生损伤，因此在讨论氧自由基时常把其包括在内。O_2^- 在有 Mn^{2+} 存在的情况下，与 DAB（四盐酸 3,3'-氨基联苯胺）反应，形成嗜锇物质，因此通过铈或 Mn^{2+} 加 DAB 反应，可在电子显微镜下定位氧自由基。H_2O_2 可与铈离子（Ce^{3+}）反应形成沉淀 $Ce(OH)_2OOH$ 或 $Ce(OH)_3OOH$。

（一）O_2^- 细胞化学定位技术

参照 Steinbeck 等（1993）和 Romero-Puertas 等（2004）的方法，下面以植物样品为例说明。

(1) 取样：取样时将植物组织分割成 $1\sim 2\ mm^3$ 大小，取样过程应迅速。

(2) 孵育：组织放入新鲜配制的孵育液中孵育 30 min，孵育液体积应大于样品体积 20 倍以上。孵育液为含 2.5 mmol/L DAB、0.5 mmol/L $MnCl_2$、1 mmol/L 叠氮化钠的 0.1 mol/L HEPES（羟乙基哌嗪乙硫磺酸）缓冲液（pH 7.2）。

(3) 前固定：将孵育后的组织固定在含有 1.25% 多聚甲醛和 1.25% 戊二醛的 50 mmol/L 二甲胂酸钠缓冲液中（pH 7.2），常温下 2 h。

(4) 漂洗：用 50 mmol/L 二甲胂酸钠缓冲液（pH 7.2）漂洗 4 次，每次 30 min。

(5) 后固定：50 mmol/L 二甲胂酸钠缓冲液（pH 7.2）配制的 1% 锇酸后固定 2 h。

(6) 漂洗：同样二甲胂酸钠缓冲液漂洗 4 次，每次 30 min。

(7) 脱水、包埋：用丙酮进行梯度脱水，Epon 812 树脂进行渗透、包埋、聚合。

(8) 制片、观察：超薄切片，切片不染色，于电镜下观察（图 6-7）。

(9) 对照组：对照组孵育液为不含 DAB 或 $MnCl_2$ 的 HEPES 缓冲液，其余相同。

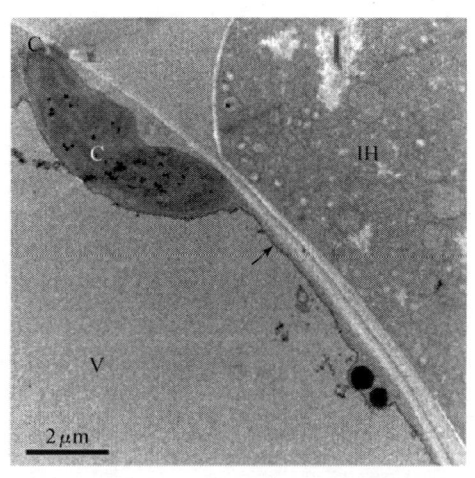 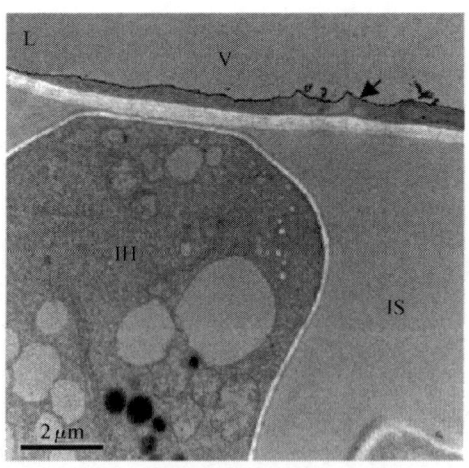

图 6-7 小麦叶肉细胞中 O_2^- 细胞化学定位（王晨芳，2008）

（二）H_2O_2 细胞化学定位技术

1. 方法一

(1) 取材、孵育：将组织分割成 $1\sim 2\ mm^3$ 大小，立即在新鲜配制的含有 5 mmol/L

$CeCl_3$（氯化铈）的 50 mmol/L 的 MOPS 缓冲液中（pH 7.2）孵育 1 h。

（2）前固定：将孵育后的组织固定在含有 1.25% 多聚甲醛和 1.25% 戊二醛的 50 mmol/L 二甲胂酸钠缓冲液中（pH 7.2），常温下 2 h。

（3）漂洗：用 50 mmol/L 二甲胂酸钠缓冲液（pH 7.2）漂洗 4 次，每次 30 min。

（4）后固定：用 50 mmol/L 二甲胂酸钠缓冲液（pH 7.2）配制的 1% 锇酸后固定 2 h。

（5）漂洗：用二甲胂酸钠缓冲液漂洗 4 次，每次 30 min。

（6）脱水、包埋：用丙酮进行梯度脱水，Epon 812 树脂进行渗透、包埋、聚合。

（7）制片、观察：超薄切片，切片不染色，于电镜下观察。

（8）对照组：对照组孵育液为不含 $CeCl_3$ 的 MOPS 缓冲液，其余相同。

2. 方法二

（1）取材、孵育：组织取材后，即放入 20 倍以上体积的孵育液中，孵育 30 min。孵育液中各成分浓度如下：DAB，2.5 mmol/L；0.5 mmol/L $MnCl_2$；4 mmol/L Tris；2 mmol/L $CaCl_2$；4 mmol/L KCl；pH 为 7.2~7.4，最终用 NaOH 调节。对照组孵育液中不含 DAB 或 $MnCl_2$，其余相同。

（2）漂洗：4 mmol/L Tris 盐缓冲液（pH 7.2）漂洗 4 次，每次 30 min。

（3）前固定：4% 多聚甲醛固定。

（4）漂洗：Tris 盐缓冲液再次漂洗。

（5）锇酸后固定、脱水、包埋、超薄切片等同常规制样技术。

（6）电镜观察。

注意：①由于氧自由基化学性质非常活泼，因此组织取材后应迅速与孵育液反应，孵育后再固定，不能先固定。孵育液使用前吹氧，实验较易成功。②$CeCl_3$ 孵育液配制：由于铈可与多种物质产生沉淀，如磷酸根离子、碳酸根离子，因此配制时需小心，可用 MOPS 缓冲液配制。反应液越接近中性越好，但用 $CeCl_3$ 配制时偏酸，不能用 NaOH 来调节 pH，因为用 NaOH 来调节会形成沉淀。③动物实验通常用灌注方法，以便及时与氧自由基反应，可取得较为满意的效果。

第七章 免疫电镜细胞化学技术

免疫电镜细胞化学技术简称免疫电镜技术（immunoelectron microscopy，IEM），它是根据免疫反应抗原抗体特异性结合的原理，用高电子密度的标记物（如金、铁蛋白等）或经细胞化学方法处理后达到电子密度升高的标记物（常用辣根过氧化物酶或酸性磷酸酶等酶类）标记抗体，抗体再和相应的抗原结合，用电子显微镜检测抗原的一种技术。它能在超微结构水平上定位、定性及半定量抗原。免疫电镜细胞化学为研究细胞超微结构和功能的关系及其基因表达产物——蛋白质在细胞内的分布提供了有效的方法。

第一节 免疫电镜细胞化学原理

一、免疫电镜细胞化学发展过程

免疫电镜细胞化学技术主要经历了铁蛋白标记技术、酶标记技术和胶体金标记技术三个发展阶段。

铁蛋白标记技术是 1959 年首先由 Singer 成功建立的，它用具有较高电子密度的铁蛋白来标记抗体，在超微结构水平定位细胞表面抗原。这一技术为免疫电镜技术的发展奠定了基础。

酶标记免疫电镜技术是 1968 年由 Nakane 和 Pierce 建立的一种免疫电镜技术。具体方法是将酶（主要是过氧化物酶）与抗体交联，标记抗体与抗原反应，随后用 3,3'-二氨基联苯胺（DAB）与 H_2O_2 显示过氧化物酶的活性部位，其反应产物为棕色沉淀，经过四氧化锇处理后棕色沉淀变为具有一定电子密度的锇黑。在电镜下观察下，锇黑出现的部位即为细胞中抗原所在部位。酶标记免疫电镜技术具有两个优点：①过氧化物酶的相对分子质量较小，与其交联的抗体能较易穿透经处理的细胞膜，可用于细胞内抗原的定位；②由于 DAB 复合体为棕色，故可在光镜下初步观察结果，然后选择阳性部位进行定位，再用电镜进一步观察。该方法的缺点是酶反应产物会发生一定程度的扩散，因此其分辨率不如颗粒性标记物高。

胶体金标记免疫电镜技术是 20 世纪 70 年代才建立和发展起来的。胶体金作为特异细胞成分的标记物具有许多独特的优点，可用于细胞表面和细胞内多种抗原的精确定位，是目前应用最广的免疫电镜标记物。90 年代，国外成功制备了 1 nm 金标记的探针，这种探针容易穿透组织和细胞，能增加标记密度，已成功应用于细胞内抗原的标记。但 1 nm 金探针需要在原位用银增强，使其在电子显微镜下可观察到。

二、免疫电镜细胞化学相关概念

（一）抗　原

抗原（antigen）是一类外源性物质，它能刺激或诱发动物机体发生特异的免疫反应，并产生相应的抗体，同时又能与产生的抗体发生特异的结合反应。这类具有抗原性的物质称为抗原。目前已发现百种以上的抗原。抗原的特异性只存在于其分子结构中的某一区段，这种区段称为抗原决定簇。

根据抗原来源可以分为以下三类：①天然抗原，来自动物、植物和微生物，如血细胞、细菌、病毒、蛋白质、糖类和毒素等；②人工抗原，来自经过化学修饰的天然抗原，如碘化蛋白等；③合成抗原，来自化学合成的高分子，如多肽、某种氨基酸的聚合物等。

根据其性质，抗原又有完全抗原（complete antigen）和半抗原（hapten antigen）之分。完全抗原是指既有免疫原性又有反应原性的抗原，如细菌、病毒、毒素和多数蛋白质等。半抗原是指只有反应原性，不能激发机体产生免疫反应的抗原，如某些苯酚环、小肽、糖类等化学基团。

（二）抗　　体

抗体（antibody）是一种具有免疫特性的球蛋白，又称免疫球蛋白（immunoglobulin，Ig）。它是由抗原刺激机体中的有免疫活性的细胞而产生，存在于被免疫的动物（如鼠、兔、羊、马和牛等）的血清或体液之中。抗体能与刺激其产生的抗原发生特异的免疫结合反应，并使抗原失活。Ig 按其分子结构的不同，又分为 IgA、IgD、IgE、IgG 和 IgM 5 种亚类。

免疫球蛋白 G 的相对分子质量为 150 000，它由两个 L 链（轻链）和两个 H 链（重链）组成。L 链和 H 链又各被划分出 V 区和 C 区两个大区域。V 区即 IgG 与抗原结合区，位于两个 L 链和两个 H 链的 N 端；C 区为氨基酸序列相对恒定的区域。两条 L 链和两条 H 链依靠二硫键（—S—S—）和非共价键连接起来，形成"Y"形分子结构（图 7-1）。

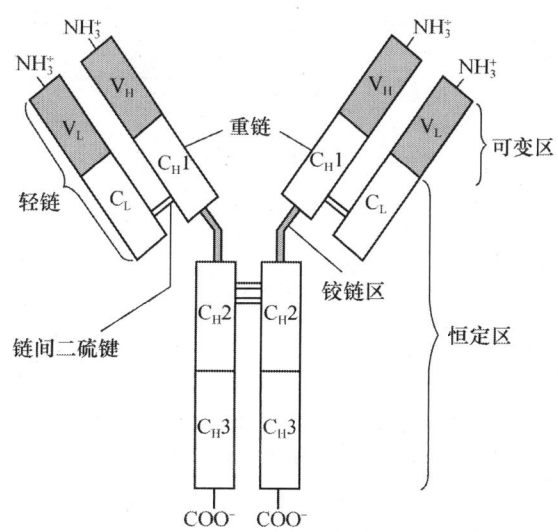

图 7-1　免疫球蛋白分子结构模式图

单克隆抗体识别抗原表面单一位点,利用标记的单克隆抗体定位细胞中的抗原,具有定位精确、非特异性染色低和分辨率高等许多优点。多克隆抗体具有高效价、高亲和力,可以识别抗原表面的多个表位,其中一些对由于固定而引起的变性反应有较强的抗性。

(三) 一抗和二抗

一抗是由抗原进入免疫动物体内,并刺激动物机体发生特异免疫反应之后,动物机体产生的一类免疫球蛋白。二抗是再用一抗作为抗原,注入异种动物体内,从免疫动物机体中获得的针对该一抗的特异的抗体,所以又称抗抗体(anti-antibody)。用一抗和二抗都能制备电子致密物标记的抗体。

(四) 标记抗体

免疫球蛋白 G 能通过双功能基试剂(如戊二醛等)与铁蛋白、胶体金或某种酶相结合,形成被电子致密物标记的抗体,分别称为铁蛋白标记抗体、胶体金标记抗体和酶标记抗体。抗体标记方法一般只有三类:直接法、间接法(图 7-2)及扩增法。

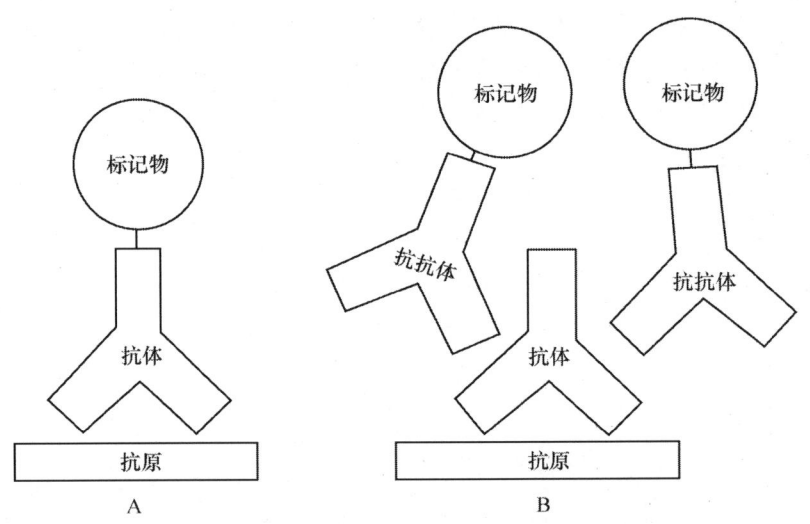

图 7-2 抗体标记方法示意图
A. 直接法;B. 间接法

下面介绍几种常用的抗体标记方法。

(1) 过氧化物酶标记法(间接法)。用与辣根过氧化物酶偶联的二抗进行间接标记是可选择的方法之一。其优点是抗体较容易穿入初固定的细胞和组织中,技术灵敏。其缺点是细胞内源性过氧化物酶的反应产物会模糊标记目标,形成背景色,实验结果不可能定量化;不能用柠檬酸铅或乙酸铀进行二次染色,因为它们会屏蔽住电子密度高的过氧化物酶反应产物,结果导致图像分辨率下降。

(2) 生物素-抗生物素蛋白复合物标记法。先用一抗与抗原反应,再用生物素酰基化的二抗反应,最后用过氧化物酶偶联的抗生物素蛋白与生物素反应,形成复合物。此法的优点是实验技术已经标准化,可买到试剂盒;标记密度非常大,可以节约试剂,非特异反应弱。此法除了有间接过氧化物酶法的不足之处外,还有实验背景色较强(也许是由于在细胞中有内源性生物素)、标记的部位有时远离一抗反应部位等缺点。此法也常用于光镜下对石蜡包埋的组织进行免疫细胞化学染色。

(3) 胶体金标记法:胶体金标记探针已经广泛用于前包埋和后包埋免疫电镜技术。由于胶体金的电子密度非常高,形状一致,所以它可以用于定量研究,并且不会屏蔽被标记的细胞结构。另外,在胶体金标记后还可用铅或铀盐二次染色,因此图像反差好,结构清晰。不同大小的胶体金颗粒还可以进行多重标记。

该技术的缺点是只有超薄切片的切面能结合抗体,标记强度低。抗体是通过静电作用吸附在胶体金颗粒表面的,因此抗体有可能从颗粒表面上释放出来,减弱了探针对于特异性抗体反应的有效性。

(4) 纳米金颗粒标记法:纳米金微粒是指1 nm左右大小的金颗粒,抗体可与其共价结合。纳米金比胶体金更具亲水性,穿透性更好。纳米金结合在抗体或蛋白质上后不易自己分离。纳米金标记的缺点是必须依靠银增强染色才能观察到,因而不可能进行多重标志。

在先免疫后包埋的IEM中,由于金颗粒本身很小,所以信号放大尤其重要。最常用的方法是先使用生物素酰基化的二抗,再用抗生物素蛋白-胶体金标记。抗生物素能包住整个生物素分子,进行最大限度的信号放大。

(五) 免疫应答

如前所述,外源性的抗原刺激机体,产生对该抗原有特异性的免疫球蛋白——抗体。因此,当机体产生抗体后,抗原进入机体时就会被相应抗体识别,并进行抗原抗体结合反应,这种现象被称为免疫反应(免疫应答)。抗体的产生与B细胞和T细胞有关。B细胞来自骨髓衍生的细胞,又称浆细胞,能分化并产生抗体。T细胞来自胸腺衍生的细胞,能促进或抑制B细胞增殖和分化。

抗原抗体特异结合的作用力可以分为以下几类。①静电作用力:由抗原和抗体带有相反电荷的电离基团引起的力,如—NH_3^+和—COO^-等。②氢键结合作用力:由亲水基团(—OH、—COOH和—NH_2)引起的一种比较弱的、可逆的结合力。③疏水力:由非极性疏水集团(如缬氨酸、亮氨酸等的侧链)在水中融合形成的蛋白质之间的一种吸引力,约占总力的50%。④范德华力:一种由外层电子之间相互作用而产生的分子间的力。

三、免疫电镜细胞化学原理

利用免疫学原理,在特定条件下抗原和已标记了电子致密物的抗体相结合,在细胞内发生专一的免疫化学反应,然后用高分辨率的电子显微镜检测该免疫反应的产物,在超微结构水平研究细胞表面和细胞内某种抗原的定位和定性。其主要应用于抗原-抗体复合物的精细结构、鉴定免疫损伤引起的细胞病理变化和细胞超微结构与功能分析等方面。

根据样品的种类、抗体类型、抗原和抗体的作用方式及标记物的不同,免疫电镜细胞化学制样的原理和技术也不相同，现总结在表 7-1 中。

表 7-1 免疫电镜技术类型

样品状态	抗体类型	抗原抗体作用方式	染色方法	电子致密物
悬浮态或单细胞	未标记特异抗体（一抗）	直接	负染（磷钨酸）	染液中的重金属颗粒
	标记特异抗体（一抗）		免疫胶体金 免疫铁蛋白	金颗粒 铁离子
组织块或单细胞			免疫酶	酶与底物作用产物
	标记特异抗抗体（二抗）	间接	免疫胶体金 免疫铁蛋白 免疫酶	金颗粒 铁离子 酶与底物作用产物

（一）胶体金标记免疫电镜

免疫胶体金标记法也可分为直接法和间接法两种。直接法是用与胶体金交联的第一抗体直接进行标记；间接法是用不带标记物的第一抗体先与组织反应，然后用胶体金标记的第二抗体或第三抗体、蛋白 A 或蛋白 G 等特异性结合第一抗体。因此只要制备一种胶体金探针就能用于许多抗原的标记，方法更为简便，且敏感性比直接法高。

蛋白 A 和蛋白 G 的胶体金探针是包埋后免疫胶体金标记中应用最广的第二试剂，可根据一抗的种类选择合适的胶体金探针。抗体-胶体金探针也较常用，但其稳定性不如蛋白 A-胶体金探针。此外，胶体金标记的亲和素（avidin）、凝集素（lectin）及酶也曾被应用于包埋后标记。

（二）酶标记免疫电镜

免疫酶标电子显微镜技术是利用酶作为标记物，将酶标记在抗体或抗原分子上，形成酶标抗体或酶标抗原，称为酶结合物。在抗原与抗体反应形成复合物后，该酶结合物作用于底物，生成电子致密物供电子显微镜观察，从而达到对抗体或抗原定位和定量的目的。用酶标记的不同抗体，可以对细胞内相应的抗原进行细胞水平和亚细胞水平的定位研究。如果生成物显示不同颜色，也可用光学显微镜观察，详情见第九章相关内容。

目前，用于标记抗体的酶有辣根过氧化物酶（HRP）、酸性磷酸酶、碱性磷酸酶、葡萄糖氧化酶、细胞色素 c、微过氧化物酶（microperoxidase）等。但最常用的是 HRP。如果加入 HRP 为标记物，在孵育液中加入 DAB 时，在 HRP 的作用下形成聚合物。聚合物在四氧化锇的作用下形成锇黑，可在电镜下检测。

免疫酶超微细胞化学也分为直接法和间接法。

(1) 直接法：将酶（如 HRP）标记在特异性抗体（第一抗体）上，然后用酶标记抗体直接与相应抗原特异性结合，形成抗原-抗体-HRP 复合物，最后用酶底物 DAB-

H_2O_2 显色。此法的优点是简单省时、特异性高、非特异性染色轻；缺点是敏感性差，因为一个抗原决定簇只结合一个 HRP 分子（假设一个抗体分子与一个 HRP 分子结合）。另外，一种标记抗体也只能检测一种抗原。目前此法很少应用，但在单克隆抗体制备过程中，为了更特异地筛选单抗，仍常用此法。

（2）间接法：也称夹心法，是将酶示踪物标记在二抗上，再与第一抗体（已与相应抗原反应形成复合物的 IgG）反应，然后进行显色反应。此法要求第二抗体与特异性抗体（一抗）应是不同种属的动物产生，如特异性抗体（一抗）是兔抗人 IgG，酶标记抗体（二抗）则可以是羊抗兔抗体。此法有以下优点：①应用面较宽，仅标记一种二抗就可以检测众多相同的第一抗体，如众多一抗为兔来源，只要标记一种抗兔二抗就可用于所有抗兔一抗的检测，不需要对每种特异性抗体进行标记；②敏感性增加；③可以商品化购置。

间接法的反应机制见图 7-3。

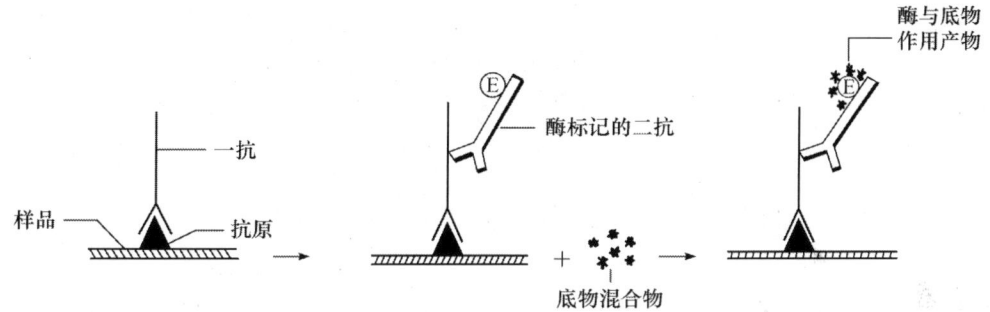

图 7-3 间接法免疫酶的反应机制模式图

（三）铁蛋白标记免疫电镜

铁蛋白标记抗体可用于细胞表面和细胞内部相应抗原的定位及定性，也分为直接法和间接法，其具体原理见图 7-4。

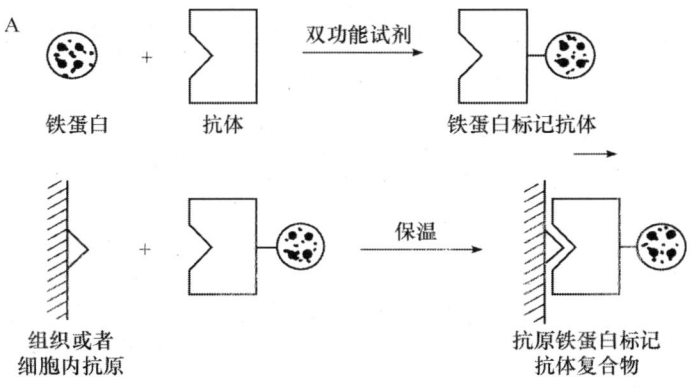

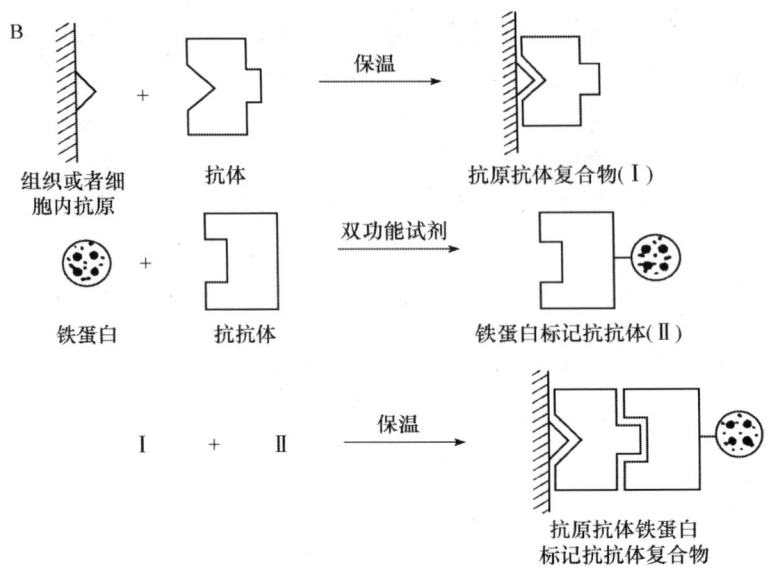

图 7-4 免疫铁蛋白技术原理
A. 直接法；B. 间接法

第二节 免疫电镜细胞化学制样方法

免疫电镜细胞化学定位技术的目标是既能将抗原准确定位甚至定量，又能观察到近似于生活状态下的细胞超微结构。免疫电镜标本的结构保存与抗原活性保存问题之间的矛盾贯穿于免疫电镜技术的全过程。为了尽可能取得理想的结果，必须选择合适的固定剂，并对具体的免疫标记方法进行严格的实验设计。

一、样品的前期处理

（一）取 材

不同实验材料取样的方法和技术不同。植物细胞由于有细胞壁，所以取样要尽量的小。动物组织需要先进行灌注固定，取其组织并切成约 2 mm×2 mm×1 mm 大小的组织块，再进行固定。游离培养细胞要经过离心（800 r/min，3~5 min），去上清液后再用等渗的磷酸缓冲液（PBS）清洗 1~2 次，然后再固定。贴壁细胞要将其培养在玻片上，做好正反面标记；用 PBS 轻轻冲洗后立即固定；也可用胰酶将细胞消化下来，按游离细胞的制备方法制备。

（二）固 定

1. 固定液的选择

免疫电镜样品固定的目的是既要保存细胞的超微结构，又要尽可能地保存抗原的活性。由于固定剂对抗原的活性都会产生不同程度的影响,为了取得最佳效果,应通过预备实验或参考相关文献来确定固定剂的种类,以及最适宜的浓度、温度、pH 及固定时间等。常用的免疫电镜标本固定液如下。

(1) PG 固定液（多聚甲醛加低浓度的戊二醛）：对细胞超微结构保存较好,但对抗原性有一定影响。有如下几种方法：①1%多聚甲醛加 0.01%～0.05%戊二醛；②4%多聚甲醛加 0.05%～0.5%戊二醛；③2%多聚甲醛加 0.25%戊二醛,结合微波固定。

(2) PLP 固定液（过碘酸盐-赖氨酸-多聚甲醛混合固定液）：对超微结构及许多抗原的活性保存较好,较适用于富含糖类的组织。混合液各成分浓度如下：0.01 mol/L 过碘酸钠；0.075 mol/L 赖氨酸；2%多聚甲醛；0.037 mol/L 磷酸缓冲液。

(3) PAPG 固定液（苦味酸-多聚甲醛-戊二醛固定液）：苦味酸穿透迅速,可在不影响抗原活性的前提下沉淀蛋白质,改善对膜和胞质的保存。当不能采用高浓度的戊二醛与锇酸进行后固定时适用此法。固定液各成分含量：4%多聚甲醛；15%（V/V）苦味酸；0.5%戊二醛；pH 为 7.3。

2. 固定方法与时间

(1) 浸泡固定：将动物、植物组织块切小后立即投入到固定液中,4℃下固定 2～4 h。

(2) 血管灌注固定：是动物材料固定效果最好的方式,能使超微结构得到很好的保存。详情见第二章第三节常规电镜制样技术。

(3) 微波固定：游离细胞微波固定 5 s（高火,功率 600～800 W）后,室温下漂洗 10 min。组织块微波固定 5～10 s（高火,功率 600～800 W）后,室温下漂洗 1 h。

二、样品包埋

根据免疫标记与标本包埋之间的先后顺序不同,免疫电镜技术可分为包埋前免疫电镜技术（pre-embedding IEM）和包埋后免疫电镜技术（post-embedding IEM）（图 7-5）。这两种技术具有各自的优缺点及应用条件,应用时可根据具体的标本、抗原部位及性质并结合实验室的具体条件选择恰当的方法。

（一）包埋前免疫电镜技术

包埋前免疫电镜技术是指先对标本进行免疫标记,然后进行包埋、超薄切片并观察结果。其优点是：①切片在免疫染色前不经锇酸固定、脱水、树脂包埋及高温聚合的过程,对抗原活性影响小；②抗原暴露充分,阳性检出率高,非特异染色性小；③免疫标记后还可进行半薄切片,在免疫反应阳性部位做定位超薄切片,从而进一步提高电镜的检出率；④免疫标记完毕后用戊二醛与锇酸再次固定组织,可使抗原抗体的结合更加牢固,并有利于膜结构的保

图 7-5 免疫电镜包埋前、包埋后染色流程图

存。其缺点是在标记细胞内抗原时会受到标记抗体的穿透性限制。

细胞膜表面抗原的标记常常选择包埋前免疫电镜技术，但对细胞内抗原标记却受到标记抗体的穿透性限制。为了提高对细胞内抗原的标记率，可以采取如下措施（表 7-2）。

表 7-2　提高对细胞内抗原的标记率的措施

措施名称	具体操作	优缺点
切厚片	冰冻切片：用恒冷箱冰冻切片机将固定后的组织块切成 8 μm 左右的厚片 震动切片：震动切片可以切出 20～300 μm 的厚片	冰冻切片操作比较方便，但抗体只能与切片的一面接触，所以会在一定程度上影响标记的阳性率 震动切片过厚，免疫试剂仅能穿透切片表面 8～9 μm，而更深层的组织不易被标记
增加细胞膜的通透性	用 0.1% TritonX-100 等活性剂处理 5～8 min，以增加细胞膜的通透性	化学物质会对超微结构产生破坏，应根据不同的组织、细胞严格控制活性剂的浓度与处理时间。也可用冻融的方法增加细胞膜通透性，不过标本要先进行防冰晶处理
选用相对分子质量较小的标记物	IgG F (ab)-1 nm 金作为标记物。采用标记后银加强染色的纳金包埋前标记法	定位比酶标抗体精确，被广泛用于膜受体的精确定位

（二）包埋后免疫电镜技术

包埋后免疫电镜技术指样品经固定、树脂包埋、超薄切片等步骤后，在超薄切片上进行免疫化学标记的方法。此法有如下优点：①可对同一组织块的连续切片做各种对照免疫标记，能十分准确地解释免疫标记结果；②能在同一张切片上进行多重免疫标记；③实验阳性结果重复性高、方法简便可靠。此法的缺点在于：①抗原在脱水、浸透及树脂包埋过程中可能被破坏；②抗原被树脂遮盖，不易与抗体接触，使免疫标记的阳性率下降；③后固定剂锇酸对抗原的破坏较严重等。为了得到精细的超微结构并提高阳性标记率，必须注意以下几个方面。

（1）固定剂的选择：常选用 PAPG 固定液。苦味酸能使膜脂蛋白得到较好的保存，即使在不用锇酸做后固定的情况下，也能得到较清晰、连续的细胞膜结构。

（2）包埋剂的选择：用环氧树脂包埋时，组织必须先进行完全脱水，然后在 60℃温箱中聚合，这样会影响抗原性。该包埋剂还会与组织中蛋白质产生共聚合，所以在免疫标记前，超薄切片必须先用 5%～10% H_2O_2 蚀刻以脱去包埋剂，暴露抗原。但蚀刻过程会影响超微结构，同时影响抗原性，因此用环氧树脂包埋的组织做包埋后免疫标记，成功率相对较低。

目前，在包埋后免疫电镜中应用最广的两种包埋剂有低温包埋剂 Lowicryl 系列及水溶性包埋剂 LR White。这两种包埋剂均为丙烯酸树脂，不会与抗原产生共聚合，因此超薄切片无须蚀刻就可直接进行免疫标记。低温包埋剂 Lowicryl 能在低温下（−80～−35℃）用紫外线（波长 315～360 nm）聚合，避免了高温对抗原性的负面影响，提高了阳性标记率。Lowicryl 对蛋白 A 胶体金的非特异性吸附较少，因此对温度敏感的抗原可选择使用低温包埋剂。

LR White 包埋剂也具有许多独特的优点。①聚合不需低温，可在 50℃聚合；②水溶性好，对脱水的要求不高，70%乙醇脱水后便可进行；③对脂类的溶解度较低，可较好地保存抗原性；④即使不用锇酸，也能较好地保存膜结构与细胞器；⑤本身对抗体无亲和力，也不妨碍它们与抗原结合，在电子束的轰击下较稳定，不需做支持膜。因此，LR White 包埋剂适合对脱水较敏感样品和含脂类较多样品的包埋。

知识点 7-1　几种常见的包埋方法

Lowicryl K4M

(1) 组织脱水、浸透：在 4℃下，于 30%乙醇中 5 min；50%乙醇中 5 min；70%乙醇中 5 min。在－10℃下，于 90%乙醇中 30 min。在－20℃下，于 1∶1 的完全包埋剂∶90%乙醇中 1 h；2∶1 的完全包埋剂∶90%乙醇中 1 h；100%完全包埋剂中 1 h；100%完全包埋剂中过夜。

(2) 将组织转移到胶囊中，然后填入包埋剂并盖上胶囊盖子，以隔绝氧气。

(3) 在－20℃的紫外灯聚合箱内聚合 24 h。胶囊应放置在离紫外灯 10 cm 处。为了完全聚合，必须让标本在紫外灯下继续放置 2 周（－20℃或室温）。

注意：包埋剂用前配制，混匀后抽真空 15~30 min 以去除其中的气体。配制时应戴手套并在操作箱中进行，以避免皮肤接触和吸入。

LR White

(1) 组织脱水、浸透：样品在 50%乙醇中 30 min；75%乙醇中 30 min；95%乙醇中 30 min；1∶1 的 LR White∶95%乙醇中 1~2 h；2∶1 的 LR White∶95%乙醇中 1~2 h；100%LR White 中 1~2 h；100%LR White 中 3 h 以上或过夜。

(2) 将组织转移到胶囊中，在胶囊中装满 100%LR White，盖上胶囊盖子隔绝氧气。

(3) 在 50~55℃聚合 40 h。

注意：LR White 在 4℃条件下能稳定一年，打开前应先在室温中放置一段时间，使其温度接近室温。

LR Gold

(1) 组织脱水、浸透（脱水浸透时标本应放在有盖的玻璃瓶中）：在 0℃下，于 50%丙酮中 5 min；50%丙酮中 45 min；70%丙酮中 45 min；90%丙酮中 45 min；1∶1 的 LR Gold∶90%丙酮中 1 h。在－20℃下，于 7∶3 的 LR Gold∶90%丙酮中 1 h；100%LR Gold 中 1 h；100%LR Gold 中 5 h 以上或过夜。在－20℃下，于 100%LR Gold+initiator（0.5%benzoin methyl ether）中 1 h；100%LR Gold+initiator 中 5 h 或过夜。

(2) 将组织转移到胶囊中，在胶囊中装满 100%LR Gold+initiator，盖上胶囊盖子隔绝氧气。

(3) 在－20℃的紫外灯聚合箱内聚合 24 h，胶囊应放置在离紫外灯 10 cm 处。

注意：操作步骤较繁琐，实验过程中一定要细心。

第三节　胶体金标记免疫电镜技术

自从 1971 年 Faulk 和 Taylor 报道了应用胶体金标记抗体检测细菌表面抗原以来，胶体金标记物已被广泛用于电镜水平的免疫标记。胶体金是目前应用最广的免疫电镜标记物。

一、胶体金的性质

胶体金是一种带负电荷的疏水胶，它由胶核（金颗粒）、吸附层和扩散层组成

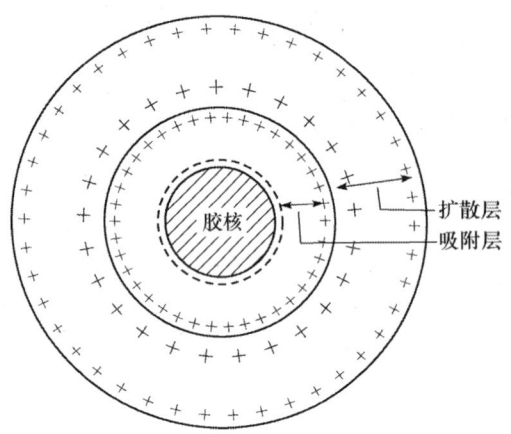

图 7-6 胶粒的双电子层结构示意图

(图 7-6)。胶体金粒子大小不同,颜色亦不同。胶体金颗粒直径在 5～20 nm,吸收光波长为 520 nm,溶液呈葡萄酒红色。直径在 20～40 nm 之间胶体金吸收光波长为 530 nm,液体为深红色;直径为 60 nm 胶体金吸收光波长为 600 nm,溶液呈蓝紫色。胶粒间的相互吸引力、胶粒大小、吸附层和扩散层厚度均会影响溶胶稳定性。

胶体金作为标记有如下优点。

(1) 胶体金能稳定并迅速地吸附蛋白质,而且蛋白质的生物活性不发生明显改变。除了抗体-胶体金外,还可以制备蛋白 A-胶体金、卵白素-胶体金、植物凝集素-胶体金等用于免疫电镜。

(2) 电镜下金颗粒电子密度高、呈圆形且界限清晰,易于辨认。其定位比酶反应物更精确。

(3) 金标记物易于制备,并可以根据需要制备不同大小(直径 1～150 nm)的胶体金(图 7-7),因而可以进行免疫电镜的双重或多重标记。

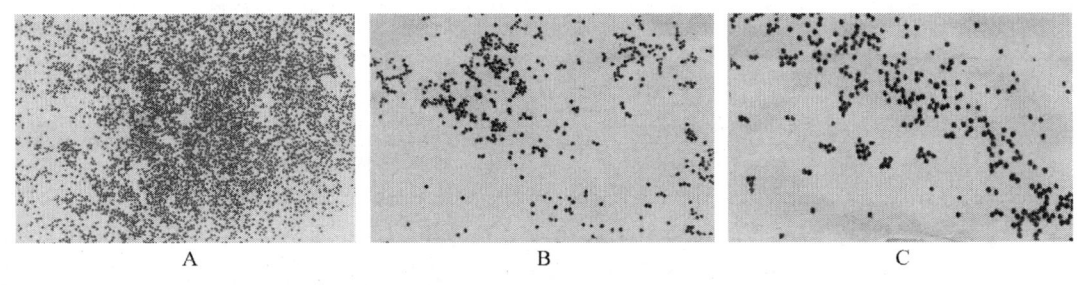

图 7-7 不同直径大小的胶体金(50 000×)
A. 直径 5 nm 胶体金颗粒;B. 直径 10 nm 胶体金颗粒;C. 直径 15 nm 胶体金颗粒

(4) 金标记物能发射强烈的二次电子,也可作为扫描电镜免疫细胞化学的理想标记物。胶体金还能用于冷冻蚀刻标本的免疫标记。

(5) 金经过银显影增强后,金颗粒外周吸附大量银颗粒而呈现黑色或黑褐色,因此也能用于光学显微镜观察。

二、胶体金的制备

制备胶体金的方法很多,多采取烧煮氯化金酸和还原剂的溶液来制备胶体金。在还原开始阶段,金离子被还原成金原子并聚集形成微结晶,随着更多的氯化金被还原,微结晶变大直到所有的氯化金被还原。还原剂的种类和浓度决定了结晶核形成和结晶核的生长,因而决定了颗粒的最终大小。通过改变还原剂的种类与浓度,可以制备不同大小

(直径 1~150 nm) 的金颗粒。

(一) 制备胶体金所需材料

(1) 去垢剂。
(2) 去离子重蒸水 (新鲜烧制)。
(3) 10%氯化金酸 (chloroauric acid; $HAuCl_4 \cdot 2H_2O$): 将 1 g 的氯化金酸用 10 mL 去离子重蒸水溶解成 10%氯化金酸水溶液,可在 4℃冰箱内避光保存。
(4) 1%柠檬酸三钠 [trisodium citrate, $Na_3(C_6H_5O_7 \cdot 2H_2O)$],新鲜配制。
(5) 1%鞣酸 (tannic acid),新鲜配制。
(6) 0.025 mol/L 碳酸钾: 取 34 mg 碳酸钾加去离子重蒸水至 10 mL。
(7) 1 mol/L 硫氰酸钠 (sodium thiocyanate, NaCNS): 将 81 mg 硫氰酸钠加去离子重蒸水至 10 mL,新鲜配制。
(8) 0.2 mol/L 碳酸钾: 取 276 mg 碳酸钾加去离子重蒸水至 10 mL。
(9) 磁力加温搅拌器 1 个,搅拌子数只。
(10) 玻璃器皿: 250 mL 烧瓶 1 只,100 mL 带盖玻璃瓶 2 只,50 mL 烧瓶 1 只。

(二) 制备过程

1. 玻璃器皿的处理

器皿的清洁度对还原过程的启动有着重要作用,污染会干扰胶体金颗粒的生成,造成颗粒大小不均一或液体浑浊。因此,用于制备胶体金的所有玻璃器皿、搅拌棒、搅拌子等必须绝对清洁。将玻璃器皿放在去垢剂中煮沸,用自来水将去垢剂冲洗干净后,再用新鲜烧制的去离子重蒸水冲洗 10~15 次。理想条件下应将玻璃器皿硅化。

2. 胶体金制备方法

(1) 柠檬酸三钠还原法: 在 250 mL 烧瓶中加入 100 mL 去离子重蒸水及 10 μL 10%的氯化金酸,将其放在磁力加温搅拌器上加热至沸腾,然后在剧烈搅拌下迅速加入 4 mL 新鲜配制的 1%柠檬酸三钠,溶液很快变蓝,5~7 min 后变红,继续加热 2~3 min 直至溶液变为橙红色,此时反应达到终点。让溶液继续煮沸 5 min,冷却后将其转移到干净的、带旋盖的玻璃瓶中即可。胶体金应在 4℃下避光保存。为了防止水分蒸发而改变溶液中各种成分的浓度,加热时应给烧瓶加盖。

通过改变柠檬酸三钠的用量可以制得不同颗粒大小的胶体金 (表 7-3)。

表 7-3 柠檬酸三钠用量与胶体金颗粒直径的关系

0.01%氯化金酸用量/mL	1%柠檬酸三钠用量/mL	胶体金颗粒直径/nm	0.01%氯化金酸用量/mL	1%柠檬酸三钠用量/mL	胶体金颗粒直径/nm
50	2	10	50	0.5	41
50	1.5	15	50	0.3	71.5
50	1	16	50	0.21	97.5
50	0.75	24.5	50	0.16	147

(2) 鞣酸-柠檬酸钠还原法（Slot and Geuze, 1985）：根据制备不同直径胶体金所需试剂的量，分别制备 A、B 两液（表 7-4）。A、B 两液同时水浴加热至 60℃，并保持恒温；在磁力搅拌器下将 B 液迅速加入 A 液，继续搅拌并使温度保持在约 60℃直至溶液变为亮红色，表示胶体金已经生成。将冷却后的胶体金溶液转移到干净的、带旋盖的玻璃瓶中，4℃避光保存。此法可以通过改变鞣酸用量来制备出不同直径的胶体金颗粒。

表 7-4 鞣酸-柠檬酸钠还原法

直径/nm	A 液			B 液		
	1%氯化金酸	重蒸水	1%鞣酸	1%柠檬酸钠	0.1 mol 碳酸钾	重蒸水
3.3	1	79	4	4	0.2	11.8
5	1	79	0.7	4	0.2	15.1
10	1	79	0.1	4	0.025	15.875
15	1	79	0.01	4	0.0025	15.987

三、蛋白质-胶体金的制备

胶体金除了与抗体结合外，还能与蛋白 A、凝集素、酶、毒素及其他蛋白质结合，这样能为电镜提供非常多的探针。但是胶体金与蛋白质结合的机制目前尚不明了。胶体金是一种带负电荷的疏水胶，其颗粒表面不仅带负电荷，而且表现出疏水的特性。在与蛋白质结合的时候，必须将胶体金的 pH 调至被标记蛋白质的等电点略偏碱（使其 pH 高于蛋白质等电点 0.5），使蛋白质的净电荷接近零或略带负电荷。这样能在保持疏水作用力的同时，防止由于静电吸引所致的蛋白质聚集，促进蛋白质与胶体金的结合。

（一）蛋白质-胶体金探针制备的一般步骤

1. 待标记蛋白质和金溶胶的处理

蛋白质在低盐和略高于等电点的 pH（pH 高于等电点 0.5）条件下才能与胶体金稳定结合，因此在制备蛋白质-胶体金探针前必须将蛋白质进行透析除盐。常用蒸馏水或 5 mmol/L NaCl 透析。长期低温保存的蛋白质（特别是浓度超过 2 mg/mL 的蛋白质）很容易形成聚集物，这些聚集物会影响标记过程和胶体金探针的稳定性，因此在标记前蛋白质必须经微孔滤膜过滤或离心（100 000 g，4℃下离心 1 h），以除去聚集物。

用 0.1 mol/L K_2CO_3 或 0.1 mol/L HCl 将胶体金溶液的 pH 调至待标记蛋白质的等电点略偏碱（pH 高于蛋白质等电点 0.5），便于蛋白质与胶体金的结合。常用蛋白质的等电点见表 7-5。

表 7-5 胶体金合成中各种蛋白质、酶的等电点

蛋白质	pH	蛋白质	pH
IgG	9	DNA 酶	6
F(ab)$_2$	7.2	RNA 酶	9～9.2
McAb	8.2	低密度脂蛋白	5.5
SPA	5.7～6.2	亲和素	10～10.6

续表

蛋白质	pH	蛋白质	pH
HRP	7.2~8	链霉亲和素	6.4~6.8
BSA	5.2~5.5	凝集素（lectin）I	8
胰岛素-BSA 结合物	5.3	大豆凝集素	6.1
亲和层析 IgG	7.6		

2. 确定稳定胶体金所需蛋白质的量

1）目测法

将 1 mL 胶体金加入到含 0.1 mL 逐级稀释（5~40 μg）的蛋白质的试管中，混匀后静置 10 min，然后在每管中加入 0.1 mL 浓度 10% 的 NaCl。若加入的蛋白质的量不足以稳定胶体金，则液体的颜色就会由红变蓝；当蛋白质的量达到最低稳定量时，液体的颜色则保持红色不变。在此基础上再加 10% 的量即为稳定 1 mL 胶体金所需蛋白质的实际用量。在测量用鞣酸制备胶体金的蛋白质结合量时，必须先在胶体金中加入 0.1% H_2O_2，以便能裸眼观察到溶液颜色的改变。若裸眼不能观察到溶液颜色的变化，可以通过测定 510~550 nm 吸收值来定量。

2）光电比色法

配置一系列不同浓度蛋白质溶液（1 mL），置于不同试管中，分别加入 5 mL 胶体金，混匀；再加入 1 mL 10%NaCl 溶液，摇匀。静置 5 min 后，取各试管溶液在分光光度计下测吸收值（OD 值），使用光波长为 510~550 nm。以 OD 值为纵坐标、蛋白质用量为横坐标作一曲线，取曲线最先与横轴相接近点的蛋白质用量，即为最适稳定量（图 7-8）。图中 10 nm 的胶体金溶液中蛋白质的最适稳定量为 45 μg/mL。

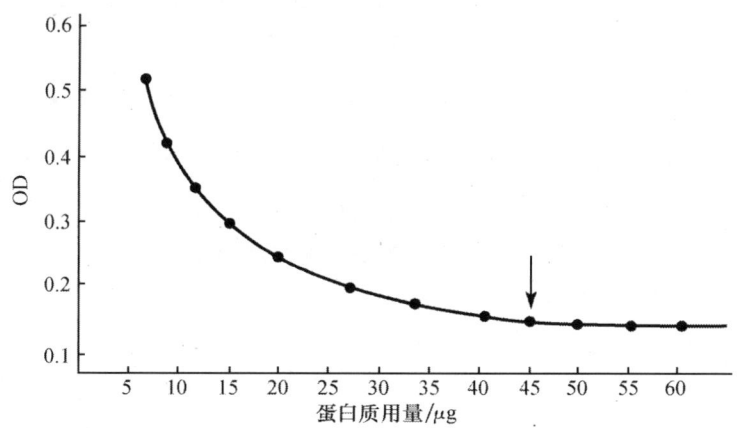

图 7-8　蛋白质最适稳定量示意图

3. 胶体金与蛋白质偶联

在磁力搅拌下，将 10 mL 胶体金加入到 0.2 mL 蛋白质溶液中（含稳定胶体金所需的蛋白质的实际用量），混匀后静置 10 min。加入 1%PEG，使其最终浓度为 0.04% 以增强探针的稳定性；也可加入牛血清白蛋白（BSA）水溶液，使其终浓度为 1%~5%，同样可达到稳定探针的目的。若想一批制备大量的胶体金探针，则应分成数次偶联，每次仍以制备 10 mL 胶体金为宜。

4. 蛋白质-胶体金探针的纯化

通过纯化，可以去除多余的蛋白质或未结合的胶体金颗粒。纯化方法有两种：一种是超速离心法，另一种是凝胶过滤法。

（1）超速离心法：根据胶体金颗粒的大小及蛋白质的种类不同，离心的速度和时间也不同（表 7-6）。通过离心可以去除多余的蛋白质或多余的胶体金，达到纯化蛋白质-胶体金复合体的目的。

表 7-6　几种免疫金探针离心纯化的条件

胶体金颗粒/nm	pH	标记蛋白质	离心力/g	时间/min
5	9.0	羊抗人 IgG	45 000	45
10	8.2	McAb	45 000	30
15	6.5	链霉亲和素	120 000	45
20	6.0	SPA	120 000	30
10	9.0	羊抗兔 IgG	120 000	60

（2）凝胶过滤法：将蛋白质-胶体金复合物装入透析袋内，置硅胶或 PEG 中浓缩至原体积的 1/10 左右。用蒸馏水冲洗软化透析袋后，取出浓缩液离心（15 000 r/min，15 min）。取上清加到 Sephacryl S-400 层析柱上分离纯化，柱床高 20 cm，直径 0.8 cm，加样体积为柱体积的 1/10。用 0.02 mol/L TBS（含 0.1%BSA；0.05% NaN_3；pH 为 8.2 用于 IgG-胶体金，pH 为 7.0 用于蛋白 A-胶体金）洗脱，流速为 8 mL/h。按红色深浅分管收集洗脱液（每管 2 mL）。先滤出的液体呈淡红色，内含大颗粒聚集物。纯化的金探针滤出液随浓度增加而红色逐渐加深，清亮透明。

（二）胶体金探针的质量鉴定

1. 胶体金颗粒直径的透射电镜测定

在有碳-formvar 膜支持的载网上滴一滴胶体金，1～2 min 后，用滤纸吸去过多的胶体金；在空气中干燥后，透射电镜下观察并测量金颗粒的直径。

2. 滤纸模型或硝酸纤维纸模型免疫细胞化学染色鉴定

在宽 0.8 cm 滤纸或硝酸纤维膜上自上而下分别滴 2 μL 逐级稀释的抗原（0.9～900 pmol/μL），另加 3 条作为对照条。将含抗原的滤纸放在密闭的容器中，用多聚甲醛蒸气（80℃）固定 1 h，然后进行免疫染色。

（1）用 0.05 mol/L TBS（pH 7.4）浸湿。

（2）用 1∶5 稀释的正常血清（与一抗同种的动物血清）在室温下于湿盒内孵育 10 min。

（3）用不同稀释比例的一抗各孵育一条滤纸，在室温下于湿盒内孵育 1 h。

（4）用 0.05 mol/L TBS（pH 7.4）洗 3 次，每次 5 min；0.02 mol/L TBS（含 0.1%BSA，pH 7.4）洗 5 min。

(5) 用适当稀释的胶体金探针（1∶10～1∶20）在室温下于湿盒内孵育 30 min。

(6) 用 0.02 mol/L TBS（含 0.1% BSA，pH 7.4）洗 5 min；0.05 mol/L TBS（pH 7.4）洗 3 次，每次 5 min。

(7) 用去离子蒸馏水洗 5 次，每次 5 min。

(8) 用银显影液显色 3～5 min。

(9) 用去离子蒸馏水洗 5 次，每次 5 min，晾干后肉眼观察。阳性染色深而背景色浅的为最佳一抗和二抗的稀释度。

对照：①以 TBS 代替抗原；②以正常血清代替一抗；③省去二抗。对照组应为阴性。

3. 分光光度计测定 A 值

胶体金的吸收峰在 510～550 nm 之间，颗粒越大吸收波长也越大，测 520 nm 的 A 值可计算胶体金生产质量。将超离心纯化的胶体金标记抗体稀释至 1∶20 时，A_{520} 值为 0.25。一般电镜免疫胶体金标记时，将胶体金探针稀释至 A_{520} 值为 0.2～0.4。凝胶过滤法纯化的胶体金探针，不同收集管中的浓度不一，应按实际浓度稀释使用。

四、胶体金标记免疫电镜制样

（一）包埋前胶体金标记免疫电镜制样

胶体金探针（>3 nm）即使在使用穿透剂的情况下也不易穿透细胞，因此常常用于细胞表面抗原的标记。包埋前免疫标记时，在标本未作固定或轻微固定后进行免疫染色，染色后再用 2% 戊二醛+2% 多聚甲醛固定以获得较好的超微结构保存。这种方法特别适用于标记对固定剂敏感的抗原。在标记细胞膜表面成分时，应注意免疫标记可能会引起细胞膜成分的重分布。抗体与未固定或轻微固定的细胞膜成分的结合可能会引起这些分子的聚集、成帽或内吞。通常用含低浓度戊二醛的固定液作短暂固定，能有效防止膜分子的重分布。下面举例说明应用包埋前胶体金标记技术标记细胞表面和细胞内抗原的方法。

1. 细胞表面抗原标记（间接法）

(1) 细胞用 Dulbecco's PBS（pH 7.4，下同）洗 2 次，每次 20 min。

(2) 用 0.5% 戊二醛+2% 多聚甲醛混合液（pH 7.4，下同）在室温下固定 0.5～1 h。

(3) PBS 漂洗 3～5 次，20 min。

(4) 0.1 mol/L 甘氨酸（用 PBS 配制）漂洗 5 min。可灭活自由醛基，减少非特异性染色。

(5) 1% BSA 的无钙镁 Dulbecco's PBS 漂洗 15 min，以阻断对一抗的非特异性结合。

(6) 适当稀释第一抗体（浓度为 1～5 μg/mL，用含 1% BSA 的无钙镁 Dulbecco's PBS 稀释）孵育细胞 1～2 h，Dulbecco's PBS 漂洗 5 次，每次 5 min。

(7) 胶体金探针（二抗-胶体金、蛋白 A-胶体金，1～5 μg/mL）孵育细胞 30 min。

(8) Dulbecco's PBS 漂洗 5 次，5 min。

(9) 2% 戊二醛+2% 多聚甲醛（用 0.1 mol/L 二甲胂酸钠缓冲液配制，pH 7.4）混合液再固定细胞 1 h。

（10）二甲胂酸钠缓冲液漂洗 3 次，每次 10 min。1% 锇酸后固定 1 h。常规脱水、包埋、超薄切片、铅铀染色和透射电镜观察。

对照组：省略一抗或用正常血清、正常 IgG 代替一抗，结果为阴性。

2. 细胞内抗原（间接法）

下面介绍纳米金标记-银加强染色法标记细胞内抗原的方法。

（1）细胞或组织用 0.5% 戊二醛 + 2% 多聚甲醛混合液（pH 7.4，下同）在 4℃ 下浸泡固定 4 h。PBS 漂洗 3～5 次，每次 20 min。

（2）震动切片，切片厚度约 50 μm。切片放入含 15% 甘油和 20% 蔗糖的 PBS 中浸泡，液氮速冻 0.5～1 min；PBS 迅速回温。PBS 漂洗 3～5 次，每次 5 min。

（3）用 0.1 mol/L 甘氨酸漂洗 10 min，灭活自由醛基。

（4）用含 1%BSA 的无钙镁 Dulbecco's PBS（下同）漂洗 15 min，阻断对一抗的非特异性结合。

（5）用稀释的第一抗体溶液在 4℃ 下孵育过夜，室温放置 2 h；PBS 漂洗 5 次，每次 5 min，除去未结合的一抗。用含 1%BSA 的 PBS 漂洗 15 min。

（6）用纳金标记的第二抗体进行孵育，室温 2 h。PBS 漂洗 5 次，每次 5 min。

（7）用 2% 戊二醛 + 2% 多聚甲醛再固定 0.5～1 h。0.1 mol/L 二甲胂酸钠缓冲液漂洗 2～3 次，每次 10 min。在暗室红色安全灯下进行银加强染色 10 min。

（8）1% 锇酸后固定 30 min，常规脱水，Epon 812 包埋，切片染色，电镜观察。

对照组：可省略一抗或用正常血清、无关抗体代替一抗，结果为阴性。

（二）包埋后胶体金标记免疫电镜制样和应用

包埋后免疫胶体金标记是应用最广泛的免疫电镜技术，样品经固定、包埋、超薄切片等步骤后在超薄切片上进行免疫染色。下面举例说明包埋后胶体金标记免疫电镜制样步骤（间接法）。

（1）细胞或组织样品用 PBS 洗 2 次，再用 0.5% 戊二醛 + 2% 多聚甲醛在室温下固定 0.5～1 h。用 PBS 漂洗 5 次，每次 20 min。

（2）0.1 mol/L 甘氨酸漂洗样品 5 min，灭活自由醛基。

（3）用 0.1 mol/L 二甲胂酸钠缓冲液或 PBS 漂洗样品 2～3 次，每次 10 min；随后在室温下用 1%～2% 锇酸后固定 1 h。

（4）系列丙酮脱水、环氧树脂包埋。环氧树脂（Epon，Spurr）包埋时会降低免疫标记的阳性率；而丙烯酸树脂（LR White，LR Gold，Lowicryl）有更强的亲水性，其免疫标记效果较好。

（5）超薄切片：切片呈金黄色为好。将超薄切片捞在镍网上。

（6）超薄切片蚀刻：可使用饱和过碘酸钠水溶液、1%H_2O_2 或乙醇盐（ethoxide）进行蚀刻，消除树脂对抗原的遮掩作用，充分暴露抗原。Epon 包埋的蚀刻时间约 10 min；LR White、LR Gold 应小于 5 min。去离子重蒸水冲洗切片 3～5 次，每次 10 min。

（7）1%BSA 或 5% 正常血清（无钙镁 Dulbecco's PBS 或 TBS 配制）孵育 15 min，阻断对第一抗体的非特异性结合。无钙镁 Dulbecco's PBS 冲洗切片 5 次，每次 10 min。

(8) 用适当稀释的第一抗体室温孵育 1~2 h；用无钙镁 Dulbecco's PBS 冲洗切片 5 次，每次 10 min。

(9) 室温下用适当稀释的胶体金探针（可以选择二抗-胶体金或蛋白 A-胶体金）孵育 30 min。用无钙镁 Dulbecco's PBS 冲洗切片 5 次，每次 10 min；双蒸水冲洗。

(10) 乙酸铀和硝酸铅双重染色，电镜观察。

对照组：省略一抗或用正常血清、正常 IgG 或无关抗体代替一抗，结果为阴性。图 7-9 显示利用胶体金免疫电子显微镜技术定位的酵母纺锤丝中的 4 种蛋白质：Spc72p、Cnm67p、Spc29p 和 Spc110p。

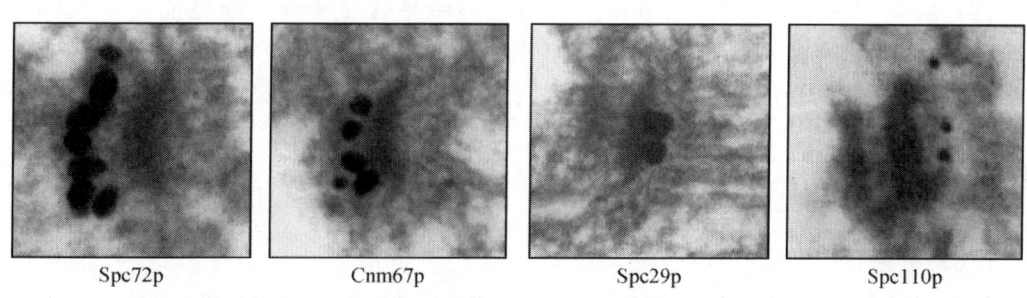

图 7-9　免疫电子显微镜技术定位蛋白质（Alberts et al.，2002）

（三）双重和多重免疫电镜技术

选用不同大小的胶体金颗粒同时标记 2 种或 2 种以上抗原的方法称为双重免疫标记或多重免疫标记。进行双重免疫标记时，一般选择 5 nm 和 20 nm 胶体金（图 7-10）；进行三重免疫标记时，则选择 5 nm、10 nm 和 15 nm 胶体金。

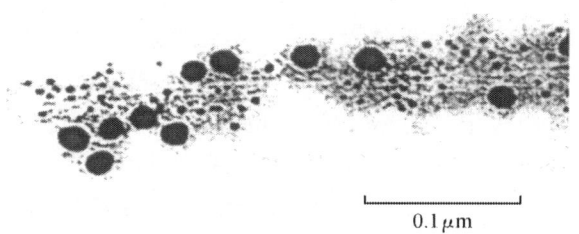

图 7-10　双标记菌毛上两种抗原
胶体金直径分别为 5 nm 和 20 nm

1. 单面阻断双重标记法

利用一面先后标记两种不同的组织抗原，第一抗体来源于同一种属动物产生的特异性抗体，如兔产生的 A 和 B 抗原。在进行双重标记时必须先后进行，而且两流程之间必须完全阻断（封闭）前一流程的游离结合位点，其流程如下。

(1) 按常规电镜制样技术进行取样、固定、脱水等步骤，然后用 Epon812（或其他包埋剂）包埋，并进行超薄切片。超薄切片厚为 80 nm 左右，贴在镍网（300 目）上。用 1% H_2O_2 温室蚀刻 10~20 min（超薄冰冻切片不需要）。

（2）0.01 mol/L（pH 7.4）PBS 漂洗 5 min。

（3）2%EA（卵蛋白）室温孵育 30 min。

（4）不漂洗，吸去多余卵蛋白；滴加适当稀释兔抗人 A 抗体，在 4℃下孵育 20 h；室温复温 1 h。用 0.01 mol/L PBS（pH 7.4，内含 1%BSA）漂洗 3 次，每次 5 min。

（5）SPA 金标探针（15 nm）1：20，在 37℃下，孵育 60 min。PBS 洗 3 次，每次 5 min；重蒸水漂洗 3 次，每次 5 min；空气干燥。

（6）将镍网置于密闭的玻璃容器内，用甲醛蒸气阻断前一流程的游离结合位点，80℃下，30~60 min。PBS 漂洗 3 次，每次 5 min。

（7）用 2%EA 室温孵育 30 min。滴加适当稀释第二种特异性兔抗人 B 抗体，在 4℃下阻断 20 h；室温复温 1 h；PBS 洗 3 次，每次 4 min。

（8）SPA 金标探针（5 nm）1：40 溶液中，在 37℃下孵育 60 min；PBS 漂洗 3 次，每次 4 min。

（9）戊二醛后固定 10 min，重蒸水漂洗 3 次，每次 3 min，空气干燥。铀、铅双重染色。PBS 漂洗 3 次，每次 4 min，晾干。

（10）电镜观察。

注意：①采用超薄冰冻切片双重免疫金标时，甲醛蒸气阻断前应将载网用甲基纤维素包埋，阻断后洗去，可防超薄切片污染。②应在双重免疫标记前对抗原进行甲醛封闭实验，抗原耐受能力强者放在后面标记。

2. 双面双重标记

把超薄切片贴在无支持膜的镍网上，将有超薄切片的镍网漂浮在液滴上，每次只染一面。由于抗体不能穿透环氧树脂，因此在超薄切片一面发生免疫反应，然后用同样的方法使另一面发生反应。操作中不能混淆染色面，也不能将抗体碰到切片的另一面，否则会影响结果。

3. 应用不同种动物产生的特异性抗体及相应的标记二抗标记（间接法）

用不同动物产生的特异性一抗，如兔抗人 A 抗原和鼠抗人的 B 抗原，在双重染色时两种一抗可以混合同时标记。金标二抗可分步染色，标记二抗可采用相应一抗动物来源的抗体，不会发生交叉反应。由于需要同时具备两种不同种属的特异性抗体和相应的二抗，且各种属动物之间 IgG 可能存在交叉结合，故此法应用并不普遍，其流程如下。

（1）按常规电镜制样技术进行取样、固定、脱水等步骤，然后用 Epon812（或其他包埋剂）包埋，并进行超薄切片。1% H_2O_2 作用载有超薄切片的镍网 5 min（室温）。0.01 mol/L PBS 洗（pH 7.2）3 次，每次 5 min。

（2）2%BSA（用 0.02 mol/L TBS 溶解，pH 7.6）处理，室温下 30 min。

（3）适当稀释兔抗 A 抗原及鼠抗 B 抗原，两液混合，滴加于镍网上，4℃下孵育 24 h。室温下复温 1 h。0.02 mol/L TBS（pH 7.4 含 1%BSA）漂洗 3 次，每次 5 min；0.05 mol/L（pH 8.2）TBS 洗 3 次，每次 5 min。2%BSA 室温孵育 30 min。

（4）用适当稀释的金标记二抗，在 37℃下孵育 60 min。0.05 mol/L（pH 8.2）TBS 洗 3 次，每次 5 min；0.02 mol/L（pH 7.6）TBS 洗 2 次，每次 3 min。

（5）2%戊二醛后固定 10 min；蒸馏水漂洗 3 次，每次 5 min。

(6) 铀、铅双重染色。PBS 漂洗 3 次，每次 4 min，晾干。
(7) 电镜观察。

注意：控制非特异性染色，提高阳性标记率的措施有：①选用效价高的第一抗体，适当增加抗体稀释度；②以 5%BSA 为阻断剂孵育 1 h；③胶体金直径小，非特异性高；④以丙烯酸树脂作为包埋剂包埋；⑤染色过程中轻轻振荡，切片保持湿润。

第四节　酶标记免疫电镜技术

近十几年来，免疫电镜金标的报道日益增多，酶标则相对较少。在实际工作中，有些组织金颗粒很难进入，仍需用酶标记才能完成。下面详细介绍酶标记免疫电镜细胞化学制样技术。

一、酶标记抗体方法

生物酶和抗体均为蛋白质，欲将二者结合，目前大致有三种方法：①使用某种双功能试剂（alifunctional reagent）或称架桥物质（如戊二醛），在二者之间进行化学架桥；②先用化学修饰法使抗体表面产生活性基团，然后使作为标记物的酶分子中的氨基或羧基与该活性基团结合起来；③抗体与标记酶不直接结合的非标记抗体法。

（一）戊二醛一步法（Avrameas 标记法）

本法简便易行，但所得产物质量不一，相对分子质量大（50 万以上）；抗体活性损失较大。

(1) 将下述物质边搅拌边混合。

0.1 mol/L 磷酸缓冲液（pH 6.8）	1 mL
抗体（IgG）	5 mg
辣根过氧化物酶	12 mg

(2) 在搅拌中滴入 1%戊二醛水溶液 0.05 mL，并在室温下继续搅拌 2 h。
(3) 用生理盐水在 4℃透析过夜，除去溶液中多余的戊二醛。
(4) 加入等体积的饱和硫酸钠沉淀抗体，并离心（3000 r/min）30 min。弃去上清液中的游离酶，反复盐析 3 次。加生理盐水溶解沉淀，透析或经葡聚糖凝胶 G-50 层析柱，除去硫酸铵，即得到酶标记抗体。

（二）戊二醛二步法（Avrameas-Ternyck 法）

本法制备的酶标抗体质量均一，相对分子质量小，活性比一步法高 10 倍以上，故较一步法常用。

(1) 取辣根过氧化物酶 10 mg 溶于 0.2 mL 1.25%戊二醛溶液（0.1 mol/L PBS 配制，pH 6.8）中，室温放置 18 h。
(2) 用生理盐水透析或经葡聚糖凝胶 G-25 除去戊二醛，再用生理盐水调至 1 mL。
(3) 加入 1 mL 含 5 mg 抗体（纯抗体或血清 IgG）的生理盐水。

(4) 加入 0.1 mL 0.01 mol/L 碳酸盐缓冲液（pH 9.5）混合，在 4℃放置 24 h。

(5) 加 0.1 mL 0.2 mol/L 赖氨酸（赖氨酸 0.29 g 加水至 10 mL），室温中放置 2 h。

(6) 半饱和硫酸铵沉淀 3 次，透析除去硫酸铵后离心（1000 r/min）30 min。

(7) 少量分装，冻干保存，或加入等量 60%甘油 PBS 防腐，4℃储存。用前按 1 mg 蛋白质加入 1 mg 小白鼠肝粉末吸收，除去非特异反应物质。

（三）酶标记抗体的过碘酸钠法

本法属于对酶或抗体加以化学修饰并使之结合的方法。HRP 中的氨基含量很少，用戊二醛交联虽方法简便，但结合物产率很低，一般只有 2%～5%的酶被结合到 IgG 上。与氨基相反，HRP 上的糖蛋白却较多，约 18%。糖分子对酶的活性影响不大，但难以直接与抗体的氨基进行反应，所以，用过碘酸钠使糖氧化，产生醛基，后者再与抗体的氨基进行反应。这样，HRP 就能更有效地与抗体结合。其操作步骤如下。

(1) 将 5 mg 辣根过氧化物酶溶于 1 mL 0.3 mol/L 碳酸氢钠（pH 8.1），加入 0.1 mL 1%二硝基氟苯无水乙醇溶液，室温下轻轻搅拌 1 h。

(2) 加 1 mL 0.04～0.08 mol/L 过碘酸钠，搅拌 30 min 后，溶液呈黄绿色。再加入 0.16 mL 乙二醇，继续搅拌 1 h。

(3) 对 1000 mL 0.01 mol/L 的碳酸盐缓冲液（pH 9.5）充分透析（4℃），共置换缓冲液 3 次。

(4) 加含 5 mg IgG 的碳酸盐缓冲液 1 mL，室温轻搅 2～3 h。

(5) 加 5 mg 硼氢化钠（$NaBH_4$），置 4℃下 3 h 或过夜。

(6) 对 PBS 透析 24 h，4℃离心去沉淀；用半饱和硫酸铵沉淀结合物 3 次，除铵，分装保存。

（四）抗体与标记酶不直接结合的非标记抗体法

酶和抗体的结合不是通过化学结合方法，而是通过抗原和抗体的特异性结合，形成酶-抗酶抗体复合物的方法，称为非标记抗体酶法，由 Sternberger 等（1970）创立。非标记抗体酶法包括酶桥法（enzyme bridge method）和过氧化物酶抗过氧化物酶法（peroxidase anti peroxidase method，PAP 法）。酶桥法利用第二抗体将与组织细胞抗体结合的第一抗体和抗酶抗体结合在一起。PAP 法是在检测时加入第二抗体后，再加入 HRP 和抗 HRP 的复合物，即 PAP 复合物。

下面以 PAP 法为例说明酶标记抗体的方法。首先用辣根过氧化物酶免疫动物制备抗酶抗体，HRP 和抗酶抗体通过免疫反应相结合形成免疫复合物，称为 PAP（peroxidase-anti-peroxidase，过氧化物酶抗过氧化物酶）复合物。该复合物具有酶的活性和抗体的活性。通过两级抗体 PAP 复合物与组织细胞内的抗原结合，第一抗体是检测抗原的特异性抗体，第二抗体是联系"桥"，它的两个 F(ab) 片段分别与特异性抗体和 PAP 复合物的 Fc 相结合，故要求特异性抗体和 PAP 复合物抗血清必须来自于同一动物。PAP 复合物和抗原结合后，通过 HRP 的酶促反应和 DAB 反应以及产物的进一步锇化，生成电子致密度高的锇黑，电镜下可以检出抗原。

PAP法灵敏度高，特异性强。因为在酶标抗体法中酶和抗体的分子比例是1∶1，而PAP复合物中含有2个HRP分子，灵敏度高20～25倍，可以大大地减少抗体的用量。

二、酶标记免疫电镜技术制样举例

（一）直 接 法

以检测样品是否感染病毒为例。①样品进行常规固定、包埋，然后进行超薄切片；②切片捞于镍网上，将切片放入辣根过氧化物酶标记的抗体孵育液中孵育2～4 h，PBS缓冲液冲洗3～4次，每次5 min；③用新鲜配制的DAB染色液染色数分钟，PBS缓冲液冲洗3～4次，每次5 min；④经锇酸染色后于电镜下观察拍照；⑤以不含酶标抗体的孵育液处理样品为对照。

（二）间 接 法

以烟草花粉母细胞微丝免疫电镜定位和观察为例说明。①将花药切成1 mm³左右的小块，用含2.5%戊二醛和4%多聚甲醛的固定液4℃固定2～4 h；②系列乙醇脱水，White LR包埋剂包埋，55℃聚合24 h；③超薄切片，切片厚度约100 nm；切片捞于镍网上；④切片经饱和$NaIO_4$溶液室温处理30 min，重蒸水洗4～5次，0.01 mol/L盐酸处理10 min，重蒸水洗4～5次；⑤1%BSA（溶于0.1 mol/L PBS，pH 7.4）封闭10 min；⑥1∶40稀释的兔抗肌动蛋白抗体（溶于PBS，含1%BSA）室温反应1 h，4℃下湿盒放置过夜，经pH 7.4和pH 8.0 PBS冲洗3～4次，每次5 min；⑦1%BSA（溶于PBS，pH 8.0）封闭10 min；⑧1∶80稀释的偶联辣根过氧化物酶的羊抗兔抗体（溶于0.1 mol/L PBS，含1%BSA）室温反应1 h，分别经pH 8.0和pH 7.4 PBS冲洗3～4次；⑨用新配制的DAB染色液染色7 min后，经pH 7.4的PBS和重蒸水洗4～5次；⑩经5%乙酸双氧铀染色10 min，或不经铀染，在电镜下观察拍照。对照以含1%BSA的PBS液代替兔抗肌动蛋白抗体处理样品，结果为阴性。

第五节 铁蛋白标记免疫电镜技术

铁蛋白标记抗体是由Singer（1959）首创的一种免疫细胞化学技术。这种技术曾广泛用于检测病毒和细胞膜表面的抗原，具有抗原抗体反应性好、能较正确地观察抗原分布等优点。目前铁蛋白标记法仍是一种最基本的技术。

一、铁蛋白制备

（一）铁蛋白的分布和性质

在哺乳动物体内，铁蛋白广泛分布在肝、脾、骨髓、小肠黏膜等器官中。标记用的铁蛋白一般从马的脾脏中提取。它呈红褐色，相对分子质量约80万，具有水溶性，等电点约4.6，在中性环境中带负电荷。

铁蛋白是一种球形的蛋白质，直径约 110 μm，中心由 4 个亚基组成。亚基中的铁胶粒子平均含铁量为 23%，为 2000～5000 个铁原子。亚基的外周包裹着一层低电子密度的蛋白质壳。铁蛋白的电镜图像呈瓣粒状，大小比较均匀一致，电子显微镜下较容易区别和鉴定。

（二）铁蛋白的获得

铁蛋白通常从马脾中提取，现在已有商品供应，但冰冻的或低压干燥的铁蛋白不能用于电镜研究。商品铁蛋白含量为 10%，保存在 4℃冰箱中。购买产品中含有蛋白酶杂质，使用前应进行提纯，方法如下。

（1）用消毒过的注射器取 1 mL 商品铁蛋白溶液，用 1000 mL 蒸馏水或 1%氯化钠透析 3 次，以除去重结晶过程中残留在铁蛋白中的硫酸镉。

（2）在离心机内以 200 r/min 的速度离心 10 min，除去大的聚合物。

（3）再用 3000 r/min 速度离心 1～2 h，使形成高铁蛋白小球；弃去上清液。

（4）用 1%盐溶液悬浮沉淀。

（5）将铁蛋白溶液通过由盐溶液平衡的琼脂糖-4B 柱，除去低聚物和酶等杂质。收集流出液，并测定蛋白吸收率。弃去前 1/3 的峰，取后 2/3 峰，再过一次柱可得到 98%的单体铁蛋白。

（6）用 50%饱和硫酸铵使铁蛋白沉淀，将沉淀物放在小的透析袋中，扎紧后用盐溶液透析，或者通过减压超滤法使铁蛋白浓缩。

（三）铁蛋白的鉴定

（1）光镜检查：取 6 次重结晶后的铁蛋白晶体，置载玻片上加盖片观察。在光镜下铁蛋白晶体呈金黄色或棕黄色四面体或八面体。

（2）电镜检查：将铁蛋白水溶液滴在载有支持膜的铜网上，加一滴 3%磷钨酸并在透射电镜下观察。可见铁蛋白分子为含 4 个电子致密区的球形蛋白分子，外被蛋白外壳直径约 12 nm，内核直径 7.5 nm。

二、铁蛋白和抗体的结合

大多数抗体-铁蛋白偶联物的特异性和活性都很低，而且抗体-铁蛋白偶联物通常是异质混合物。在这种混合物中既有抗体-铁蛋白，又有铁蛋白-铁蛋白和抗体-抗体偶联物，这样使抗体-铁蛋白偶联物的活性浓度降低。因此铁蛋白标记技术的关键在于铁蛋白与抗体偶联是否成功、偶联后能否脱落及其产量的高低。

铁蛋白与抗体偶联有许多方法，涉及的偶联剂主要有以下几种：水溶性碳化二亚胺、间苯二甲基二异氰酸盐（XC）、戊二醛。戊二醛作为偶联剂效果较好，对抗体活性影响小，标记抗体产量高。如何确定戊二醛、抗体、铁蛋白三者之间的比例关系，是获得高特异、高产量的标记抗体的关键。

具体方法为：在含 50～80 mg 铁蛋白的 0.1 mol/L 磷酸缓冲液（pH 7.0）中加入

0.1 mL 0.5%戊二醛,使其最终浓度为 0.05%~0.15%,总体积为 1 mL。在 37℃下作用 2 h,过 Sephadex G-25 柱除去未结合的戊二醛后,加入亲和纯化的抗体(铁蛋白与抗体之比为 5:1),在 37℃下作用 12 h;加入 0.01 mol/L 赖氨酸终止反应,再用饱和硫酸铵沉淀法提纯,即可得到抗体-铁蛋白偶联物。

三、铁蛋白标记抗体的纯化

铁蛋白标记抗体混合液中含有一些未标记的抗体球蛋白、铁蛋白及剩余的联结剂,这些物质会影响最终的实验结果,应除去。具体方法是将标记的抗体结合物在 4℃条件下加 1/3 体积饱和硫酸铵,使其成为 25%饱和度;4000 r/min 离心 15 min。上清为未标记的抗体和铁蛋白,弃去。沉淀物为棕黄色标记的铁蛋白抗体,即可得到纯化的标记抗体。将沉淀物溶于少量 0.1 mol/L 磷酸缓冲液(pH 7.2),过葡聚糖凝胶 G-25 柱,除盐,浓缩。

四、铁蛋白标记抗体的应用

(一)细胞内抗原定位(直接法)

(1)将待检组织切成 3~5 mm^3 的小块,浸入 5%甲醛中,在 4℃下固定 30~60 min。
(2)用冷 PBS 充分洗涤 10 min 以上。
(3)将组织块在干冰丙酮或液氮中速冻,室温中融化,重复 3 次。
(4)用振动切片机将组织块切成 20 μm 的厚切片。
(5)将厚片浸在兔抗人球蛋白抗体溶液中。
(6)用冷 PBS 在 4℃下充分洗涤 3 次,每次至少 10~15 min。
(7)组织浸入铁蛋白标记抗体溶液中,置室温 30~60 min。
(8)重复(6)步骤后,3000 r/min 下离心 10 min。离心后的沉淀物用 4%四氧化锇固定 30 min。
(9)分级丙酮或乙醇脱水。常规包埋,超薄切片,3%乙酸铅染色。
(10)电镜观察。对照:将标本用未标记的抗体处理,30 min 后洗涤,再用该抗体的铁蛋白标记物孵育,样品在电镜下呈阴性结果。

(二)细胞表面抗原定位(间接法)

(1)培养细胞或细胞块,5%甲醛固定 1~3 h。
(2)用 0.1 mol/L PBS 多次浸泡 2~3 h。
(3)用免疫兔血清(一抗)37℃孵育 1 h,PBS 洗涤 3 次,每次 10~15 min。
(4)用铁蛋白标记羊抗兔免疫球蛋白(二抗),在 37℃下孵育 1 h。
(5)0.1 mol/L PBS 洗涤 3 次,每次 10~15 min。
(6)1%四氧化锇后固定,脱水,环氧树脂包埋,超薄切片,铅铀双染。
(7)镜检:4 个电子致密区的球形铁蛋白分子指示抗原所在部位。

(8) 对照：样品用未标记的抗体（二抗）处理 30 min 后，再用铁蛋白标记的该抗体处理。前者阻止铁蛋白标记抗体的作用，使样品呈阴性反应。

第六节　其他免疫电镜技术和发展

一、冷冻超薄切片免疫电镜技术

不管是超薄切片技术还是负染制样方法，在样品制备的过程中，都要进行一系列的化学处理，或用金属进行电子染色，这些处理步骤可能把一些外来物质引进样品，也可能使样品中的物质丢失，引起样品超微结构和成分的人为改变。随着电镜分辨本领的提高及样品制备技术的发展，人们都希望观察到活体状态下细胞的结构和成分的变化情况。因此，人们发展了低温电镜技术（Cryo-EM）。

冷冻超薄切片免疫电镜技术是低温电镜技术的一种主要方法，其特点是组织不经过脱水包埋直接进行冷冻处理，在冷冻状态下进行超薄切片，然后进行免疫染色。该项技术能更好地保存生物大分子活性，极大地提高了免疫标记的敏感性，缺点是冷冻过程中超微结构会受到冰晶的破坏。1996 年，Liou 等改良了冷冻超薄切片技术，即用甲基纤维素和乙酸铀混合液（含 1.5%～2% 甲基纤维素、0.3%～3% 乙酸铀的水溶液）代替传统的蔗糖溶液作为冷冻切片机冷冻槽溶液。当样品从上述混合液中转移到镍网上时，超微结构得到了较好的保存。

电子显微镜的冷冻切片操作步骤分为：固定、蔗糖浸泡、超薄切片、切片收集、免疫标记和重金属染色。

1. 固定

戊二醛（GA）和甲醛（FA）是两种最常用的醛类固定剂。戊二醛能较好地保存超微结构，而甲醛则有利于保留免疫原性和抗原检测。常用多聚甲醛（PFA）解聚的方法来制备甲醛。

最佳的固定条件是能在保持超微结构、保留抗原性和检测抗原等诸因素之间达成一个最佳的平衡。寻找最佳固定条件的方法是测定不同固定条件制备的半薄冷冻切片中目标抗原的免疫荧光标记程度，从而确定最佳戊二醛和甲醛混合液配方。

2. 蔗糖浸泡和冷冻

Bernhard 和 Leduc（1967）用明胶浸泡组织块，然后再浸入甘油溶液作为低温保护剂。目前常用的是将样品浸泡在蔗糖中，特别是 2～2.3 mol/L 的蔗糖最常用。为了改善细胞切片特性，常使用蔗糖和聚乙烯吡咯烷酮（PVP）混合液。

（1）将样品在 2～2.3 mol/L 的蔗糖缓冲液中浸泡 30～60 min，或者在蔗糖和 PVP 混合液中浸泡 2 h 或更长时间。

（2）为了安装样品，可以将样品块放在安装钉上，使其方向与切轴方向一致。

（3）用镊子或止血钳夹住钉，放在液氮中。

3. 切片和切片收集

在超薄切片过程中，样品块的硬度需要根据所切切片的厚度来调整。由于切片越厚，产生的应力越大，所以要获得相对较厚的切片，包埋块要相对软些，否则切片容易震颤或碎裂。如果要获得较薄的切片，则包埋块硬度要相对大些，以抵抗切片产生的压力。切片和切片的具体收集过程见第四章。

4. 免疫标记

在完成染色之前，切片要保持湿润。另外，载网的背面应该一直保持干燥。如果载网的背面不小心粘上了水，应该用镊子夹住载网，用滤纸擦干。

1) 单标记

在冷冻切片中，先用牛血清白蛋白或明胶进行的"阻断"可用于降低非特异性标记。下面免疫标记步骤使用的阻断剂是 0.5%BSA。所有的免疫标记和重金属染色步骤均是在石蜡封口膜（Parafilm）上进行。

(1) 将载网浮在 0.5～1 mL 含 0.01 mol/L 甘氨酸和 0.5%BSA 的 PBS 溶液（简称 PBS-BSA）液滴上 5～10 min。

(2) 将 5～10 μL 含有第一抗体的 PBS-BSA 溶液滴放在 Parafilm 上，用抗表面张力镊子把每个载网从 PBS-BSA 溶液移到抗体溶液上，孵育 10～30 min。

(3) 用镊子将每个载网夹到少量的 PBS 液滴上清洗至少 1 min。放置 3 个较大的 PBS 液滴，用金属丝环将载网移至较大的液滴上，每隔 3 min 或更长时间将载网移入其中。如果研究的对象是膜结构，则用 PBS-BSA 来代替 PBS。

(4)～(6) 为重复 (1)～(3) 步骤，用第二抗体或附着 3～20 nm 金颗粒的蛋白 A 进行第二步免疫标记。

(7) 用 1%戊二醛将载网上的切片固定 10 min，以加强目标细胞结构完整性和抗体或蛋白 A 与切片的交联。

(8) 将网在水中清洗 4 次，每次 2 min，以备染色。

2) 平行双标记

从本质上说，它是平行地进行两个单标记，同时标记两个抗原。

(1) 将由两种不同动物对两个抗原产生的两个一抗混合（如兔抗 X 抗体和豚鼠抗 Y 抗体）。按前面所述对该混合液进行第一步标记。

(2) 交叉吸收两种动物 IgG 的抗体。

(3) 两个标记的二抗混合，然后平行地对这两个第一抗体进行第二步标记。

3) 戊二醛阻断的系列多重标记

尽管上面描述的系列双标记在很多情况下进行得很好，但由于在一些情况下，蛋白 A 与 IgG 的 Fc 区和 F (ab) 区都发生反应，以及胶体金标记的蛋白 A 与抗体的解离会显示错误标记。Slot 等（1991）利用抗体即 IgG 对戊二醛敏感而某些抗原不敏感这一优点，在完成第一个单标记后，用戊二醛固定切片，这样抗体 1（AB1）和蛋白 A（PA）都不再与下一阶段的抗体 2（AB2）或 PA 发生反应。重复此流程，这样就能成功地进行多重标记。

5. 染色

免疫标记的冷冻切片在染色之前必须用水彻底清洗。为了防止冷冻切片因干而受损，可用一层水溶性聚合物覆盖切片。切片可以用锇酸染色，再经铅铀染色后电镜观察。

二、冷冻蚀刻免疫电镜技术

（一）冷冻蚀刻技术简介

冷冻蚀刻技术（freeze etching）又叫冷冻复型（freeze replica）、冷冻断裂（freeze facture）。该技术是不经过化学固定和脱水，将生物样品进行冷冻，在冷冻的条件下断裂样品，使样品暴露内部结构，然后对断面进行一级复型，在电镜下观察复型，以研究样品内部结构的一种方法。冷冻蚀刻技术能劈断冻住的脆弱细胞结构，如生物膜疏水类脂双层，得到膜与细胞内部三维结构图像，是分子水平上研究膜结构的有效方法。为了进一步研究各种抗原物质和受体在膜上的分布，从 20 世纪 70 年代初期开始，冷冻蚀刻免疫电镜技术应用更广泛。80 年代以来建立了断裂标记细胞化学，使得不仅细胞膜的外表面（ES）能被标记，而且细胞膜断裂后，中央的两侧断面（EF 与 PF）及各种细胞器膜的表面、细胞质与核质都能被标记。

（二）冷冻蚀刻制样过程

详见第四章相关内容。

（三）冷冻蚀刻免疫电镜技术

1. 冷冻蚀刻表面标记免疫电镜技术

（1）新鲜或固定的培养细胞进行直接法或间接法免疫标记。

（2）PBS（pH 7.5）冲洗 2 次，每次 3 min；加入 1 mmol/L $MgCl_2$ 溶液洗 3 次，每次 3 min，离心沉集细胞。

（3）将细胞团置于小纸板上，入液氮冷却的 Freon 中冷却，取出入冷冻蚀刻仪中进行断裂操作，再于 -100℃蚀刻 1 min。

（4）制作断裂面复型。

（5）用次氯酸钠清洗复型，蒸馏水洗后进行透射电镜观察。

本法可显示断裂暴露的 PF，周围则是蚀刻后露出来的 ES，标记物只出现在 ES 上。

2. 断裂标记免疫电镜技术

此法是先进行冷冻断裂，再做免疫标记，从而可以对断裂开的各种膜结构及细胞质断面进行标记。

1）临界点干燥法

（1）固定：组织块经过 1%～2.5%戊二醛 PBS 液在 4℃下固定 1～2 h 后，再用 PBS 冲洗 3 次，每次 3 min。如为细胞悬液，可加入 30%BSA 后再加入 1%戊二醛，使 BSA 凝胶化，将凝胶切成 2 mm^3 左右的小块，用 30%的甘油-PBS 浸透后置于用液氮冷却的 Freon 中冷却。

（2）冷冻断裂：将冰冻的凝胶小块放在盛有液氮的培养皿中，培养皿放置于二氧化碳-液氮槽中，用预冷的解剖刀切割凝胶小块进行冷冻断裂。

（3）解冻，置碎块于 30%甘油-1%戊二醛磷酸缓冲液中解冻。

(4) 置换甘油：放入 1 mmol/L 氨基乙酰甘氨酸磷酸液去甘油，PBS 冲洗 2 次，每次 3 min。

(5) 免疫标记。

(6) 1%锇酸室温固定 30 min。

(7) 系列梯度乙醇脱水，临界点干燥，喷镀铂-碳膜。次氯酸钠清洗复型，蒸馏水洗，捞于有 Formvar 膜铜网上透射电镜观察。

2) 超薄切片法

(1)~(5) 同临界点干燥法。

(6) 1%锇酸室温固定 2 h，系列乙醇或丙酮脱水，常规电镜包埋。

(7) 切半薄片，光镜定位合适的断裂部位，再切超薄切片，铀铅染色，透射电镜观察。

断裂标记法目前文献中报道应用较多的是植物凝集素-胶体金免疫标记技术，常用的如刀豆球蛋白（Con A）-胶体金免疫标记技术。Con A 能与细胞膜中的甘露糖结合，能标记内质网膜、核被膜及细胞膜的 EF 面，有助于糖蛋白在超微结构水平的定位。

为保证实验结果的准确性，每组实验在免疫标记阶段应设立对照组。

三、扫描免疫电镜技术

免疫标记技术不仅能用于透射电子显微镜，也可用于扫描电子显微镜。扫描免疫电镜技术可为研究细胞或组织表面的三维结构与抗原组成的关系提供可能性。

（一）标 记 物

在选择标记物时应根据研究目的而定，如鉴别阳性（标记细胞）与阴性（未标记细胞），可用体积大的标记物；而要定位受体等则需选用较小的、易于辨认的标记物。

常用的标记物为颗粒性标记物，依其特性可分为以下三种。

(1) 胶体金颗粒：金属类颗粒标记物应用最为广泛，最常用的是胶体金。胶体金商品提供的直径从 3~150 nm 不等，扫描免疫电镜常用的金颗粒直径在 30~60 nm 为宜。由于金本身系重金属，有较强的发射二次电子的作用，故不需喷镀金属膜，这是胶体金应用于免疫扫描电镜的标记优于其他标记物之处。免疫金银染色能加强细胞或组织表面金属颗粒聚集的密度。金、银粒在电镜显示为电子密度高、外形清晰的颗粒，易于识别和定位（图 7-11）。

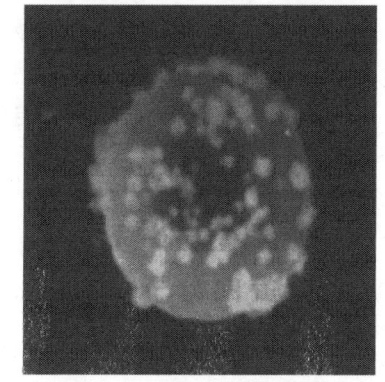

图 7-11 免疫扫描电镜金银标记技术应用于红细胞带 3 蛋白表达研究（15 000×）(倪灿荣等，2006)

(2) 蛋白类：铁蛋白由于含有致密的铁离子核心，具有较高的电子密度，因而可以作为电镜定位的标记物。血蛋白是由海螺类软体动物中提取的多分子聚合物，其外形为 35 nm×50 nm 的柱状体，多应用于病毒研究。

(3) 病原体类：如烟草花叶病毒、噬菌体 T4 等。

病原体标记物主要利用其特殊的外形和结构以达到标记定位的目的，如噬菌体 T4 形似星形的球拍，头部直径约 100 nm，呈六角形星状，尾长约 100 nm，由颈部与头部相接；烟草花叶病毒为 15 nm×30 nm 的杆状病毒。这些病原体的典型外形很易于辨认。

（二）免疫标记方法

金属类标记物的免疫标记法同切片免疫染色，即将标记物与抗体相结合，通过直接法或间接法显示抗原部位。胶体金可与蛋白 A 结合后与 IgG 分子中的 Fc 段相结合。免疫金银染色法在胶体金标记后，再进行银液显影。

病毒（包括噬菌体）标记物多采用不标记抗体法，即搭桥法。此法的原理是采用同种动物制备抗原的特异性抗体和标记物抗体（如兔抗 A 抗原与兔抗 HRP），再用另一种动物制备第一种动物血清抗体的抗体（如羊抗兔 IgG 抗体）。再利用后者为桥，把抗原的特异性抗体与抗标记物抗体结合起来，后者再与标记物结合，以达到定位抗原的目的。其基本原理与 PAP 法类同。

（三）扫描免疫电镜的具体操作步骤

（1）标本处理。①细胞悬液：用 10 mL PBS 内含 1 mg/mL 牛血清白蛋白（PBS-BSA）悬浮细胞，250 g 离心 2 次，每次 5 min。加入 PBS-BSA 至 $10^5 \sim 10^6$ 个细胞/mL，振摇成单细胞悬液。BSA 能降低生物标本的非特异性吸附，但注意浓度应适宜。②动植物固体组织：固体组织（勿过大）均应用 PBS-BSA 冲洗，并保持湿润避免干燥。

（2）固定。①固定前用 PBS-BSA 冲洗 3 次，每次 5 min。②选择适合固定剂：可用 4%多聚甲醛+0.1%～0.5%戊二醛的磷酸缓冲液（pH 7.4）室温下固定 10～60 min；或 4℃下固定 60～120 min。③PBS-BSA 混合液冲洗 3 次，每次 5 min。④除去残留的自由醛基，用 0.5 mg 硼氢化钠配制的 1 mL PBS（新鲜配制）洗 10 min，或 PBS-BSA 混合液冲洗 3 次，每次 5 min。

（3）免疫标记。与透射免疫电镜的原则及步骤基本相同。扫描电镜免疫标记金颗粒直径为 30～75 nm。对于高强度标记，需使用银加强小尺寸金颗粒方法。

（4）漂洗、脱水和锇酸后固定。

（5）临界点干燥，扫描电镜观察。

知识点 7-2　组织切片的扫描电镜制样技术

1. 冷冻切片

厚度为 4～8 μm 冷冻切片放在覆盖碳膜的载玻片上→加磷酸盐缓冲液→免疫组织化学染色→室温 0.01%锇酸固定 10～15 min→重蒸水清洗→酸化的 2,2-二甲氧基丙烷脱水，20 min→更换一次溶液→液态二氧化碳中临界点干燥→扫描电镜观察。

2. 石蜡切片

石蜡切片浸入二甲苯→更换两次二甲苯→浸入纯乙醇→中间更换一次纯乙醇→70%乙醇溶液→重蒸水漂洗→PBS-BSA 漂洗 3 次，每次 5 min→免疫染色→锇酸后固定→漂洗→脱水及临界点干燥→处理方法与冷冻切片处理方法相同。

3. Epon 切片

半薄切片抗原的免疫组织化学定位，需按透射电镜中抗原定位方法进行。未经固定或适当固定的 1.5～5 μm 半薄切片→放在喷有碳膜载玻片上→放入足够量 WBS-BSA 液滴中→防干燥→免疫标记→锇酸后固定→清洗→脱水→临界点干燥等→通过背散射电子图像检测抗原位置。

四、免疫细胞化学与图像分析简介

在细胞生物学中，一个常见的问题是如何获取与细胞功能相关的各种定量信息，在免疫细胞化学中也存在同样的问题。做成了理想的标本后，采用何种观察方法和图像分析技术，才能获得尽量多的各种量化信息，使其能更能客观反映细胞中物质分布状态？这些值得我们深入研究。

（一）定量分析的重要性

以往人们对免疫细胞化学或一般组织化学光镜标本的观察，对反应产物的量常用"＋"号表示，一般可分为 0～＋＋＋＋，共 5 个等级。此法存在以下三个方面的问题：①同一张标本，不同的观察者可以得到出不同的结论，因为这种分级没有明确的客观标准；②即使同一张标本、同一个观察者，间隔若干天后进行再次观察时，可能结论也不一样；③人的视觉是有一定限制的，用一般观察法实际上已经丢失掉了许多可贵的信息。除了常用的定量分析仪器如显微分光光度计（microspectrophotometer）和显微密度计（microdensitometer）等以外，还可用图像分析仪进行测量。图像分析仪可快速得出分析结果，同时显示有无显著性差异。

（二）图像分析仪简介

图像分析仪又称图像分析系统（image analysis system），主要用来解决如何客观和较精确地用数字来表达存在于标本中的各种信息，可称为数学形态学。

在显微图像分析中，整个系统最重要、最关键的工作就是要保证得到的电子图像能最精确地反映出光学图像，这个过程由摄像机（图像扫描器）、显像管和图像处理机（计算机）来完成。图像在电视屏幕上是由许多像素（pixel）构成的，单位面积屏幕上像素越多则图像越清晰，即分辨率越高。当图像显示时，每个像素含有两方面的信息，即此像素的灰度及其在标本中的位置，两种信息决定了图像的形状和颜色深浅。图像分析仪主要包括输入（input）、中央信息处理机（central processor）和输出（output）三大部分。对操作者来说，图像分析仪的实际操作很少，几乎完全是通过一个称为光电鼠标（mouse）的附件来操纵的。移动光电鼠标，将光标移到计算机屏幕上显示的某项功能的区域内，就表示选择了该项功能，可以开始工作，极简便。

（三）常用的测量方法

1. 灰度

灰度（grey level）指图像各种成分颜色的深浅程度。比较高级的图像分析仪可将灰度分为 256 级。免疫细胞化学标本上反应产物的染色深浅即可用灰度来表示。能将一张标本上不同染色深度区分为几十或更多的等级，这是人眼所不及的。因此，某些实验的结果，如果用光学显微镜作一般的观察，似乎实验组与对照组无明显差异，而用图像灰度法和统计学分析，则可反映出显著性差异。

2. 长度

形状不规则的线形组织结构，一般方法很难计算出其长度。以往常用排列稀疏或密集等词汇描述。对细胞超微结构中的各种膜性结构，图像分析仪则可以对其量化，测出各种图像周界线的长度。

3. 面积

在光镜或电镜免疫细胞化学标本的观察中，都要涉及有关标本中某些结构的面积问题。即使是极不规整的结构，用图像分析法也容易算出其面积。例如，免疫电镜技术中的铁蛋白法、胶体金法等，可用上述方法进行单位面积中反应产物颗粒的计数及各种实验条件的比较。

（四）图像分析与体视学

图像分析还可用于三维重建，用连续切片可重建立体的原形，在神经组织的研究中很适用。显微镜下观察到的是平面图像，而这些平面图像是从立体结构中切下来的，单凭平面图像不能反映组织的真实结构。例如，圆形可以从球形、圆柱形、椭圆形物体中切下。如何从二维结构推导出三维结构，这就是所谓体视学（stereology）所研究的范畴。将体视学知识与免疫细胞化学标本观察联系起来，将是一种可以获取更多信息的有效研究手段。

第八章 电镜放射自显影技术

电镜放射自显影技术是电子显微镜技术和放射性自显影技术相结合的一种新技术。它能把静态的形态学观察和动态的生理功能研究有效地结合起来,通过显示组织或细胞内微量放射性物质的分布,在超微结构水平上研究物质在细胞内的合成、转移、转化等代谢过程;有物质定位精确、可定量分析、灵敏度高和分辨率高等特点。目前该技术已被广泛应用到生物学各领域。本章将重点介绍电镜放射自显影技术的原理、制样技术和在生命科学研究中的应用等内容。

第一节 电镜放射自显影技术的原理

一、放射性同位素

放射性同位素是一类原子核不稳定,能自发地或人工地产生肉眼看不见射线的一类同位素,如 ^{235}U(铀)、^{125}I(碘)、^{3}H(氢)、^{14}C(碳)、^{35}S(硫)、^{55}Fe(铁)、^{32}P(磷)等。

放射性同位素具有如下特性:①能不断地放出射线,使乳胶片感光,并能被放射性探测仪灵敏地检测出来;②不同放射性同位素所放出的射线种类不一样,且不受外界物理和化学条件,如光、热、压力、湿度和酸碱度等干扰;③各种放射性同位素释放的射线最大能量有很大区别,一般放射性同位素发出的射线的能量越低,其自显影的分辨率越高;④生物机体不能区分放射性同位素还是稳定性同位素,而是一样的吸收;⑤在生物体中与同一种元素的普通原子化学性质一致,共同参与同样的代谢过程,如合成、分泌和转移等。

二、核射线

核衰变分为 α、β、γ 三种方式,即对应放出 α、β、γ 三种射线。它们都具有一定的能量,其单位为电子伏(eV)。三种射线的质量、能量、速度、穿透力和在乳胶中留下的径迹等性质是不同的。

(一) α 射线

α射线是放射性原子核发出的带 2e 的正电荷,质量大,能量高而单一,电离作用强,易使溴化银产生大量潜影。α射线的穿透力弱,在乳胶上射程短,运动径迹是一条粗短致密的直线。在放射自显影技术中,α粒子能给出很清晰的自显影像;但在具有生物学重要意义的元素中,没有一种是α粒子的发射体,因此没有实用价值。

（二）β 射 线

β射线是高速运动的电子流，带 1e 的负电荷，其质量小、能量低，电离作用不及 α 粒子的一半，但速度比 α 粒子快一个数量级。β 粒子在与电子碰撞中，由于质量相当，经常会因非弹性散射而改变方向，所以它的径迹是弯曲的。β 粒子的能量通常低于 3 MeV，有时甚至不能使银粒获得足够的能量产生潜影，因而径迹上常出现稀疏间断的情形。由于这种射线能量是逐渐损失的，所以射程较长，在空气中的射程可达 20 m，且易于控制；能量可从 0 至某一最大值连续释放，显影效果好。在生物学自显影中，多是利用 β 射线。

（三）γ 射 线

γ 射线是一种波长极短的电磁波，不带电荷，能量很高。γ 射线以光速运动，与其他物质碰撞机会少，当通过乳胶时径迹不能被乳胶记录，不易造成潜影，因此不能用来作自显影。

知识点 8-1　三种粒子性质比较

α 粒子：带正电，质量和能量大，射程短，轨迹直线，自显影图像清晰，分辨率高。
β 粒子：带负电，质量小，低能量粒子，射程短，轨迹弯折，分辨率也高。
γ 射线：不带电，穿透力很强，射程远，不能用于自显影。

三、核乳胶

核乳胶对射线很敏感，感光后形成潜影，显示样品中标记的同位素化合物所在的位置。其作用原理类似于照相机中的胶片。电镜放射自显影用的核乳胶是专门的原子核乳胶，银盐浓度高，主要成分是溴化银（含 80%），此外还有明胶和少量硫化银。溴化银的颗粒很细密，分布均匀、紧密，使核乳胶层既不留空隙，也不重叠，形成"单层乳胶"，是感受射线形成潜影的基本成分。

明胶是一种动物胶，帮助溴化银均匀悬浮。硫化银能使溴化银晶体点阵形成缺陷，并增加溴化银晶体的离子导电率。当 β 射线与核乳胶作用时，首先在有缺陷的部位形成敏化中心。因此，在核乳胶中加入适量的明胶和硫化银，可以加强敏化作用以提高潜影的质量。

优质的核乳胶应具备溴化银含量高、颗粒分布均匀、有效期较长、性能稳定、潜影消退慢、对黄绿光不敏感、容易操作和重复性好等特征。目前常用的乳胶有国产的 HW-3 和 HW-4 及进口的 L_4 等。使用核乳胶之前要先在暗室的红灯下检查它的有效期，过期易产生灰雾；所有自显影乳胶应避光保存。

四、有关参数

(1) β 射线能量：不同放射性同位素释放出的 β 射线最大能量是不同的（表 8-1）。

一般发出β射线能量越低的放射性物质，其自显影分辨率越高。

表 8-1　几种常见放射性同位素的有关参数

放射性同位素	^{14}C	^3H	^{35}S	^{32}P
最大β射线能量/MeV	0.155	0.186	0.167	1.711
半衰期	5692 年	12.33 年	87.24 d	14.26 d
比放射性强度	1~100	100~104	1~100	10~104

（2）放射性物质浓度、纯度：浓度即单位体积（毫升）的标记化合物溶液所含放射性强度，用毫居里/毫升（mci/mL）表示。纯度即标记化合物中，特定结构化合物的放射性强度占总放射性强度的百分比。

（3）半衰期：随着放射性同位素不断地产生射线，核数也不断地减少，这一过程称为衰变。一般把某种放射性同位素衰变到核数只有其原来的一半时所需要的时间，定为该同位素的半衰期。每种同位素都有自己固定的半衰期，而且差别很大，半衰期长的可达 $5×10^{15}$ 年，而短的只有几分钟，甚至 10^{-11} s（表 8-1）。同位素衰变速率与半衰期的长短相关，衰变速率越快，半衰期越短。

（4）自显影效率：自显影效率是指被标记的样品中的放射源在自显影过程中，每 100 次衰变所能显影的银颗粒的数目。它与样品厚度和密度、标记化合物的核射线能、乳胶层厚度、溴化银晶体大小和灵敏度、曝光和显影条件等有关。

（5）比放射性：比放射性即放射性比度或比活度，是指单位重量的放射性物质的放射性强度（表 8-1）。它有两种表示方法：一种是毫居里/毫克（mci/mg）或毫居里/毫摩尔（mci/mmol）；另一种是贝克/毫克（Bg/mg）或贝克/毫摩尔（Bg/mmol）。二者之间的换算为 1 mci=$3.7×10^7$ Bg。

五、电镜放射自显影基本原理

当核射线与乳胶作用时，因为电离激发效应，就会产生许多溴和银离子对。溴化银晶体点阵的缺陷可成为敏化中心。

$$AgBr + 核射线 \longrightarrow Ag^+ + Br^-$$

Br^- 在射线进一步作用下释放出自由电子，本身还原为溴原子，即 Br^- + 核射线 —— Br+e。自由电子向敏化中心移动，形成一带负电荷的静电层；带正电荷的银离子也向此处聚集，而被还原成银原子。敏化中心变成潜影中心，即显影中心。潜影经显影、定影、水洗等，成为放射性自显影正片（图 8-1）。

把放射性同位素（如 ^{14}C）标记的化合物掺入样品中，使其参与生物体内的代谢过程，再对不同代谢时期的样品分批进行固定、脱水、包埋和制备超薄切片。切片中的同位素标记物不断衰变，并发射出β射线，使覆盖在切片上的核乳胶内的溴化银颗粒感光。经过显影，所得到的图像就显示了该放射性同位素在样品中的定位和走向。另外，还能用放射性探测仪进行定量分析。

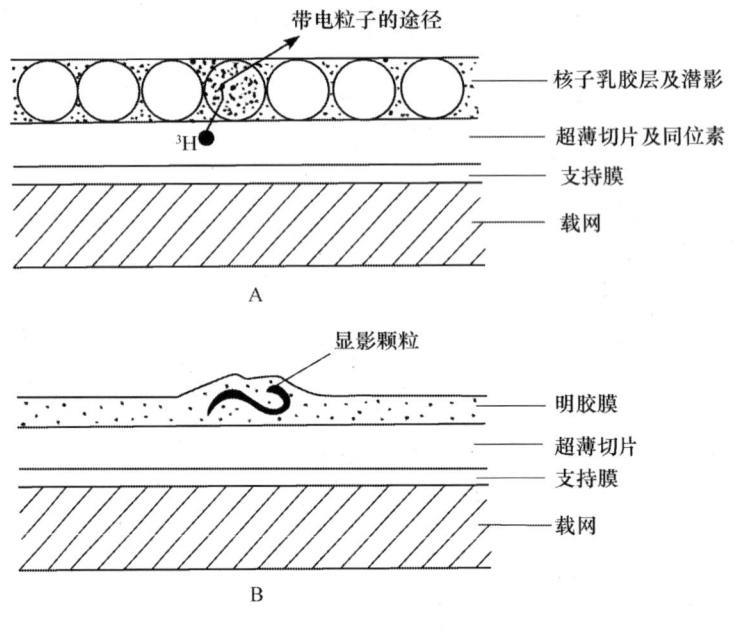

图 8-1 电镜放射自显影原理图
A. 自显前样品；B. 自显后样品

第二节　电镜放射自显影的样品制备

电镜放射自显影技术可以在不破坏细胞结构完整性的情况下研究生物体内某些大分子，如核酸、蛋白质和脂肪等在生物合成过程中的精细定位；还能够在亚显微结构水平上研究各种微量物质（如酶、药物、激素、病毒等）在细胞内的分布情况。它是生物化学、细胞化学及其他生物学研究结构和功能的有力工具。

一、放射自显影样品制备过程和电镜观察

电镜放射自显影制样过程有两种制样流程（图 8-2）：①在同位素标记后，经过样品固定包埋和超薄切片，先进行电子染色，再喷碳膜、盖核乳胶，然后曝光和显影，电镜观察；②超薄切片制备同前一种方法，不同之处是先在载网上喷碳膜、盖核乳胶，然后在暗室曝光和显影，最后才电子染色。在应用时可以根据具体实验的目的和要求，选择适当的制样流程。下面以第二流程为例加以说明。

（一）放射性同位素的选择

由于放射性同位素的种类很多，在做电镜放射自显影实验时要进行认真选择和比较。选择时要考虑多种因素，如半衰期、放射强度、分辨率、所需曝光时间和处理剂量等。一般情况下，一次电镜放射自显影实验需要几周，如果选半衰期短的放射性同位素，实验过程中示踪能量将损失过多，会直接影响实验的结果。因此，最好选半衰期达 30 d 以上的同位素。

第八章 电镜放射自显影技术

```
            放射性同位素标记
                  ↓
              固定、包埋
                  ↓
              超薄切片
           ┌──────┴──────┐
      电子染色(先染)      喷碳膜
           ↓              ↓
         喷碳膜      覆盖乳胶膜(暗室里)
           ↓              ↓
    覆盖乳胶膜(暗室里)  曝光(暗室里,4℃)
           ↓              ↓
      曝光(暗室里,4℃)   显影(暗室里)
           ↓              ↓
         显影(暗室里)   电子染色(后染)
           └──────┬──────┘
                  ↓
              电子显微镜观察
```

图 8-2 电镜放射自显影制样流程

如前所述，α 粒子最适合于放射性自显影，但有生物学意义的元素没有 α 粒子发射体。生物学中多用发射 β 粒子的元素，如氚（^{3}H）。^{3}H 的特点是释放的 β 粒子能量较低，在乳胶中射程在 1 μm 以下；显影后的银粒子离放射源近，分辨率高，定位准确，而且它的半衰期长达 12.33 年。优先选择的标记放射性同位素是 ^{3}H 和 ^{14}C，其中 ^{3}H 标记化合物用处较多，如研究 DNA 的有 ^{3}H-胸腺嘧啶脱氧核苷（TdR）；研究 RNA 的有 ^{3}H-尿嘧啶核苷；研究蛋白质的有 ^{3}H 标记的脯氨酸、精氨酸、亮氨酸和 ^{35}S-甲硫氨酸、^{14}C-甘氨酸等。图 8-3 显示分别用 ^{14}C、^{3}H 和 ^{32}P 标记的 ATP 分子。

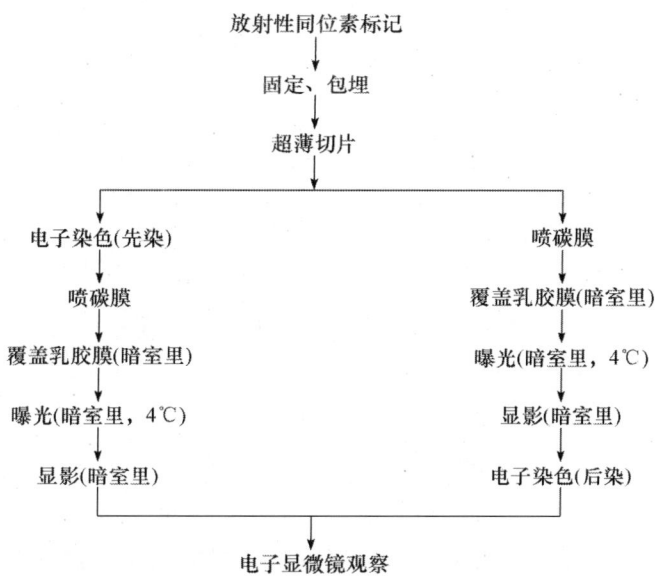

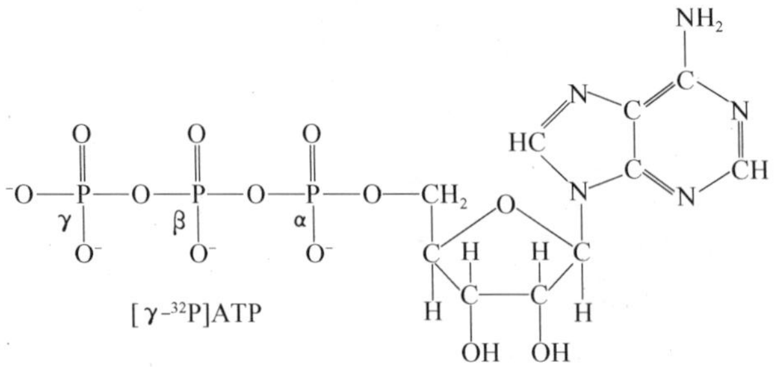

$[\gamma\text{-}^{32}P]ATP$

图 8-3 三种放射性元素标记的 ATP 分子

(二) 标记放射性同位素

放射性同位素标记的方法有多种，常用的有以下几种。①直接注射法，即直接向动植物体内注入一定剂量的放射性同位素即可。为防止溢出，注射完后用 2% 的火棉胶封口，此方法简便，容易掌握剂量。②直接灌入法，把标记化合物直接灌入动物的胃里，使标记物被吸收，参加体内代谢。③间接饲喂法，这种方法适于标记食草动物，先把标记物质掺入土壤，使植物吸入标记物，再用这种植物喂养动物，使标记物进入动物体内参加代谢。④表面涂抹法，把标记物质涂抹在动物皮肤或植物表皮上，再进入体内参加代谢。⑤人工培养法，向培养液中加入一定量的标记物质，使培养的动植物组织或细胞吸收。

标记的剂量与曝光时间要根据标记化合物、被标记物和研究目的等来综合考虑。一般剂量大，辐射能量大，曝光时间就短；反之，剂量小，曝光时间就长。放射性化合物可以释放出一定能量的射线，会选择性地伤害动植物细胞，因此标记的剂量不宜过大，曝光时间也不宜过长，以减少或避免放射性损伤。例如，用 ^3H 胸腺嘧啶作为标记化合物进行体内短期实验时（小于 24 h），适宜的剂量应小于 1 $\mu ci/g$ 体重；进行体内长期实验（大于 24 h）的剂量应小于 0.1 $\mu ci/g$ 体重；进行体外短期实验（小于 30 min）的剂量小于 2 $\mu ci/mL$；进行体外长期实验（大于 24 h）的剂量应小于 0.02 $\mu ci/mL$。如果体外长期实验的剂量达 0.02 $\mu ci/mL$ 以上，会使细胞受到致命的损伤。还要考虑不同放射性化合物对细胞损伤的大小差别。例如，^3H 标记的胸腺嘧啶比 ^3H 标记的氨基酸对细胞的损伤要大很多，所以用 ^3H 标记的氨基酸的剂量可以比 ^3H 标记的胸腺嘧啶高 40%～50%。另外，还要考虑到电镜放射自显影需要制备超薄切片，切片组织内包含的标记物是极微量的，为了提高放射自显影的效果，在标记组织块时需要超剂量，一般要比光学显微镜放射自显影的剂量高 10 倍以上。例如，用 ^3H 标记的氨基酸等进行体内标记的剂量可达 10～40 $\mu ci/g$ 体重。

(三) 包埋、制备超薄切片

按常规电镜制样方法在样品标记好后制备超薄切片。需要说明的是，要按一定的时间间隔取样、固定，以追踪标记物的代谢转运变化过程。超薄切片要求平整、光滑、厚度一致，一般 50～100 nm。载网要平整，有火棉胶或孚尔瓦膜覆盖。另外，由于组织中已经标记了放射性化合物，因此操作过程要严格按照操作规程进行，尽量避免放射同位素对实验人员的伤害。

（四）制备单层乳胶膜

1. 核乳胶的稀释和检测

样品制备的关键一步就是制备乳胶膜，高质量的乳胶膜要求颗粒细、乳胶层薄。由于在常温下核乳胶呈半固体状，制备单层核乳胶之前，在暗室红灯下先用重蒸水将其稀释 1~4 倍。

稀释核乳胶的具体方法是：按稀释倍数取重蒸水倒入烧杯，用无底注射器取定量核乳胶并注入烧杯。烧杯放入 45℃恒温水浴中保温 15 min（可用玻璃棒轻轻搅拌），使之成为溶胶状；把烧杯放在冰浴上冷却 3 min，再在室温下静置 15~20 min，使之成为半凝胶状，然后进行检查。用载玻片或金属丝套环在核乳胶中浸一下，再拿到红灯下检查其凝胶状是否合适。如果在红灯下检查核乳胶已达理想的半凝胶态后，还可以进一步在日光下检查核乳胶膜的厚度，根据其干涉色判断膜的厚度。一般干涉色为银色的，膜厚度约为 50 nm；干涉色为金色的，膜厚度约为 100 nm；干涉色为紫色的，膜厚度约为 150 nm；干涉色为深蓝色的，膜厚度约为 200 nm。制备电镜放射自显影样品的核乳胶膜的干涉色以紫色为宜。也可用电镜检验确定稀释度。按不同比例将核乳胶稀释后，用覆盖有孚尔瓦膜的铜网分别浸蘸，自然晾干，电镜下观察。乳胶颗粒分布均匀而密集，既无大的空隙、又无重叠最佳（图 8-4）。合格乳胶则置于 4℃冰箱中，暗室内保存，最好现配现用，以免影响成像效果。需要说明的是，核乳胶化学性质类似照相机的胶卷，见光后就被曝光而失效。因此，上述所有操作要严格在暗室中进行。

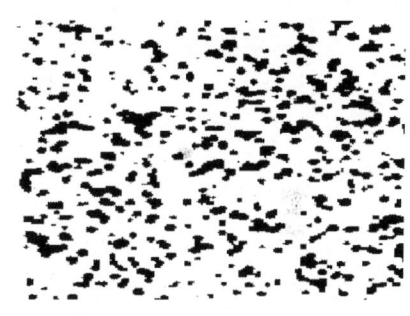

图 8-4　低倍电镜下可见单层乳胶膜上银颗粒均匀分布

2. 制备单层核乳胶

制备单层核乳胶即在标记的超薄切片上敷涂一层单晶体核乳胶膜。最常用的方法是环套法、浸涂法和平板法。

（1）环套法：用铜网捞超薄切片，用透明胶条粘在载玻片上，再喷一层约 5 nm 厚的碳膜。在暗室红灯下，用铂丝环（直径约 4 cm）在已稀释好的核乳胶中浸一下，取出后检查核乳胶膜稀释的情况。要求制取均匀、无旋涡、无折皱的单层膜。把有核乳胶的铂丝环套在铜网上，单层膜就敷盖在铜网上面了。自然晾干后，载网连同样品一起放入备好的暗盒中，再把暗盒放入干燥器中，在 2~4℃下完成曝光和自显影（图 8-5）。此方法比较简便，适于对细胞成分的定性研究。

（2）浸涂法：取一干净载玻片，将一小块双面胶粘在载玻片的 1/3 处，把带有超薄切片的载网放在胶纸上，切片面向上。将载网慢慢浸入稀释好的核乳胶后再慢慢提起来，核乳胶就均匀分布于载网的表面了。用滤纸擦净载玻片背面的乳胶，垂直置于干净的地方，自然晾干，然后将载网与载玻片一起放进暗盒曝光（图 8-6）。

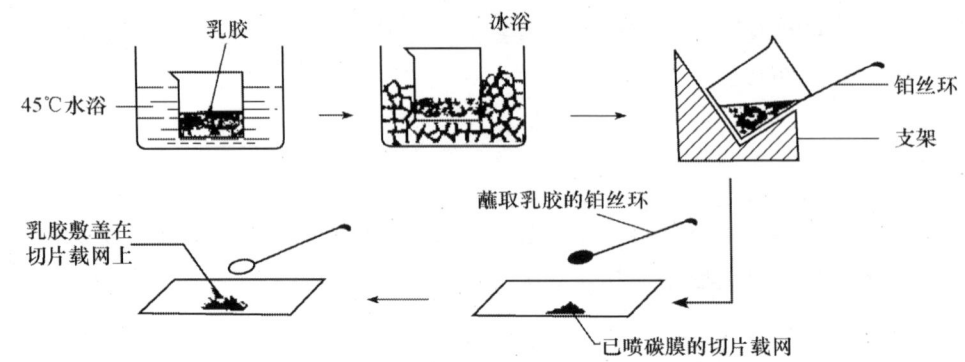

图 8-5　环套法模式图

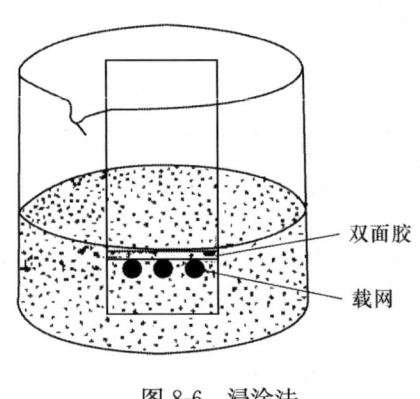

图 8-6　浸涂法

(3) 平板法：又称平基法。在干净载玻片上铺一层孚尔瓦膜，也可用碳膜加强，再在载玻片上滴一滴重蒸水。从切片机刀槽中捞一条切片带在水滴上，晾干后在此载玻片上喷一层 5～6 nm 厚的碳膜。在暗室中用浸涂法敷上一层核乳胶，然后进行自显影。显影（见下一步骤）后，在白光下将有切片的乳胶膜和支持膜从载玻片上剥离下来，用载网捞取切片，用滤纸或载玻片捞取，干燥，镜检（图 8-7）。此方法比较困难，但由于能测量切片与核乳胶膜的厚度，适于做定量方面的研究。

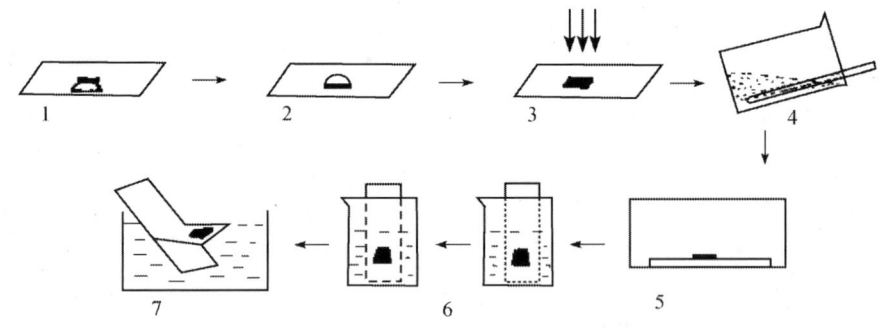

图 8-7　平板法模式图

1. 载玻片上滴一滴重蒸水；2. 切片带在水滴上，晾干；3. 喷碳膜；4. 敷核乳胶；
5. 自显影；6、7. 将有切片的乳胶膜和支持膜从载玻片上剥离下来

（五）曝光、显影和定影

曝光就是将涂有乳胶膜的切片置于暗盒内，使同位素释放的射线与乳胶中的溴化银离子相互作用的过程。此过程要注意保持低温干燥环境，暗盒中一般放干燥剂，密封好后置于 4℃ 冰箱中。电镜放射自显影的切片很薄，放射源的放射强度低，需较长时间曝光，一般是几周甚至几个月，通常每隔两周取 1～2 载网显影直到得到最佳效果方可结

束曝光。

注意：在曝光过程中保持低温干燥，曝光完毕立即进行显影、定影等处理，因为潜影在水、氧作用下可能消退。

经曝光后得到潜影，再经显影和定影才可获得清晰的影像。显影是将带电粒子作用后在核乳胶的溴化银晶体中产生的潜影显示出来的过程。其原理与黑白胶卷显影相同。常用的显影剂是 D19 和 D19b。由于显影剂与已形成潜影的银粒和未形成潜影的银粒均会发生作用，因此掌握好显影时间很重要，正确时间为前者刚刚显影清晰，而后者还未显影时。一般在 15～20℃下，显影时间为 2～4 min，效果较好。显影完毕后，还应在停影液中停留一段时间，让显影过程完全停止。

定影则是将未形成潜影的溴化银晶体溶解掉，留下还原的银颗粒。定影液可用 20%～25%硫代硫酸钠溶液。定影后应充分水洗，以洗去多余的硫代硫酸钠，使银颗粒更稳定。经过显影和定影后的超薄切片方可从暗室中取出，进行后面的操作。

（六）电子染色

为增加反差，可在敷加乳胶前用乙酸双氧铀和柠檬酸铅进行染色，即"先染"，也可在显影定影后"后染"。由于样品中有四氧化锇，它可与乳胶粒发生作用使潜影消退，所以不管是先染还是后染都要在乳胶层与切片之间喷一层碳膜。而乳胶中明胶的存在也会影响样品的反差，可以在染色后或染色同时用酶（胰蛋白酶）、酸（乙酸）、碱（氢氧化钠）去除明胶。

（七）样品干燥、镜检

样品经上述各步处理后，可在干燥器皿中干燥或保存，随后可进行电子显微镜观察。

（八）对照实验

为了确保实验结果的可靠性，需要做一些对照实验。

(1) 空白对照：取没有切片的空白核乳胶膜与实验组同步操作，或在实验组样品中切片的旁边（3～5 μm）随机拍几张空白乳胶膜的照片，并计算照片中单位面积银颗粒的数目。空白乳胶膜上的银颗粒不是由放射源的照射所产生的，称为本底颗粒。如果本底颗粒的数目超过了切片上银颗粒的数目，哪怕只超 5%左右，该样品的实验结果将失去可靠性。

(2) 无放射性标记对照：取与实验组相同的组织，不标记放射性化合物，与实验组同步操作。如果对照组的实验结果是阳性，则是由样品内的某种化学物质与核乳胶发生化学反应的结果，所以被称为假阳性。在切片与核乳胶之间喷一层碳膜，可以减少假阳性的产生。

(3) 抑制对照：在对照组样品中加入标记前体的代谢抑制剂，使显影银颗粒的数目减少，以证明对照组阳性结果的可靠性。

现将以悬浮培养的细胞为材料，进行电镜放射自显影样品制备的步骤总结如下图

(图 8-8)。

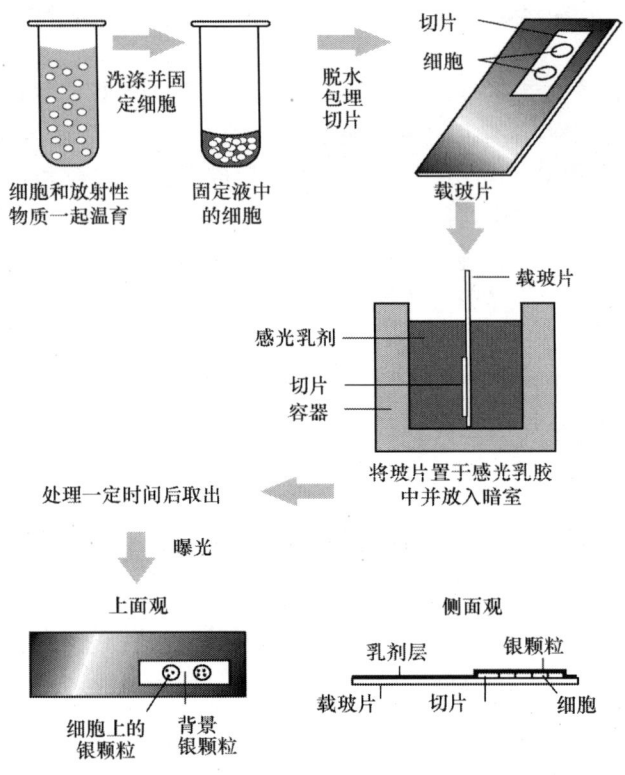

图 8-8　电镜放射自显影技术流程（Karp，2002）

二、图像的分析

图像的分析主要包括三个方面：一是定性分析，分析样品中是否存在某种化学成分；二是定量分析，分析样品中的某种化学成分的相对含量；三是定位分析，分析样品中的某种化学成分存在的部位，存在某种放射活性的超微结构是什么。

（一）分　辨　率

放射自显影的分辨率是指样品中放射源周围的银颗粒分布的状况，而不是能分辨的两点之间的最小距离。以放射源为中心，银颗粒密度呈中间高、周边逐渐低的分布状态（图 8-9）。

影响分辨率的因素有放射性同位素类型、超薄切片的厚度、核乳胶中溴化银晶体直径的大小、核乳胶层的厚度及显影条件等（表 8-2）。

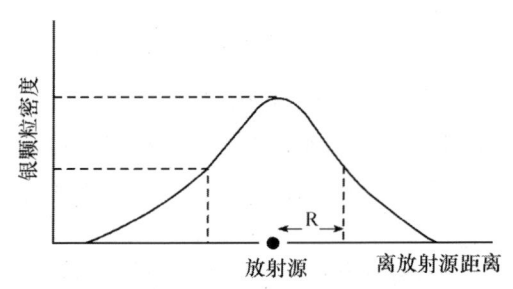

图 8-9　放射源周围银颗粒的密度分布

表 8-2 影响放射自显影分辨率的因素举例

	可能的因素	具体表现
放射源	同位素的能量	能量越低，分辨率越高
	放射源的厚度	厚度越厚，分辨率越低
	放射源与乳胶之间的距离	距离越短，分辨率越高
乳胶	溴化银晶体直径	直径越小，分辨率越高
	乳胶层厚度	厚度越厚，分辨率越低
	自显影曝光时间	时间过长，分辨率下降

（二）误　　差

放射自显影的误差主要包含几何误差和照相误差。样品中的放射源是向四面八方发出射线的，垂直穿过切片进入乳胶层的只有极少数，所以产生的潜影像有相当一部分是从不同角度的倾斜方向射入乳胶层而形成的，因而导致入射源与潜影像之间存在位置偏离，这种偏离称为几何误差。它代表放射源与潜影像之间距离的差异。一般情况下，层次越厚，误差越大。

在放射自显影的过程中，银离子会沉积在溴化银潜影像的周围，形成一种在不同程度上偏离溴化银潜影像的银颗粒像，这种偏离称为照相误差。它代表了银颗粒中心与溴化银潜影像中心之间的距离的差异。一般情况下，溴化银晶体的直径越大，显影温度越高，时间越长，照相误差越大。可见，减少放射自显影误差的具体措施是减少切片、碳膜和乳胶层的厚度，以及减少溴化银晶体的直径和选用微细银颗粒显影液等。

（三）图像分析方法

观察电镜放射自显影样品时，电镜的灯丝电流不能过大，以防样品中银粒蒸发。在拍照时如果影像分布疏散，交叉较少，可随机取景拍照若干张，能够分析出比较客观的结果。如果影像分布密集，重叠交叉，在电镜观察时就需要随机取景拍大量的照片，分析后再进行银颗粒计数和统计学计算，以尽可能排除分析中的主观因素，得到较理想的结果。常用定量分析方法有如下几种。

（1）颗粒密度分析法：单位面积中显影银颗粒的数目即颗粒密度。计算过程是先统计出样品中的某种结构单元中的显影银颗粒数目，再计算出这种结构单元的面积（可用已知面积网格计数法），然后用显影银颗粒数目除以单位面积数，就获得了该结构单元中的颗粒密度值。

（2）百分数分析法：用百分数表示每个结构单元所占有的显影银颗粒总数，再转换成百分密度（百分颗粒/百分面积）。该指标实际上也是表示银粒密度，还可以反映样品中每个结构单元的标记与样品总的标记之间分布的关系。

三、放射性防护

放射性物质对人体健康的危害很大，因此上述操作步骤要严格按照程序操作，尽量减少对身体的损伤。要保护环境，避免放射污染，防止一切有害事件的发生。

（一）内照射防护的方法

对放射性物质及工作场所进行隔离，使之不向外扩散；不直接用手接触有放射性的物质。所有放射源都要有明显标志以便于区分；废弃物要有专门的排放和处理场所；穿戴专门的工作服、鞋、手套、帽子和口罩等；不在有放射性物质的场所喝水、吸烟和吃东西；实验完毕彻底洗脸和漱口等，绝不要用口对准吸管吸取有放射性的药液和用鼻子直接闻有放射性的药品。

（二）外照射防护的方法

在放射源与人之间可设置固定或移动的屏障。例如，防护 X 射线和 γ 射线可选用铅、铁、水泥等材料制的屏障；防护 β 射线可选用铅、塑料和有机玻璃等材料制的屏障。可以在超薄切片机前面安装有机玻璃的屏障。选择最适宜的放射源，在不影响实验效果的前提下，选强度小、能量低和毒性小的放射源。尽量减少配制放射性药剂的数量，降低药剂的浓度，控制实验样品的数量。尽可能远离放射源，即使稍离开一点，受照剂量也会明显减少。实验操作（包埋、修块、切片和染色等）要尽可能熟练和迅速，必要时先做空白模拟操作，以缩短正式操作时间等。

第三节　电镜放射自显影技术在生命科学中的应用

电镜放射自显影技术早已广泛运用于动物、植物、微生物的研究中。余迪求等（1995）在根癌农杆菌转化谷子细胞早期的细胞生物学研究中，采用透射电镜及电镜放射自显影技术，较为系统地观察了农杆菌与禾本科作物谷子培养细胞相互作用的关系及其转化的早期过程，进一步从细胞生物学角度证实了特殊预处理的农杆菌能够转化禾谷类作物谷子细胞。赵玉芳等（1995）运用电镜放射自显影从超微结构水平上研究水稻种胚吸胀中 DNA 合成。李桂英等（2002）运用电镜自显影技术发现受辐照窄颖赖草花粉 DNA 进入了小麦胚囊，银粒分布主要在胚细胞核，准确说明了 DNA 的进入（图 8-10）。

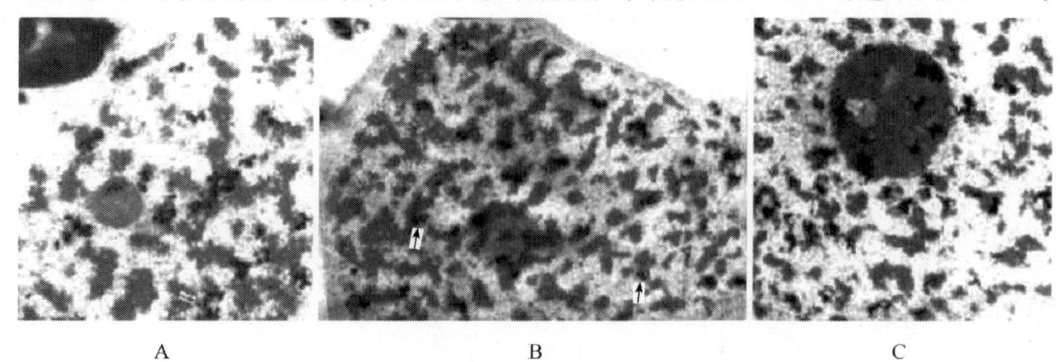

图 8-10　杂种细胞中的银粒分布（李桂英等，2002）

A. 正常对照，授粉后 1 d；B. γ 射线处理，授粉后 2 d；C. γ 射线处理，授粉后 3 d；箭头示银粒分布

尹江梅和张飞雄（2003）应用电镜放射自显影技术，观察到小麦根端分生细胞核仁的超微结构，根据银粒的分布情况推测出 rDNA 的复制位置。郭晓珊等（2007）应用放射自显影和液体闪烁器检测技术及电镜放射自显影技术，首次定性、定量地研究 Ce（Ⅲ）离子在辣根植物中的迁移，为研究稀土离子的植物环境效应机理提供了可借鉴的方法。

通过电镜的放射自显影技术可以追踪分泌蛋白在细胞中的转运途径。在胰腺 B 细胞的脉冲-追踪实验中，利用 ^{3}H-亮氨酸孵育 5 min，接着使用过量未标记的亮氨酸孵育，该氨基酸主要用于胰岛素的合成。10 min 后，标记蛋白已经从粗面内质网转移到高尔基体（图 8-11A）；45 min 后，标记蛋白出现在分泌颗粒中（图 8-11B）。

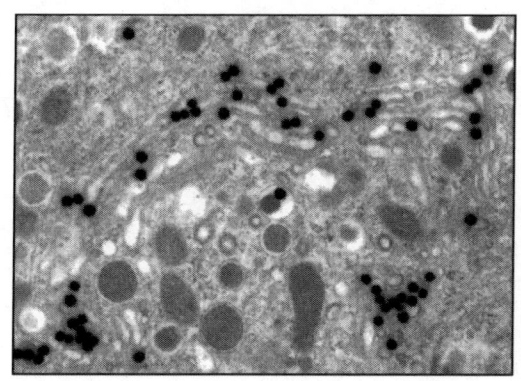 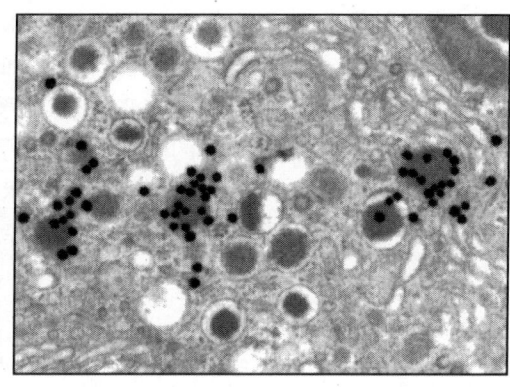

A　　　　　　　　　　　　　　　B

图 8-11　电子显微镜放射自显影技术（Alberts et al.，2002）

图中圆形黑色小颗粒为银颗粒，显示标记的蛋白质

第九章 显微细胞化学概述

细胞化学（cytochemistry）又称组织化学（histochemistry），是应用化学试剂处理组织或细胞，使某一部分发生化学变化，产生特殊的染色反应，并通过光学显微镜对组织或细胞中含有物进行定位、定性和定量的一种研究方法。显微细胞化学与超微细胞化学技术在原理上有许多相同之处，二者均是生命科学研究中不可缺少的一门重要的技术手段。本章简要介绍细胞化学的原理、技术及在生命科学研究中的应用。

细胞化学是在组织切片或被检材料上加一定试剂，使它与组织或细胞中待检物质发生化学反应生成有色沉淀物，在光学显微镜下于细胞原位上观察反应物的分布，从而研究细胞的结构与功能的关系的一门科学。另外，细胞化学技术还能应用于组织或细胞的化学组成分析。如果与显微分光光度计技术相结合，则能对细胞进行定性和定量分析。

细胞化学的理论基础是细胞学、组织学及生物化学。细胞化学可用于检测细胞内的核酸、蛋白质、糖类和脂类等生物大分子，还可定位生物酶类和某些多种金属元素等。

细胞化学显色主要有如下几种方法。

(1) 化学法：利用待检测物质与相应的底物发生化学反应，生成有色沉淀，然后在光学显微镜下观察。

(2) 特异的染料吸附着色：特异的染料与细胞内不同成分或基团通过吸附、正负电荷吸引或离子键等作用相互结合，从而使细胞不同成分和部位显示不同的颜色。一些经典的特异性染色可以显示细胞中一些特殊的物质，如 PAS 法显示细胞糖类。

(3) 免疫学方法：通过免疫学抗原和抗体结合的原理，利用标记抗体显示细胞中的抗原的方法。根据标记物不同可分为免疫荧光细胞化学、免疫胶体金细胞化学、免疫胶体铁细胞化学和免疫酶细胞化学等。

(4) 物理学方法：常用的是放射自显影技术。其原理见第八章，光镜的自显影本章不作介绍。

(5) 分子杂交法：利用分子生物学中的核酸分子杂交原理来检测细胞内特定的 DNA 和 RNA 的存在及分布特性。详情见第十章相关内容。

细胞化学定位需要有高质量的切片（石蜡切片、树脂包埋切片、冰冻切片等）和规范的样品制备过程。一般要求样品包埋时能保存细胞完整的形态结构，同时能够保存细胞化学成分和酶活性；显示细胞成分的化学反应要求特异性强、灵敏度高等特点。反应物在原位沉淀，不扩散，显色明显，易观察。

第一节 常规细胞化学技术

本节重点介绍细胞中核酸、蛋白质、碳水化合物、脂类等生物大分子和无机物等的细胞化学定位。酶细胞化学和免疫细胞化学内容在本章第二节、第三节介绍。

一、核酸的细胞定位

核酸是由许多核苷酸聚合而成的生物大分子化合物，为生命的最基本物质之一。核酸不仅是基本的遗传物质，而且在蛋白质的生物合成上也占重要位置。核酸可分为核糖核酸（RNA）和脱氧核糖核酸（DNA）。

（一）孚尔根反应

孚尔根反应为检测细胞中 DNA 的经典方法，当细胞用酸进行处理时，细胞核中的脱氧核糖核酸的嘌呤脱氧核糖键会释放醛基，后者使席夫试剂中的无色品红转变为紫红色，从而显示 DNA 的存在部位。制样程序如下。

(1) 样品用卡诺固定液固定 10~60 min；石蜡包埋、切片、脱蜡。
(2) 切片放入 80% 乙醇中浸泡 2~3 min。
(3) 蒸馏水漂洗 3 次，每次 5~10 min。
(4) 1 mol/L 盐酸（室温）处理切片 3 min。
(5) 1 mol/L 盐酸（60℃）处理切片 8~10 min。
(6) 1 mol/L 盐酸（室温）处理切片 2 min。
(7) 蒸馏水漂洗数次。
(8) 切片放入席夫试剂中染色 1 h。
(9) 用新配亚硫酸氢钠溶液（10% 亚硫酸氢钠 5 mL，1 mol/L 盐酸 5 mL 加蒸馏水至 100 mL，现配）洗 3 次，每次 5 min。
(10) 自来水冲洗 5~10 min。
(11) 0.5% 亮绿水溶液复染 1~3 min。
(12) 水洗、晾干、封固，光学显微镜观察。在光学显微镜下 DNA 呈粉红色至紫红色，定位于核染色质。核仁为阴性，不着色。

对照设置：可在 90℃下，于 5% 三氯乙酸中处理 15 min，即可除去 DNA 和 RNA；或在 0.1% DNA 酶溶液（pH 6.5）中处理 7 h，以除去 DNA（室温中进行）。其他步骤同上。

（二）甲基绿-派洛咛法

DNA、RNA 分子的磷酸根分别与甲基绿、派洛咛两种碱性染料作用而被染色。甲基绿分子与 DNA 分子易结合，所以甲基绿显示 DNA 为绿色，而派洛咛与 RNA 结合后显示红色。也有人认为染色原理与 DNA 分子的双螺旋空间构型有关。此法适用检测细胞中 DNA 与 RNA。制样程序如下。

(1) 样品用卡诺固定液固定。
(2) 在蒸馏水中漂洗，按常规制样技术制作石蜡切片，二甲苯脱蜡。
(3) 在混合的甲基绿-派洛咛（见附录Ⅰ）中 20~30 min。
(4) 蒸馏水冲洗。

(5) 用吸水纸迅速把载玻片上的水吸干,但要保持样品湿润。

(6) 放入纯丙酮中 30 s（时间长短视材料而异）。

(7) 二甲苯透明,树胶封藏。

(8) 光学显微镜下观察。细胞中有 RNA 处显示红色,有 DNA 处则显示绿色。

对照设置：加入 RNase 溶液,37℃水浴中保温 30 min,以除去 RNA；或在 80℃的 10%过氯酸中处理 10 min,以除去 RNA 和 DNA,结果呈阴性。

二、蛋白质的细胞定位

蛋白质是生命的物质基础,组成蛋白质的基本单位是氨基酸。蛋白质由一条或多条多肽链过脱水缩合形成生物大分子,每一条多肽链有 20 到数百个氨基酸残基不等。各种氨基酸残基按一定的顺序排列。下面以鉴定含酪氨酸和精氨酸的蛋白质的检测为例加以说明。

（一）米 伦 反 应

米伦反应原理是利用酪氨酸中酚羟基的间位氢被亚硝基取代,产生亚硝基酚；再用汞连接到亚硝基的氮原子上,形成红色螯合物,用于光镜观察。此法适用于含酪氨酸蛋白质的检测。制样程序如下。

(1) 材料固定于卡诺固定液,按常规制样法制作石蜡切片。

(2) 切片用二甲苯脱蜡,约 6 min。

(3) 在纯丙酮中充分洗涤,空气中晾干,约 2 min。

(4) 同时将几张切片放在大培养皿里,将米伦试剂滴在切片上,盖上培养皿,放在 60℃温箱中 30~60 min。每隔 2 min 取出一张片子观察,以红色达到最显著为最好。

(5) 取出的切片,用 2%硝酸水溶液冲洗 2 min。

(6) 迅速放入 70%乙醇中脱水。

(7) 二甲苯中透明。

(8) 中性树胶封藏。

(9) 光学显微镜观察。含有酪氨酸的蛋白质部分呈玫瑰色到砖红色。

（二）坂 口 反 应

利用精氨酸上胍基在碱性溶液中易被 α-萘酚及次溴酸钠作用,生成橘红色沉淀的原理,可检测蛋白质中是否含精氨酸。制样程序如下。

(1) 将材料固定于乙酸-乙醇-福尔马林混合液 [95%乙醇：福尔马林（2:1）混合 10 mL,加数滴冰醋酸] 中,然后在水中洗净。

(2) 材料移入培养皿中,培养皿中加入 1% α-萘酚溶液 0.5 mL、1 mol/L 氢氧化钠 0.5 mL、40%尿素 0.2 mL 混合液,并在 0~5℃冰浴中处理 15 min。

(3) 加入 2 mL 2%次溴酸钠,3 min 后加 0.2 mL 尿素溶液并搅拌,再加 0.2 mL 次溴酸钠；3~5 min 着色达到最高点,随后又用次溴酸钠加强处理几分钟,即可在显微镜下检查。

(4) 结果：含精氨酸的蛋白质呈现橘红色，为正反应。

注意：1% α-萘酚溶于95%乙醇中，放入冰箱；用时以40%乙醇1：10稀释。2%次溴酸钠配制：加2 g或0.2 mL溴到100 mL 5%氢氧化钠中并搅拌，贮于冰箱。

三、碳水化合物的细胞定位

碳水化合物在体内除了单纯的糖类（单糖、寡糖和多糖等）外，更广泛的是以糖共轭物（糖蛋白、蛋白聚糖、糖脂等）形式存在的。因此，对碳水化合物进行细胞化学研究将有助于更进一步了解形态和生理、生化功能的关系。以下重点介绍多糖的细胞化学检测方法。

1. 高碘酸-席夫反应（PAS）

此法是细胞生物学的经典方法，可检测细胞中的多糖。基本原理是多糖被强氧化剂过碘酸氧化后产生醛基，再与席夫试剂中的无色品红亚硫酸复合物结合，形成紫红色反应产物。PAS反应阳性部位即表示多糖的存在。此法适用于动植物组织中多糖的检测。制样程序如下。

(1) 取样和固定后，制作石蜡切片。再将样品在高碘酸的乙醇溶液（高碘酸0.8 g，蒸馏水30 mL，0.2 mol/L乙酸钠10 mL，无水乙醇70 mL）中处理10 min。

(2) 在70%乙醇中漂洗。

(3) 在还原的漂洗液（碘化钾2 g，硫代硫酸钠2 g，蒸馏水40 mL，加入无水乙醇60 mL后搅拌）中处理10 min。

(4) 在70%乙醇中漂洗。

(5) 席夫试剂（见附录Ⅰ）中处理10 min。

(6) 移入亚硫酸盐溶液（亚硫酸钠0.5 g，蒸馏水100 mL）中，换3次，每次1.5～2 min。

(7) 流水冲洗5 min。

(8) 脱水、透明和封藏。

(9) 光学显微镜下检测。细胞中糖原、淀粉、纤维素、几丁质等呈玫瑰色到紫红色。细胞核和其他组成呈对染的颜色。

对照设置：切片在1%盐溶液或动物淀粉酶中处理20 min到过夜（室温）。

2. 其他方法

1) 淀粉

淀粉是葡萄糖的高聚体，植物体中贮存的养分存在于种子和块茎中，各类植物中的含量都较高。淀粉有直链淀粉和支链淀粉两类。当用碘溶液进行检测时，直链淀粉呈蓝色，而支链淀粉与碘接触时则变为红棕色。因此用淡的碘溶液来检测是最简便直观的方法。下面介绍一种多种染色剂复染检测细胞中淀粉的方法，此法适用于植物组织。制样程序如下。

(1) 将植物组织固定于雷果德氏液中，制备石蜡切片与一般相同。

(2) 在苯胺品红染剂（酸性品红1 g溶于10 mL的苯胺水中）中5 min，并在5%橘黄精溶液中分化，取出在蒸馏水中冲洗。

(3) 在2%单宁媒染液中20 min,取出在水中洗涤。
(4) 切片在1%甲苯胺蓝中5～10 min。
(5) 在95%乙醇中分化,在无水乙醇中脱水。透明于二甲苯中,封藏于树胶中。
(6) 光学显微镜下检测。淀粉染成蓝色的颗粒,线粒体呈红色。

2) 糖原

糖原又称肝糖,是血糖的重要来源,是由许多葡萄糖缩合成的支链多糖,也是动物体内糖的贮存形式。糖原主要存在于肝脏,有"动物淀粉"之称。它很易降解为葡萄糖,为各项生理活动提供能量。制样程序如下。

(1) 固定小块($2～3 mm^3$)新鲜材料于乙醇-福尔马林液(无水乙醇9份加中性福尔马林1份)中24 h,在无水乙醇中漂洗,包埋于石蜡,注意不要过分加热。
(2) 切片溶蜡,梯度复水。
(3) 移入新鲜的洋红液(洋红常备液10 mL、浓氨水15 mL和甲醇30 mL的混合液)中染20 min,随即在甲醇中洗3次,丙酮中脱水,二甲苯中透明,封藏于树胶中。
(4) 光学显微镜下检测。糖原染成鲜艳的红色。

注意:洋红常备液是将洋红1 g、碳酸钾0.5 g和氯化钾2.5 g加入到30 mL的蒸馏水中,慢慢加热煮沸至颜色变深,冷却后加入10 mL浓氨水,静置24 h后室温保存。

3) 纤维素

纤维素是由葡萄糖组成的大分子多糖,相当于300～15 000个葡萄糖基,不溶于水和乙醇、乙醚等有机溶剂。纤维素是植物细胞壁的主要成分,也是世界上最丰富的天然有机物,占植物界碳含量的50%以上。制样程序如下。

(1) 将组织中的纤维撕出来或制成切片。
(2) 加2～3滴碘溶液(取2%碘溶于5%碘化钾20 mL中,蒸馏水180 mL加甘油0.5 mL一起混合),10 s后用吸水纸吸干。
(3) 再加1滴氯化锂溶液(将氯化锂加入15 mL的蒸馏水中,在80℃时制成饱和溶液,待冷却后,应用浮在上面的溶液),盖上盖玻片。
(4) 光学显微镜下检测。纤维素因材料不同,呈现不同颜色。棉、稻草中纤维素呈淡蓝色;亚麻纤维素呈绿蓝色;木棉纤维素呈柠檬黄色;黄麻纤维素呈黄褐色。

四、脂类的细胞定位

由脂肪酸和醇作用生成的酯及其衍生物统称为脂类,是一类一般不溶于水,而能被乙醚、氯仿、苯等非极性有机溶剂抽提出的化合物,可用苏丹Ⅲ、苏丹Ⅵ、苏丹黑B等脂溶性染料染色。下面介绍具体苏丹Ⅲ染色方法。此法适用于动植物组织。制样程序如下。

(1) 取样,固定,按常规制样法制成石蜡切片。切片置于50%乙醇中5 min。
(2) 在染色液中染色30 min(温度为37℃)。
(3) 再置于50%乙醇中5 s。
(4) 在蒸馏水中冲洗3～5 min。
(5) 移入明矾苏木精中染色10 min。

(6) 在碱性清水中洗 10 min。干燥后封藏在甘油中。

(7) 光学显微镜下检测。脂类染成红色。脂肪由于存在部位不同可区别它的类别。例如，木栓质与角质存在于植物的细胞壁中，而脂肪则在细胞内呈油滴状。

注意：染料常备溶液为 0.2 g 苏丹Ⅲ溶于 100 mL 无水乙醇中，加热，使之溶解成饱和乙醇溶液，贮藏待用可用 6 个月。染液为取染色常备溶液 7 份慢慢地加入 45% 乙醇 9 份，搅拌，待混合后静止 1 h，即可过滤，此混合液应在 4 h 内用完。

五、无机物质的细胞定位

（一）钙

在植物组织中，地上部分（茎叶）钙含量较高，可用硫酸、碳酸或草酸来处理，使钙成为硫酸钙、碳酸钙或草酸钙的结晶，根据颜色变化就能很容易将钙鉴别出来。

1. 方法一

(1) 将材料固定于无酸的乙醇或福尔马林中，按常规制样法制成石蜡切片。

(2) 将切片逐步置于 40% 乙醇中。

(3) 盖上盖玻片，在它的下面加入 3% 的硫酸。

(4) 检查是否有无色的针状硫酸钙结晶。

(5) 光学显微镜下检测。细胞中钙盐呈黑色。

2. 方法二

(1) 石蜡切片溶去石蜡，逐级复水，再在蒸馏水中冲洗。

(2) 切片移入硝酸银中，放置在暗处 1 h，并在暗处用蒸馏水冲洗。

(3) 移至光亮处约 30 min 或稍长。

(4) 在蒸馏水中洗净，脱水和透明后封藏。

(5) 光镜观察。细胞中钙盐呈黑色。

（二）铁

细胞中无机铁和有机铁的鉴定方法是有差别的。

1. 无机铁鉴定

无机铁制样程序如下。

(1) 材料固定在 95% 乙醇中 24～48 h。

(2) 制备石蜡切片。

(3) 移去石蜡，下降至蒸馏水中。

(4) 在新配置的 2% 铁氰化钾（黄血盐）或亚铁氰化钾（赤血盐）中染色 3～15 min。

(5) 在水中冲洗，用曙红或番红对染。

(6) 脱水、透明和封藏在溶于苯的树胶中。

(7) 光镜观察。细胞中有铁存在时呈现蓝色。

注意：鉴定铁的时候，材料必须尽量减少与铁器的接触，切片刀须无锈而且不是新磨过的，解剖针可以用玻璃针来代替等。

2. 有机铁鉴定

有机铁鉴定制样程序如下。

（1）～（3）步与鉴定无机铁相同。

（4）将切片在有机铁转换剂（3%硝酸或 4%硫酸溶于 95%乙醇中，硫酸试剂作用较慢）中浸 24～36 h（温度为 35℃），使铁从束缚形式中解放出来。

（5）先在水中，再在蒸馏水中冲洗。

（6）浸在有机铁试剂（1.5%亚铁氰化钾和 0.5%盐酸等量混合，需新配）中几分钟（不超过 5 min）。

（7）～（8）与鉴定无机铁（5）～（6）步相同。

（9）光镜观察。细胞中有机铁存在时呈现蓝色。

（三）镁

镁是一种参与生物体正常生命活动及新陈代谢过程必不可少的元素，影响细胞的多种生物功能，在动植物体内含量都较高。鉴定动植物组织中镁的方法如下。

（1）制备切片。见常规制样技术。

（2）加 1～2 滴醌茜素试剂（将醌茜素 100 mg 和乙酸钠结晶 500 mg 研碎，然后将此混合物 500 mg 溶于 100 mL 5%的氢氧化钠中）于切片上，随后又加上 1～2 滴 10%氢氧化钠。

（3）在另外一张片子上加 1～2 滴 0.2%钛黄溶液，随后加 1～2 滴 10%氢氧化钠。

（4）再在第三张片子上加 1～2 滴 0.1%偶氮蓝。

（5）光镜观察。细胞中有镁存在时，数小时后呈现下列各种颜色：醌茜素试剂处理的呈现蓝色；钛黄处理的染成砖红色；偶氮蓝染的为紫色。

（四）氧自由基

氧自由基主要指 O_2^-、H_2O_2 等。NBT 在有 O_2^- 存在时还原生成蓝色不溶于水的二甲䐶，在光镜下可直接观察；H_2O_2 在 IK/淀粉混合液中有深色物质生成，也可直接用光镜观察。

1. H_2O_2 定位

H_2O_2 定位的制样程序如下。

（1）制备冰冻切片，切片厚度为 20～25 μm。

（2）切片放入 KI/淀粉反应液中，在 25℃下反应 1 h。反应液包含 4%淀粉和 0.1 mol/L KI，制备时用 KOH 调 pH 至 5.0 后煮沸，降至室温。

（3）光镜观察。细胞中有 H_2O_2 存在时，显微镜下可观察到深色物质的生成。

2. O_2^- 定位

O_2^- 定位的制样程序如下。

（1）制备冰冻切片，切片厚度为 20～25 μm。

（2）切片放入反应液中 25℃反应 1 h，反应液包含 pH 7.8 的 50 mmol/L 磷酸钾缓冲液和 0.25 mmol/L NBT。

（3）光镜观察。细胞有 O_2^- 存在时，显微镜下可观察到生成的蓝色二甲臜。

第二节 酶细胞化学

前面章节已经详细介绍了电镜水平下的酶细胞化学，下面简单介绍几种重要酶的显微细胞化学鉴定方法。显示组织细胞内特定酶有两类方法：①利用酶的活性反应的方法；②利用抗原抗体反应的方法。酶细胞化学是指前者，后者归属于免疫细胞化学。

利用细胞内酶催化分解其相应的底物，形成产物，再通过其他各种方法把形成的产物显示出来，并借助光学显微镜观察研究酶在组织细胞内的定位及其活性变化规律的科学就是酶细胞化学。酶细胞化学反应主要有如下几种方法。

（1）金属沉淀法：利用酶反应的分解产物与金属化合物反应生成有色沉淀，借以显示所检测的酶的活性。

（2）偶氮偶联法：人工合成的酶底物（多为萘酚族化合物）在酶的作用下产生分解产物，分解产物与重氮盐结合形成偶氮色素。

（3）联苯胺色素法：过氧化酶分解 H_2O_2 产生新生氧，后者再将无色联苯胺氧化成联苯胺蓝，进而形成联苯胺黑化合物。

（4）四唑盐法显示脱氢酶：脱氢酶催化底物脱下来的氢与无色的四唑盐类物质结合，将其还原成红色或蓝色甲臜或二甲臜，进而显示酶的存在。

（5）吲哚酚法：以酯型吲哚酚化合物为酶的底物，酶作用于底物后分解出作用吲哚酚，在氧的存在下形成蓝色靛蓝，从而显示酶的存在。

制备高质量的酶细胞化学切片过程应遵循以下原则：①制片过程一定要保持酶的活性及分布，否则会导致实验失败；②所选择的酶底物和辅助物必须能迅速和同步地渗透到组织细胞中去；③所选择的底物应只被所检测的酶催化分解；④为防止酶催化分解的初反应产物溶解扩散，必须使初反应产物能迅速与辅助物反应生成终产物，且终反应产物是水不溶性的有色而稳定的物质，沉积在酶所在的部位；⑤做酶组织化学实验时，应同时设有阴性和阳性实验对照。阳性对照一般使用存在该酶的已知组织作为样品制样，结果应为阳性，这样可证明试剂已起作用。阴性对照可用沸水或一种化学药品破坏标本片上的酶，或将阴性对照放入去除底物的孵育液，或在孵育液中加入酶的特异性抑制剂。

一、过氧化物酶

过氧化物酶（peroxidase）可用色素形成法显示，即用二氨基联苯胺来定位酶的活性部位。主要制样步骤如下。

（1）新鲜组织冰冻切片贴于载玻片上，晾干，不固定或用冷 10% 的甲醛钙液固定 10 min，蒸馏水洗。

（2）置入无底物的孵育液（或配制孵育液的缓冲液）中漂洗标本，进行色素孵育。

（3）切片置入孵育液中，37℃ 孵育 5~10 min。孵育液配方：3,3′-二氨基联苯胺四盐酸盐，5 mg；0.05 mol/L Tris-盐酸缓冲液（pH 7.6），10 mL；1% 过氧化氢水溶液，

0.1 mL。

(4) 蒸馏水洗 2 次，每次 1 min。

(5) 常规脱水、透明，中性树胶封片。

(6) 光镜观察。细胞中有过氧化物酶活性部位呈棕褐色。

二、细胞色素氧化酶

可利用细胞色素氧化酶（cytochromeoxidase，CCO）催化二甲基对苯二胺氧化，然后和萘酚结合形成稳定的有色沉淀来显示酶的存在。主要制样步骤如下。

(1) 新鲜组织经 3% 戊二醛固定 10 min，0.1 mol/L PBS 洗涤 3 次，每次 10 min。

(2) 冰冻切片 5~10 μm。

(3) 置入无底物的孵育液（或配制孵育液的缓冲液）中漂洗标本，进行预孵育。

(4) 置于孵育液中，室温下孵育 30~60 min。孵育液（pH 7.8~8）为取 A 液和 B 液各 5 mL 混合，再加入 0.1 mol/L PBS（pH 7.2~7.9）6 mL，混匀。A 液：α-萘酚 100 mg 溶解到 1 mL 无水乙醇中，再加入重蒸水 99 mL。B 液：二甲基对苯二胺 120 mg 溶于 100 mL 重蒸水中。在孵育液中加叠氮钠 10^{-3} mol/L，抑制酶活性，作为对照设置。

(5) 蒸馏水洗 3 次，每次 1 min。

(6) 甘油明胶封片。

(7) 光镜观察。细胞色素氧化酶活性部位呈蓝色。

三、琥珀酸脱氢酶

采用硝基蓝四唑法可检测细胞中琥珀酸脱氢酶（succinate dehydrogenase，SDH）活性。原理是琥珀酸脱氢酶使底物琥珀酸钠释放出氢，还原硝基蓝四唑成紫蓝色沉淀物。沉淀部位即为细胞中有酶活性的部位。主要制样步骤如下。

(1) 新鲜组织冰冻切片 10~15 μm。

(2) 置入无底物的孵育液（或配制孵育液的缓冲液）中漂洗标本。

(3) 置于孵育液中，37℃下在暗处孵育 10~40 min，观察直到切片蓝色不再加深为止。孵育液配方：硝基蓝四唑，2.5 mg；二甲基亚砜，0.5 mL；0.1 mol/L PBS（pH 7.4），5 mL；0.05 mol/L 琥珀酸钠水溶液，5 mL；蔗糖，250 mg；蒸馏水，10 mL。

(4) 蒸馏水漂洗 2~3 次，每次 10~15 min。

(5) 用 10% 甲醛生理盐水溶液固定切片 10 min。

(6) 流水冲洗 3 min。

(7) 甘油明胶封片。

(8) 光镜观察。琥珀酸脱氢酶活性部位呈深蓝色颗粒。

注意：①组织切片不可先固定；②脂肪组织也会着色；③在孵育液内加入 0.05 mol/L 丙二酸钠代替琥珀酸钠或等量的蒸馏水代替底物作为孵育液，孵育切片结果应为阴性。

四、碱性磷酸酶

显示碱性磷酸酶（alkaline phosphatase，ALPase）常用的方法主要有金属沉淀法和偶联偶氮法。其中金属沉淀法原理如下：选用β-甘油磷酸钠为底物，在细胞内碱性磷酸酶的作用下（Mg^{2+}作为激活剂、最适 pH 为 9.2～9.4）水解成甘油和磷酸，磷酸与高浓度的钙盐结合而形成无色的磷酸钙，后者被硝酸钴作用形成磷酸钴，最后在硫化铵作用下成为可见的棕褐色硫化钴沉淀。制样程序如下。

(1) 冰冻切片或冷丙酮中固定 30 min，石蜡包埋、切片、脱蜡。

(2) 置入孵育液中，37℃下保温 4～6 h。孵育液配方：3%β-甘油磷酸钠，5 mL；2%巴比妥钠，5 mL；2%氯化钙，10 mL；2%硫酸镁，1 mL；蒸馏水，10 mL。

(3) 自来水冲洗 3 次，每次 10～15 min。

(4) 2%硝酸钴中浸 3～5 min。

(5) 蒸馏水洗 3 次，每次 10～15 min。

(6) 1%硫化铵中 2 min。

(7) 自来水冲洗 3 次，每次 10～15 min。

(8) 2%甲绿复染 10～15 min，晾干、封固。

(9) 光镜观察。阳性反应呈灰黑甚至深黑色颗粒或片状沉淀。

五、酸性磷酸酶

酸性磷酸酶（acid phosphatase，ACPase）广泛分布于各种组织中，主要位于溶酶体内，在最适 pH（4.8～5.2）下能催化醇、酚类的磷酸酯水解。显示酸性磷酸酶常用金属沉淀法和偶联偶氮法。硝酸铅法反应原理与碱性磷酸酶钙钴法的原理相似。制样程序如下。

(1) 将样品在甲醛-钙液中，4℃下固定 24 h，再进行冰冻切片（6～8 μm）。切片贴于载玻片上，冷风吹干。

(2) 蒸馏水洗。

(3) 置入无底物的孵育液（或配制孵育液的缓冲液）中漂洗标本。

(4) 置入 pH 5.0 孵育液中，37℃孵育 2～4 h。孵育液配方：蔗糖，0.8 mg；0.05 mol/L 乙酸缓冲液（pH 5），10 mL；硝酸铅，10 mg；3%β-甘油磷酸钠水溶液，1 mL。

(5) 蒸馏水洗 2 次，每次 10～15 min。

(6) 放入 1%硫化铵水溶液中，显色 1 min。

(7) 流水冲洗，再用蒸馏水洗。

(8) 常规脱水、透明，中性树胶封片。

(9) 光镜观察。酸性磷酸酶活性处呈棕褐色。

注意：①长时间孵育会导致酶扩散，而使定位不准确；②阴性对照可用加有 0.01 mol/L 氟化钠的孵育液进行孵育。

六、三磷酸腺苷酶

三磷酸腺苷酶（adenosine triphosphatase，ATPase）水解磷酸之间的高能键，释放出来的磷酸被铅离子捕获，经硫化铅处理形成硫化铅沉淀而显色。制样程序如下。

(1) 新鲜组织标本，冰冻切片。

(2) 蒸馏水洗 2～3 次，每次 10～15 min。

(3) 置入无底物的孵育液（或配制孵育液的缓冲液）中漂洗标本。

(4) 置入孵育液中，37℃下孵育 30～60 min。孵育液配方如下：三磷酸腺苷二钠盐，10 mg；0.2 mol/L Tris-盐酸（pH 7.2），10 mL；0.1 mol/L 硫酸镁溶液，2.5 mL；2%硝酸铅水溶液，1.5 mL；蔗糖，1.8 g；蒸馏水，25 mL。孵育液免去三磷酸腺苷二钠盐底物，或孵育液中加 0.035%对氯汞苯甲酸，作为阴性对照。

(5) 蒸馏水洗 2～3 次，每次 10～15 min。

(6) 1%硫化铵水溶液中，显色 1 min。流水冲洗，再蒸馏水洗。

(7) 切片经 10%甲醛固定 10～20 min。蒸馏水洗 2～3 次，每次 10～15 min。晾干，甘油明胶封片。

(8) 光镜观察。三磷酸腺苷酶活性处呈棕褐色。

第三节 免疫细胞化学技术

免疫细胞化学（immunocytochemistry，ICC）是应用抗原和抗体特异结合的免疫学原理及组织（细胞）化学显色原理相结合的实验技术。因为抗体与抗原之间的结合具有高度的特异性，所以先将组织或细胞中的某种化学物质提取出来，以此作为抗原或半抗原，通过免疫后获得特异性的抗体，再以此抗体去探测组织或细胞中的相应抗原物质，反之亦然。组织或细胞中凡是能作抗原或半抗原的物质，如蛋白质、多肽、氨基酸、多糖、磷脂、受体、酶、激素、核酸及病原体等都可用相应的特异性抗体进行检测。由于免疫细胞化学具有特异性强、敏感性高、定位准确、形态与功能相结合等优点，可对细胞标本中的某些化学成分进行原位的定性、定位或定量的研究。

根据示踪物的不同，免疫细胞化学技术可分为免疫胶体金（银）或胶体铁技术、免疫酶细胞化学技术、免疫荧光细胞化学技术等。

一、免疫胶体金细胞化学

应用胶体金为标记物的免疫金染色（IGS）与免疫金银染色（IGSS）方法在光镜和电镜下可以单标记和双标记或多种标记，观察细胞和组织结构，可以定性、定位以至定量研究。第七章已经详细介绍了胶体金免疫电镜技术，下面重点介绍光镜下的免疫细胞化学技术。

（一）胶 体 金

胶体金的性质和制备过程见第七章第三节相关内容。

(二) 光镜免疫金技术 (IGS)

IGS 技术的特点是染色程序简便,不用显色就能检测细胞表面的抗原,也能检测细胞内抗原。一般要求金颗粒大小为 20 nm。IGS 技术有间接法和 PAG 法,用 IGS 定位细胞抗原时一般采用间接法。

1. 间接免疫金法步骤(以人肝组织 **HBsAg** 的定位为例)

(1) 石蜡切片脱蜡复水至 PBS 后,以 0.1% 胰蛋白酶消化 10 min 或 3 mol/L 尿素消化 30 min。

(2) 以重蒸水冲洗 2 次,每次 5 min,以 0.02 mol/L TBS (pH 8.2) 清洗 2 次,每次 10 min,1% 卵蛋白 (EA) 封闭 10 min。

(3) 用稀释 (0.02 mol/L TBS pH 8.2) 的鼠抗 HbsAg (乙型肝炎病毒表面抗原) 单克隆抗体,4℃ 孵育过夜。

(4) 0.02 mol/L TBS 清洗 2 次,每次 10 min,再以 1%EA 封闭 10 min。

(5) 0.02 mol/L TBS 稀释兔抗鼠金标抗体,于 37℃ 孵育 45~60 min。

(6) 0.02 mol/L TBS 清洗 2 次,每次 10 min,重蒸水冲洗 2 次,每次 5 min,以 1% 戊二醛处理,重蒸水洗涤后,用苏木精复染核 1 min,甘油封片。

(7) 光镜观察。

2. PAG 法步骤(以 **5-羟色胺**定位为例)

用抗蛋白 A 抗体作桥梁的 PAG 放大法,原理如图 9-1 所示。由于抗蛋白 A 抗体既能通过 Fab 段,又能通过 Fc 段与 PAG 上的蛋白 A 结合,因此与其他桥抗体相比,它能够在抗原位点处聚集更多的胶体金颗粒。结果含有嗜银颗粒的细胞质显红色,阳性颗粒位于细胞核底部,比单纯用 PAG 染色更深,阳性结果被放大,大大提高了 IGS 的敏感性。

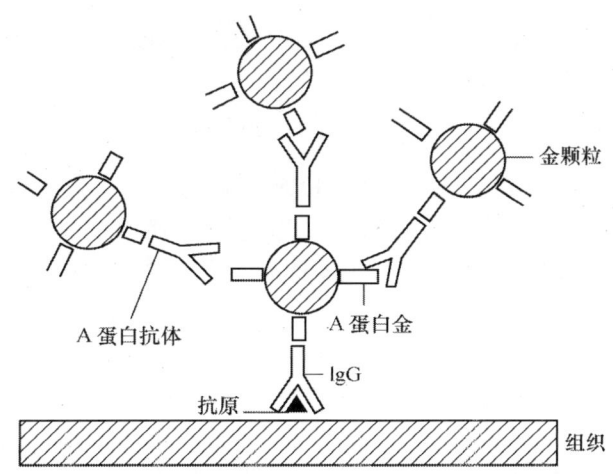

图 9-1 PAG 放大法原理 (朱立平和陈学清,2000)

(1)、(2) 步骤同上述 IGS 间接法。

(3) 用 0.05 mol/L TBS pH 7.4 稀释的兔抗 5-羟色胺抗体孵育,4℃ 过夜或 37℃ 下 1 h。

(4) 0.05 mol/L TBS 清洗 2 次，每次 5 min，然后以 1% EA 封闭 10 min。

(5) 用抗蛋白 A 抗体 37℃孵育 45 min。

(6) 0.02 mol/L TBS 清洗 2 次，每次 10 min，以 0.05 mol/L TBS 稀释的 PAG 于 37℃孵育 45 min。

(7) 0.02 mol/L TBS 清洗 2 次，每次 10 min，重蒸水洗 5 min 后，1%戊二醛处理 10 min。

(8) 重蒸水洗 5 min 后，以 1%伊文斯蓝复染 2 min，甘油封片。

(9) 光镜观察。

（三）免疫金银法（IGSS）

通过免疫反应沉积在抗原位置的胶体金颗粒起着一种催化剂的作用，用对苯二酚还原剂将银离子（Ag^+）还原成银原子（Ag）。被还原的银原子围绕纯金颗粒形成一个"银壳"。"银壳"具有催化作用，使更多银离子还原，促成"银壳"越变越大，最终抗原位置得到清楚放大，见图 9-2。

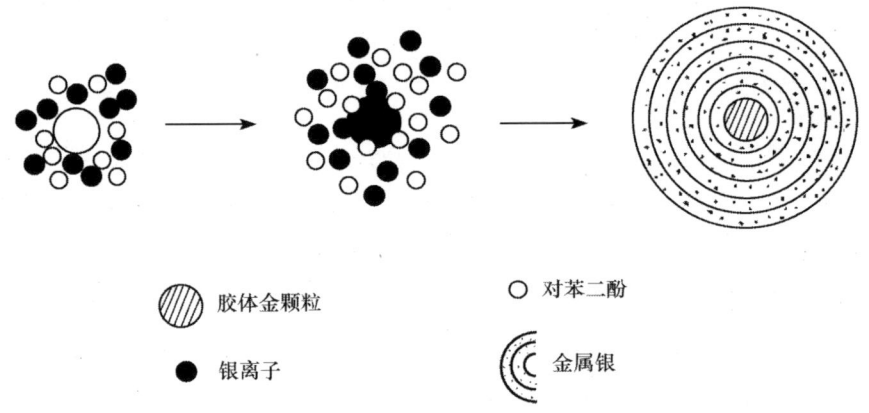

图 9-2　银增敏技术的示意图（朱立平）

IGSS 染色的半薄切片，可在光镜下直接观察阳性结果，为电镜取阳性部位及观察打下良好的基础。但是环氧树脂妨碍免疫组织染色，经锇酸处理后固定的组织同样也会影响抗原抗体反应。因此，用环氧树脂包埋样品还应做脱去树脂、除去锇酸等处理，之后方可进行 IGSS 染色。下面以石蜡切片上进行肝细胞 HBsAg 定位为例介绍制样方法。

(1) 切片常规脱蜡至水，1%硫代硫酸钠水溶液脱碘 5 min。

(2) 重蒸水冲洗后，以 0.05 mol/L TBS（pH 7.4）洗涤 2 次，每次 5 min，用 0.1%胰蛋白酶消化 10 min。

(3) 0.05 mol/L TBS 洗 5 min，以 1%卵白蛋白封闭 15 min。

(4) 以马抗 HBsAg 抗体（1∶1000）在 37℃下孵育 1～2 h，或 4℃下过夜。

(5) 以 0.05 mol/L TBS 洗 2 次，每次 5 min，再以 1%卵白蛋白封闭 10 min。

(6) 以 PAG 于 37℃孵育 45 min。

(7) 0.05 mol/L TBS 洗 2 次，每次 5 min，重蒸水清洗 2 次，每次 5 min，入银显

影液，暗室内显影至合理强度。

(8) 重蒸水洗 2 次，每次 5 min，苏木精衬染，脱水，透明，封固。

(9) 光镜观察。阳性结果为肝细胞胞浆内有膜形或包含体形分布的黑色颗粒，背景干净。

注意：硝酸银显影液为 10% 明胶 60 mL（阿拉伯明胶）；枸橼酸缓冲液（枸橼酸 2.55 g，枸橼酸钠 2.36 g，加水至 10 mL，调 pH 至 3.5）；对苯二酚 1.7 g，加水至 30 mL；硝酸银 40 mg，加水至 2 mL。

二、免疫胶体铁细胞化学

胶体铁是一种阳离子胶体，其颗粒有一定的大小及电子密度，最初被用于光镜及电镜下定位组织中的阴离子部位。后来在抗体分子上标记了胶体铁，将胶体铁引入免疫细胞化学技术。该方法具有较高的特异性与敏感性，背景染色干净。

（一）胶体铁的制备和纯化

详情见第七章第五节。

（二）抗体的标记

胶体铁的等电点为 7.8～7.9，在 pH 7.4 时通过离子键能与抗体 IgG（pH 5.8～7.3）结合而不影响抗体活性。抗体标记时，用 0.1 mol/L 碳酸钾将胶体的 pH 调至 7.4，按每毫升胶体铁 0.2～1 mg 的蛋白量，将 IgG 在电磁搅拌下逐滴加入到胶体铁，搅拌 5 min 后，通过 0.1 mol/L pH 7.4 二甲胂酸钠缓冲液平衡的 Amberlight CC-50 层析柱，二甲胂酸钠缓冲液洗脱纯化。

（三）免疫胶体铁细胞组织化学染色

下面以石蜡切片为例说明制样步骤。

(1) 组织切片脱蜡入水，以 0.01 mol/L PBS（pH 7.4）洗涤 3 次，每次 10 min。

(2) 用 4% 正常羊血清封闭组织，在 37℃下，30 min。

(3) 以第一抗体孵育组织，在 4℃下孵育 24 h。

(4) 以 PBS 清洗 3 次，每次 10 min，然后用胶体铁标记的第二抗体在 37℃下孵育 30 min。

(5) 蒸馏水洗后，以 1% 亚铁氰化钾与 1% 盐酸混合液显色 20 min。

(6) 自来水洗后，核固红染核，脱水，透明，封片。

(7) 光镜观察。细胞中阳性部位显示蓝色，细胞核为红色。

三、免疫酶细胞化学

1967 年 Nakane 创建的免疫酶细胞化学技术是目前开展免疫组织化学技术最常用的方法。该技术是借助于抗体与抗原的特异性结合并利用酶作用底物所产生的颜色反应来显示抗原存在的一种技术。其方法是以酶作标记物，与抗原或抗体结合，然后根据酶与底物间产生的可溶性或不溶性颜色产物，借助于光镜（或电镜）观察细胞及亚细胞水平的抗原或抗体的存在和分布。与免疫荧光技术相比其具有以下优点：①定位准确，对比度好，应用广泛；②可用苏木精等染料复染，便于与形态学相结合；③显色反应的产物颜色易分辨，且电子密度大，便于光镜及电镜观察；④可根据酶和底物/供氢体的不同显示不同的颜色，可进行双重或多重染色。免疫电镜细胞化学技术已经在前面章节介绍了，下面重点介绍光镜下的酶免疫细胞化学。

（一）常用标记的酶

目前常用于标记的酶有辣根过氧化物酶（HRP）、碱性磷酸酶（alkaline phosphatase，ALPase）、葡萄糖氧化酶（GOD），但绝大部分免疫酶组织化学技术使用 HRP。

1. 辣根过氧化物酶

HRP 作为标记物有如下优点。

（1）相对分子质量 40 000，体积小，不会遮盖抗原的结合部位；穿透力强，易与细胞内抗原结合。

（2）具有较高活性及特异性。

（3）终产物不向周边扩散。

（4）组织中内源性酶较少，抑制方法较多。

（5）特异性底物是过氧化氢（H_2O_2），可选用不同电子供体（发色基团），使终产物呈不同颜色。例如，3,3'-二氨基联苯胺（DAB）为棕褐色，3-氨基-9-乙基卡巴唑（AEC）为红色，4-氯-1-苯酚（CN）为蓝色。其中 DAB 是广泛应用的电子供体，其终产物具有嗜锇性，经锇酸处理后电子密度增加，也适用于电镜下观察。

2. 碱性磷酸酶

目前商品化的 ALPase 其分子质量为 100 000。分子相对较大，穿透细胞组织的能力较弱。某些组织细胞内含有较高的内源性碱性和酸性磷酸酶，对染色会产生一定的干扰，因此限制了它的应用。由于 ALPase 的呈色反应的敏感性要比 HRP 高 2～3 倍，显色时间可从 30 min～48 h，可与 HRP 组合进行双重或多重标记。目前该酶已广泛应用于原位杂交检测的显色和双重酶标染色。

3. 葡萄糖氧化酶

GOD 以葡萄糖为底物，生成蓝色不溶性沉淀。其相对分子质量为 150 000，不能穿入细胞，影响了其应用。另外，该酶与底物反应敏感性低，主要用于多重标记。

（二）酶标记抗体法

酶标记抗体法（enzyme labelled antibody technique）是用结合物将酶结合在抗体分子上，制备成酶标记抗体，通过抗原-抗体反应使抗原-抗体复合物上带有酶分子，再借助酶对底物的特异性催化作用，在抗原-抗体反应部位形成不溶性有色产物，用于研究抗原物质分布和性质。目前应用最多的酶是辣根过氧化酶（HRP）。酶标记抗体法又分为直接法和间接法。底物是 3,3'-二氨基联苯胺（DAB）。

（三）制样步骤

1. 直接法

（1）石蜡切片脱蜡至水，冰冻切片或细胞涂片经丙酮固定 10 min，PBS 洗 2 次，每次 3 min。

（2）滴加 0.3% H_2O_2 甲醇液，室温处理 20 min，PBS 洗 3 次，每次 3 min（抑制内源性过氧化物酶活性）。

（3）0.1% 胰蛋白酶 37℃ 消化 20 min，PBS 洗 3 次，每次 3 min。

（4）滴加 1:（5~20）正常羊血清或牛血清 20 min（室温或 37℃），吸去多余血清，不洗。

（5）适当稀释的酶标记特异性抗体（一抗）孵育，37℃ 下 60 min；PBS 洗 3 次，每次 3 min。

（6）0.04% DAB + 0.03% H_2O_2 显色 8~12 min，最好在光镜下控制。

（7）充分水洗，苏木精复染，盐酸乙醇分化 15~30 s。

（8）常规树胶封片，观察结果。

2. 间接法

（1）~（3）步同直接法。

（4）第二抗体的正常动物血清按 1:20 稀释，室温 20 min（阻断非特异性结合位点），吸去多余血清，不洗。

（5）适当稀释的特异性抗体（一抗）湿盒 37℃ 孵育 60 min，或室温孵育 4~12 h；PBS 洗 3 次，每次 3 min。

（6）酶标记抗体（二抗）37℃ 孵育 40 min；PBS 洗 3 次，每次 3 min。

（7）DAB/H_2O_2 显色 8~12 min，镜下控制。

（8）以下同直接法。

四、免疫荧光细胞化学

免疫荧光细胞化学具有特异性、快速性和在细胞水平定位的准确性等特点，因此在免疫学、微生物学、病理学、肿瘤学及临床检验等许多方面得到广泛应用。

（一）基 本 原 理

根据抗原抗体反应原理，先将已知的抗原或抗体标记上荧光素，再用这种荧光抗体（或抗原）作为探针检查细胞或组织内的相应抗原（或抗体）。在细胞或组织中形成的抗原抗体复合物上含有标记的荧光素，荧光素受激发光的照射，发出明亮的荧光（黄绿色或橘红色）。利用荧光显微镜可以看见荧光所在的细胞或组织，从而确定抗原或抗体的性质和定位；也可利用定量技术测定其含量。

虽然某些抗原可以用荧光素标记，制成荧光抗原，标记荧光素的方法与制备荧光抗体方法相同，但多数抗原难以提纯或量少昂贵，一般很少采用此法，而是采用抗体荧光染色。

（二）制备荧光抗体

要制备特异性强和高效价的荧光抗体，就必须选用高质量的荧光素和高效价的抗体。

1. 荧光素

可以产生明亮荧光的染料物质称为荧光素，常用于标记抗体的荧光色素。目前，FITC是使用最广泛的荧光素（图9-3），RB200及TRITC可作为前者的补充，用作双标记或对比染色。

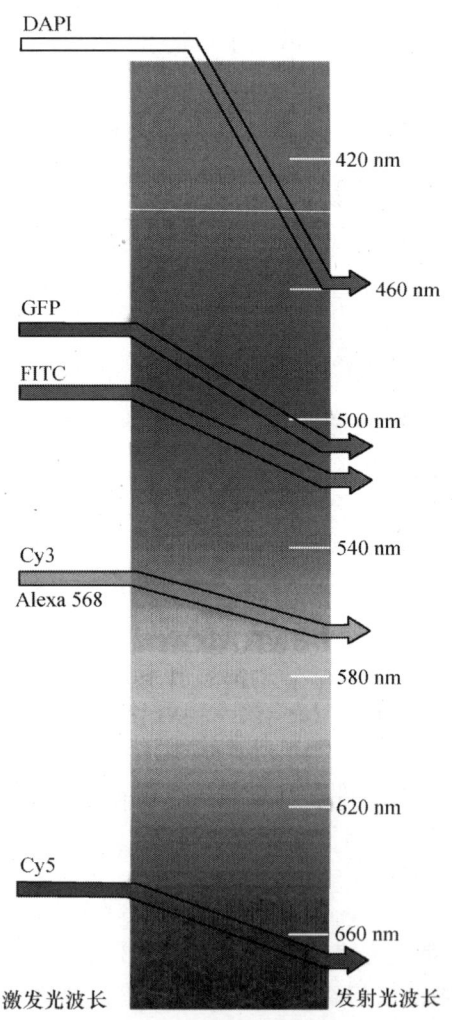

图9-3 几种常用的荧光染料的最大激发和发射波长（Alberts et al., 2002）

2. 荧光素标记抗体的方法

请参考细胞生物学相关实验技术手册。

知识点 9-1　标记抗体的常用荧光素

异硫氰酸荧光素（FITC）：一种黄色粉末，性质稳定，易溶于水和乙醇。最大吸收光谱为 490~495 nm；最大发射光谱为 520~530 nm，呈现黄绿色荧光。相对分子质量为 389.4；碱性条件下，一个 IgG 分子上最多能标记 15~20 个 FITC 分子。

四乙基罗丹明（RB200）：不溶于水，易溶于乙醇和丙酮。最大吸收光谱570 nm；最大发射光谱 595~600 nm，呈明亮橙色荧光。相对分子质量580；碱性条件下易与蛋白质的赖氨酸 ε-氨基反应而标记在蛋白质上。

四甲基异硫氰酸罗丹明（TMRITC）：一种紫红色粉末，较稳定；最大吸收光谱为 550 nm，最大发射光谱620 nm，呈橙红色荧光，与 FITC 的黄绿色荧光对比清晰；可用于双标记示踪研究。

（三）制样步骤

1. 直接法

利用标有荧光素的特异性抗体（抗原）直接与标本中相应抗原（抗体）相结合来检测未知抗原/抗体的方法（图 9-4）。此方法简单、需时短、特异性高，但是一种标记抗体只能检测一种抗原，且敏感性较差，观察时须用高分辨率的荧光显微镜。

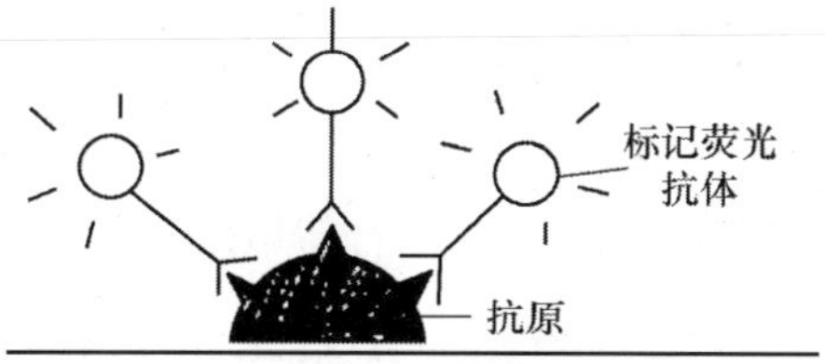

2. 间接法

先用特异性抗体与细胞标本反应，随后用缓冲盐水洗去未与抗原结合的抗体，再用间接荧光抗体与结合在抗原上的抗体结合，形成抗原-抗体-荧光抗体的复合物。此方法灵敏性高，只需要制备一种种属间接荧光抗体，可以适用于同一种属产生的多种第一抗体的标记显示（图 9-5）。

图 9-4　直接法（朱立平和陈学清，2000）

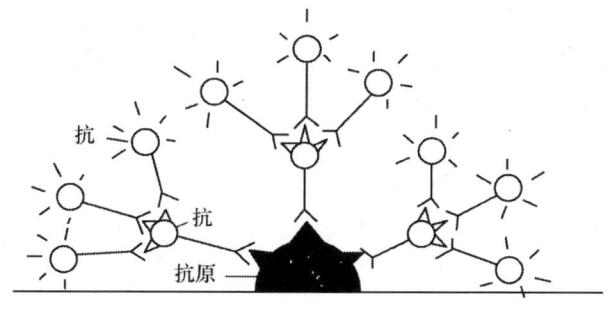

图 9-5　间接法（朱立平和陈学清，2000）

关于免疫荧光技术及其在生命科学中的应用文献较多，在此不作赘述。

第十章 超微和显微细胞化学在分子生物学中的应用

超微细胞化学和显微细胞化学技术是分子细胞生物学的重要技术之一，它们在分子生物学的发展过程中起了重要作用。本章重点介绍超微细胞化学和显微细胞化学在分子生物学中的应用，包括生物大分子展层技术、DNA 及 DNA 结合蛋白的电子显微术、核酸和核蛋白复合物的快速印迹法，以及电镜原位核酸分子杂交的原理、技术和应用等内容，同时简单介绍了光镜水平的核酸分子原位杂交和原位 PCR 方法等。

第一节 生物大分子展层技术

研究生物大分子的理化性质、空间结构及其功能的方法有多种，如顺磁共振、核磁共振、中子衍射、X 射线衍射、质谱仪、高分辨率的电子显微镜和计算机三维重构等技术。其中 X 射线衍射要求样品为足够大的单晶体，但生物大分子并不都是足够大的晶格样结构，因此高分辨电子显微镜成为研究生物大分子超微空间结构的有力工具之一。

一、蛋白质大分子展层和电镜观察

（一）蛋白质大分子的负染色法

此法对观察游离蛋白质分子单体和集合的蛋白质结晶体都适用。由于蛋白质大分子的化学成分主要是碳（C）、氢（H）、氧（O）、氮（N）等原子序数较低的物质，与原子序数高的重金属盐相比，重金属盐的电子散射能力要强许多。当用金属盐染色时，含有重金属盐的染液并不染蛋白质大分子，而只是填充其周围的空间，所以能在蛋白质大分子的周围形成致密的、近乎无结构的背底，使显得较为明亮的蛋白质大分子结构被清晰地反衬出来。与细胞悬浮样品相比，蛋白质大分子的体积要小得多，所以对负染色时支持膜有特殊的要求。

1. 制备纯碳膜

通常用的孚尔瓦膜和火棉胶膜，如果太厚，容易出现不规则的膜结构，使背底噪声加高，并影响图像的反差；如果太薄，样品在电子束的轰击下又容易开裂，所以不宜在负染色时使用。负染色所用的纯碳膜（包括微筛碳膜）是低噪声支持膜，一般厚 10~15 nm。这种支持膜可使图像的反差和分辨率相应提高，又有一定的机械强度。可购买包被有碳膜的载网，也可自己制备。为了增加样品的清晰度，还可以使用微孔孚尔瓦/碳膜。

纯碳膜的制备方法如下。

（1）劈开一层云母片，在真空喷镀仪中喷碳膜（10~15 nm）。

（2）在重蒸水的水面上剥离碳膜，使其漂浮。

（3）用铜网捞碳膜，放在垫有滤纸的培养皿中自然晾干。

2. 制备蛋白质分子悬浮溶液

制备蛋白质分子悬浮溶液时，要注意蛋白质分子的浓度、缓冲液的 pH 和离子强度三个因素。如果蛋白质溶液的浓度太低，在电镜观察时难找到目标；而浓度太高时蛋白质分子聚集过密，又导致结构重叠。一般适宜的浓度为 5~10 μg/mL。另外，要注意缓冲液的 pH 不能接近蛋白质的等电点，否则蛋白质易生成沉淀。缓冲液的浓度不易太高，一般以 2 mmol/L 为宜。如果浓度过高，影响蛋白质成像的质量。

3. 配制负染液

负染液应具有以下优点。

（1）电子密度高（应是样品电子密度的 3~4 倍以上）。

（2）熔点较高，在电子束的轰击下比较稳定，不易升华。

（3）本身不显示特殊的结构，即在电镜观察时，呈现为均匀的背底。

（4）染液颗粒极细小，以便充分渗透到样品的各个角落，使能完整地反衬出样品复杂的精细结构。

（5）重金属盐染液的溶解度要高一些，以防析出沉淀干扰观察。

常选用 0.5%~2% 磷钨酸（PTA）或硅钨酸（STA）水溶液为负染液，临用之前用 1 mol/L 的 NaOH 调 pH 适当。如果用乙酸双氧铀，可配制成 0.2%~0.5% 水溶液（pH 4.5~5.5）。染液配制好后静置 1~2 d，使用前过滤。

4. 负染色操作方法

（1）点滴法：先用滴管向覆盖碳膜的铜网上点一滴准备好的蛋白质分子悬液，30~60 s 后用重蒸水点滴冲洗 10~20 次；再用吸管滴 1%~2% 的磷钨酸 6~8 滴进行染色；再点滴冲洗，自然晾干。

（2）喷雾法：先把制备好的蛋白质分子溶液与负染色液按一定比例混合（通过实验找到最佳比例），再用微量喷雾装置喷到覆盖碳膜的铜网上，经过 30~60 s 后用重蒸水点滴冲洗，并自然晾干。

5. 电镜观察

负染色后的样品，经过干燥后可直接放入透射电子显微镜中观察。

（二）复型和金属投影法

复型和金属投影法有如下优点：①可避免负染液与蛋白质之间的化学作用，以及缓冲液中的无机盐结晶的干扰；②金属投影的样品有较强的反差；③这种方法适用于纤维状的蛋白质大分子，表现为蛋白质大分子不致因亲水作用而聚集在一起，散开适度，容易分辨。不足之处主要是图像分辨率较低，不易观察蛋白质大分子内部的结构。下面介绍两种制样方法。

1. 云母拟复型喷镀法

此法适宜于制备微型颗粒样品（图 10-1）。

（1）制备蛋白质大分子材料悬浮液，一般浓度为 5~10 μg/mL。

（2）把云母片揭开一层，暴露出干净的表面。

（3）用微量喷雾器将蛋白质大分子的悬浮液喷到干净的云母片表面，自然干燥。

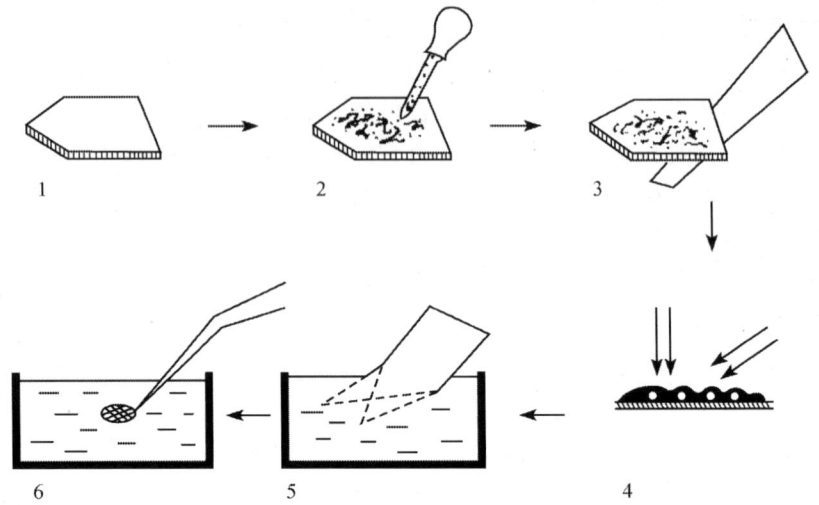

图 10-1 云母拟复型喷镀法
1. 新揭开一层云母；2. 喷雾或点滴蛋白质大分子的悬液；3. 用滤纸吸去多余的部分；4. 真空喷镀（铂金/碳）；5. 剥离复型膜；6. 捞复型膜

（4）真空喷镀铂金和碳膜。

（5）把喷镀好的云母片倾斜着插入10%丙酮水溶液中，复型膜缓缓剥离。

（6）用铜网把膜捞起，自然干燥后用电镜观察。

2. 喷镀腐蚀法

此法简便易行，也适于做微型颗粒样品。

（1）制备蛋白质大分子材料的悬浮液。

（2）把悬浮液点滴在有支持膜的载网上。

（3）真空喷镀铂金和碳膜。

（4）把载网放在氯仿液滴上，使支持膜被腐蚀掉，但复型膜能完好保留。

（5）电镜观察。

注意：①电镜要调到较佳的分辨状态；②图像解释要慎重，需要结合物理学、生物化学、X射线技术等方法进行综合分析，最后断定分子构型。

二、核酸大分子展层和电镜观察

核酸大分子展层是将提取的核酸加到碱性蛋白质溶液中（上相液），然后将其加到下相液中进行铺展，再将展开的核酸单分子转到有支持膜的载网上的过程。这是一种非常经典的方法，它以蛋白质单分子层为依托，把核酸大分子样品平展开，再用于电镜下的结构观察。

（1）上相液：又称展层液，是含有一定比例的核酸样品、碱性蛋白和高浓度盐的水溶液。其作用是将核酸样品与碱性蛋白充分混合，使二者之间形成广泛的水合键结合点。

（2）下相液：主要是低浓度盐的水溶液，作用是当上相液中的碱性蛋白在此溶液中展开并形成单分子层时，能使与其结合的核酸分子也平展开。

核酸大分子展层的基本原理是某些碱性蛋白（如细胞色素 c、核糖核酸酶、胰蛋白酶、溶菌酶等）在一定的条件下，能在低盐溶液或水的表面形成一种变性的单分子层薄膜，又称多肽链分子网。此外，核酸大分子链上的酸性基团与碱性蛋白分子多肽链上的大量碱性基团之间能形成一种水合键，使二者牢固结合。因此利用上述特点，先将核酸大分子样品与碱性蛋白制成一定浓度比例的混合液，使碱性蛋白与核酸大分子紧密结合；再使碱性蛋白在适当的条件下层开，与此同时，与其紧密结合的核酸大分子也就展平了。用这种方法可以观察核酸大分子的形态，并计算相对分子质量，分析杂交分子、转录核酸蛋白复合体和异源双链分子等。这种方法操作简便，所需核酸分子样品量极少，可为研究核酸的复制、转录、基因组的结构、基因片段的结构、基因的定位及碱基的组成等提供有用的信息。

单分子层平展的具体方法包括展开法、扩散法和一步释放法等。

（一）乙酸铵展开法

(1) 制备核酸样品：制备的常用方法是苯酚萃取法。制备核酸样品一定要新鲜，尽可能保持核酸链完整无损。核酸样品的浓度不低于 $5\ \mu g/mL$，pH 为 $6\sim10$。

(2) 配制上相液：取小试管一支，依次加入 $2\ mol/L$ 乙酸铵 $12.5\ \mu L$，重蒸水 $32.5\ \mu L$，核酸（适量）几毫微克，0.1% 细胞色素 c $5\ \mu L$。

(3) 配制下相液：下相液为 $0.05\sim0.25\ mol/L$ 乙酸铵水溶液 $200\ mL$ 或直接用重蒸水。

(4) 取一培养皿，注满下相液。

(5) 用微量取样器吸取约 $50\ \mu L$ 上相液，从距液面 $1\ cm$ 处轻轻注到倾斜着的载玻片上，使上相液顺着载玻片缓缓流入下相液的表面，并立即展开形成厚约 $10\ nm$ 的单分子层膜。

(6) 在避免气流干扰的情况下，使单分子层静置几分钟，然后用镊子夹住已覆盖碳膜的铜网，膜面朝下，在贴近载玻片与下相液面的交界处（约 $0.5\ cm$），轻轻呈水平方向沾取样品。

(7) 用 $0.1\%\sim0.2\%$ 磷钨酸/90% 乙醇染 $8\sim10\ s$，再立即用 90% 乙醇洗 $10\sim30\ s$，取出后自然干燥。

(8) 用旋转真空喷镀仪喷铂金，电流 $25\ A$，$2\sim3\ min$。

(9) 电镜观察。

（二）甲酰胺展开法

(1) 制备核酸样品（同前）。

(2) 配制上相液：依次加入 $0.1\ mol/L$ Tris-$0.01\ mol/L$ Na_2EDTA（乙二胺四乙酸钠盐），核酸（终浓度 $0.5\sim1\ \mu g/mL$），细胞色素 c（终浓度 $0.05\sim0.1\ \mu g/mL$），$40\%\sim50\%$ 甲酰胺。充分混合，pH $7.5\sim8.5$。

(3) 配制下相液：$0.1\ mol/L$ Tris-$0.01\ mol/L$ Na_3EDTA，$10\%\sim20\%$ 甲酰胺。

(4) 以下操作方法同乙酸铵展开法。

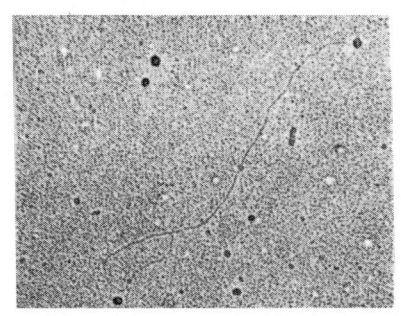

图10-2 MEV-S₁ DNA 展层(甲酰胺法),病毒核酸呈线状,长度 1.5~2.0 μm (35 000×)

图 10-2 显示的是通过甲酰胺法展层的 MEV-S₁ DNA;病毒 DNA 呈线状。

(三) 扩 散 法

这种方法适于制备 RNA 和短链 DNA 的样品,与展平法的区别在于提纯的核酸加入下相液中,浓度也要低得多 (0.1%~0.05 μg/mL)。其原理是上相液在下相液的表面展开的同时,其形成的单分子层蛋白质膜能把下相液中的核酸分子吸附住,再用覆盖碳膜的铜网蘸取。

(四) 一步释放法

配制 2 mol/L 乙酸胺上相液和 0.2 mol/L 乙酸铵下相液(或直接用重蒸水作为下相液),由于上相液与下相液之间的渗透压差别较大,当把混合了病毒或噬菌体等的上相液注到下相液的表面时,病毒或噬菌体等中的蛋白质外壳就迅速崩裂,把核酸分子释放出来。核酸瞬时间与碱性蛋白分子中的氢键相结合,并且随着蛋白质单分子层的展开,核酸分子也被展开了;然后再用已喷镀了碳膜的铜网沾取样品,依次染色、喷金和观察。

单分子层平展的方法还有 BAC 吸附法、碳膜吸附法、染色体展层术等,这里就不再赘述。

第二节 DNA 及 DNA 结合蛋白的电子显微术

一、扫描电镜和扫描透射电镜下的 DNA 及 DNA 结合蛋白成像

样品处理过程如下。

(1) 制备并将支持膜覆盖到载网上。超薄碳膜是观察单个分子非常好的低电子密度基质。

(2) 处理支持膜(support film)表面,便于接受生物分子。由于生理缓冲液内的 DNA 和某些蛋白质不能黏附在疏水性碳膜表面,因此在加入样本前,碳膜需经预先处理以增强其亲水性并提高与多聚负电性的 DNA 的静电作用。可通过高压放电(辉光)提高碳膜表面的亲水性,再用带正电的多聚 L-赖氨酸包埋碳膜。

(3) 上样、染色及旋转投影。①把含有 DNA 及 DNA 结合蛋白的样品吸附到载网上。吸取 7 μL DNA 或 DNA 结合蛋白到载网上,吸附 1 min。②清洗。在 4℃用新制的 20 mmol/L 乙酸铵清洗。③正染色。吸取 7 μL 的 5% 乙酸铀到载网上,染色 20~40 s。④清洗。在 4℃用新制的 20 mmol/L 乙酸铵清洗。⑤制备钨(W)或铂/钯(Pt/Pd)旋转投影。⑥扫描电镜观察。没有染色的、不经过重金属投影处理的 DNA 放在 3 nm 或更薄的碳膜基质上,也能在适度电子束剂量下被 STEM 暗场扫描成像。

二、透射电镜下的 DNA 及 DNA 结合蛋白成像

标准操作过程如下：在载网上吸附 DNA 及蛋白质，染色，重金属投影，方法同上。重金属能提供电镜下生物大分子成像所必需的反差。染色及重金属投影后，原来 2 nm 宽的 DNA 增大到 5 nm 宽，显著提高了成像效果。在透射电子显微镜制样中由于采用了染色和重金属投影来增强生物分子显影能力，因而不需要超薄碳膜。

第三节 核酸和核蛋白复合物的快速印迹法

以前通过电镜观察分析蛋白质与核酸的相互作用时，最常用的方法是从凝胶面上把所需的凝胶条带切下来，然后从琼脂糖中把大分子电泳洗脱掉，接着用一个小的凝胶过滤柱纯化核蛋白。也可利用低温融化琼脂糖，接着用 GELase (epicentre technology) 处理琼脂糖，用细胞色素 c 扩散法对核蛋白复合体装样，观察。

快速印迹法可以直接从凝胶上将核蛋白分离并转移到载网上，以用于电镜分析。该法在分析 DNA 与蛋白质的相互作用时特别有用，已经被用于多种转录因子存在下的 RNA 聚合酶的成像研究。

一、电镜载网的制备

电镜载网直径为 3 mm，载网上覆盖一层碳膜或塑料膜，为样品提供支撑表面。由于碳膜表面天然疏水，因此有必要对膜进行处理，使带电粒子（如核酸和蛋白质）能吸附在膜表面上。目前最常用的方法是碳膜表面放电。

电镜载网处理操作如下。①将载网放在 8 W 灭菌灯下约 2 h。②使用前再将载网从灭菌灯下移开。③载网插入到凝胶带前先浸泡在以下溶液中 10 s：20 mmol/L 亚精胺；1.5 mol/L NaCl；100 mmol/L Tris-HCl, pH 7.5；10 mmol/L EDTA, pH 7，可促进 DNA 和核蛋白结合到膜上。

二、样品制备及电泳

需要制备包含有荧光染料 YOYO-1 结合的 DNA 的样品，并在水平琼脂糖或聚乙烯酰胺凝胶上电泳。

（一）DNA 的 YOYO-1 染色

样品需要先进行 YOYO-1 染色。YOYO-1 在整个电泳分离过程中能紧密结合 DNA，有非常高的量子产量，在非常低的染料/DNA 化学计量比下也能检测得出。过去常用溴化乙锭染色，但是，溴化乙锭会破坏一些没有固定的复合物。

（二）核蛋白复合体的电泳

将含核酸和核蛋白复合物的样品在琼脂糖凝胶中电泳。通常用于分析的核蛋白复合物含有 400～1000 bp 大小的 DNA 片段。

(1) 制备用于分离复合物的大小及百分比适宜的琼脂糖凝胶。

(2) 把含核蛋白复合物（DNA与YOYO-1结合）溶液加到胶板上，在暗处电泳。

(3) 用标准紫外线透射仪观察条带。YOYO-1的主要激活条带在514 nm处，但在275 nm处有一个二级激活峰。为避免DNA断裂，凝胶用透射仪观察的时间应尽可能短。

三、核蛋白复合物转移固定到载网上

（一）电泳转移核蛋白复合物到电镜载网上

在典型的琼脂糖电泳实验中，在凝胶条带中部进行切割，插入载网到凝胶条带中。

(1) 用解剖刀切割，切割角与凝胶面呈90°，不要透过整个凝胶。用0.5%~3.0%的琼脂糖和4%聚乙烯酰胺构建的水平凝胶的切割效果好。

(2) 切割后，将凝胶放回凝胶槽，在载网插入前先电泳5 s。

(3) 将处理过的载网完全插入到凝胶中，有碳膜的一面朝向电泳装置的阳极（面对加样孔）。

(4) 凝胶放回电泳槽，在以前的电压下再电泳5 s，将核蛋白复合物转移到载网上。

(5) 电泳后，将载网留在凝胶中5 min，从凝胶中取出载网，用吸头滴加一些电泳缓冲液到碳膜面上，使其保持湿润。

（二）固定、清洗、脱水

(1) 样品固定：载网从凝胶中移开后，用滤纸点拭载网边缘，只留下一层缓冲液薄膜在载网表面上。用一滴0.6%的溶于5 mol/L Tris-HCl（pH 7.5）、1 mmol/L乙酸镁溶液的戊二醛固定10 min。

(2) 载网的清洗和脱水：把载网放到双蒸水里10 s，再把载网依次放到浓度由低到高的梯度乙醇液中，每次10 s；用滤纸吸干脱水剂，干燥。

四、载网旋转金属投影及电镜成像

（一）旋转金属投影

旋转金属投影能沉积金属到任何突出于碳膜表面的结构，是一种用电子束增加样本反差的标准方法。投影通常要有一定的角度（1°~45°）。在投影时，样品是旋转的，这样可使样品所有表面都能为金属所包被。一般在真空蒸发器中进行投影。

(1) 将样品载网放在一干净玻璃载片上，再放到蒸发器内一角度合适的旋转台上，如投影角为3°的旋转台。

(2) 将一根干净的钨丝（0.025 in* 厚）放在丝夹上，夹紧。

(3) 样品放到旋转台上之后，抽真空到6×10^{-6} Torr以下。

(4) 实施投影：慢慢增加通过细钨丝的电流，直到蒸发开始，准确设置时间控制；

---

* 英寸，1 in=2.54 cm。

一旦获得了所需厚度的金属膜，关掉电流，打开蒸发腔。

(5) 在载网盒中保存载网，直到用于电镜检查。

(二) 电镜成像、记录及像分析

载网可以用常规 TEM 成像，用一个低的加速电压（40～50 kV）下操作可增强反差。

第四节 电镜原位核酸分子杂交的原理与技术

原位核酸分子杂交（简称原位杂交）技术是利用已知序列的 DNA 或 RNA 片段为探针，按碱基配对的原则去识别与之互补的靶 DNA 或 RNA，形成 DNA 与 DNA（如 Southern 杂交）或 RNA 与 DNA（如 Northern 杂交）的杂交（图 10-3）。自 Gall 和 Pardue 建立了原位杂交技术以来，近 20 余年内，这一技术为基因的定位和表达、发育生物学、微生物学、病毒学、遗传学等领域研究提供了极其宝贵的资料，发挥了其他技术难以取代的作用。近年来，此技术的应用领域逐渐扩大并进行了技术改进，一方面是应用一系列放大手段增强检测的灵敏度；另一方面是提高其分辨率，即向电镜水平发展。

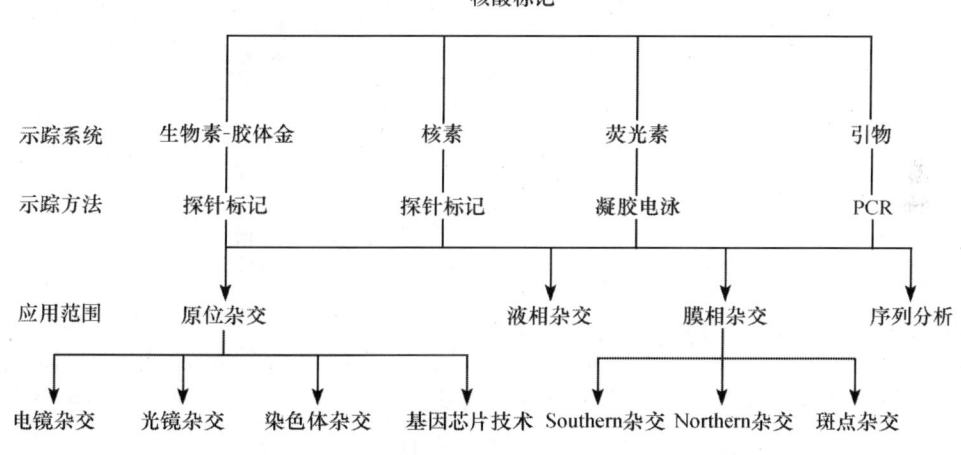

图 10-3 核酸标记及其应用范围

Jacob 等（1971）首次应用 ^{3}H 标记的互补 RNA 探针进行电镜水平的 DNA 原位杂交，分别观察小鼠 L_{929} 细胞有丝分裂期间核的卫星 DNA 和猴肾培养细胞中的 Simian 病毒 40（SV40），将原位杂交技术从光镜水平扩展到电镜水平。Webster 等（1986）应用生物素标记探针显示了细胞内 mRNA 的分布。Singer 等（1989）成功地用双标记原位杂交技术，检测整装抽提细胞内与骨架结合的 mRNA，同时显示了该 mRNA 所表达的蛋白质。新近 Fischer 等利用地高辛标记 rRNA 探针在 Lowicryl-K4M 包埋的切片进行杂交，然后以抗地高辛抗体结合胶体金颗粒进行显示，以银显示法加强获得极为满意的定位。

电镜原位核酸分子杂交技术与其他传统分子生物学方法相比，不仅具有高灵敏度和强特异性的优点，而且定位精确，并可观察细胞超微结构。电镜原位杂交可应用生物素、核素、胶体金显示杂交后的结果。由于核素标记的探针 ^{3}H、^{32}P 有放射性，而且实验周期长、稳定性差、易污染环境，因而非核素探针的探寻就成为人们的研究方向。1982年，Brigati 等成功应用生物素标记的探针在冷冻及石蜡切片上检测病毒 DNA。用生物素替代部分核素标记是原位杂交方法学上的一大改进，使原位杂交技术有了较大的进展。

一、电镜原位杂交的种类

根据标本和所用包埋剂的不同，可选择包埋前原位杂交、包埋后原位杂交和不包埋原位杂交。

（一）包埋前原位杂交

先进行原位核酸分子杂交，再将已完成杂交操作的标本按照常规电镜制样方法进行包埋、超薄切片、铅铀染色、电镜观察。其操作流程为：样品→固定（多聚甲醛-戊二醛混合液）→振动切片→原位杂交→示踪标记（胶体金或酶标）→锇酸固定→脱水→包埋→超薄切片→铀铅染色→电镜观察（图10-4）。

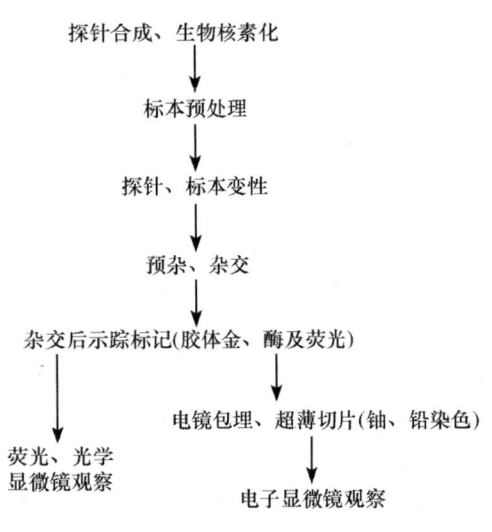

图 10-4 包埋前原位杂交操作流程

（二）包埋后原位杂交

按照常规电镜制样方法，取材、固定、包埋、超薄切片，然后再进行原位杂交，其操作流程为：样品在多聚甲醛（或多聚甲醛-戊二醛）中固定→锇酸后固定→脱水→包埋→超薄切片→镍网捞片→原位杂交→示踪标记（胶体金或酶标）→铀铅染色→电镜观察（图10-5）。锇酸使用与否依据杂交靶目标的细胞结构、反差情况而定。

（三）不包埋原位杂交

样品不进行包埋，用涂片或冷冻切片直接进行原位杂交。其操作流程为：活细胞悬液、染色体、冷冻切片→固定→原位杂交→胶体金标记→电镜观察。

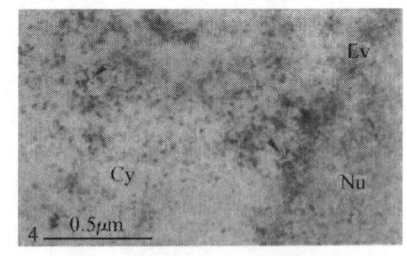

图 10-5 电镜包埋后 DNA 原位杂交
（汪健等，1996）

胡萝卜细胞经 LK$_4$M 低温包埋后切片的电镜原位杂交。图中可见代表特异 mRNA 分子的金颗粒分布（箭头所示）。Cy. 细胞质；Nu. 细胞核；Ev. 核被膜

二、电镜原位核酸分子杂交制样步骤概述

（一）固 定

新鲜标本要及时固定。为了保存组织中的 RNA

不被降解，且保持良好的亚细胞结构形态，电镜原位杂交多采用多聚甲醛-戊二醛混合固定液。锇酸是电镜样品制备的常用固定剂，它有利于膜性结构的保存，却不利于组织结构细胞内 RNA 的保存，可在进行杂交完成后应用。

（二）杂交前处理

为了使探针和胶体金容易进入细胞，在杂交前应用蛋白酶 K 或去垢剂处理样品，可增加探针对靶核酸的通透性，提高杂交效率。但也有学者认为蛋白酶 K 消化会造成 RNA 的降解、丢失。因此，电镜超薄切片原位杂交中应尽量避免用蛋白酶 K 和 TritonX-100 处理，必要时可采用低浓度的蛋白酶 K 和 TritonX-100 作杂交前处理。

（三）探针的种类和标记

1. 探针的种类

根据核酸性质不同又可分为 DNA 探针、RNA 探针、cDNA 探针及寡核苷酸探针等。DNA 或 RNA 定位的探针有双链 cDNA、单链 cDNA、合成寡核苷酸和单链 cRNA。探针长度通常以 50~200 bp 为宜，这一长度兼顾穿透性和灵敏度的技术要求。在实验中应根据不同实验对象选择合适的探针，如某些特殊的实验，探针可长达 2 kb。

（1）单链 DNA 探针：用已标记的单链 DNA 探针杂交，探针不需要变性，提高了杂交反应的灵敏度。

（2）双链 cDNA 探针：制备双链 cDNA 探针，首先要从细胞内分离出 mRNA，然后通过逆转录合成 cDNA，再通过 DNA 聚合酶合成双链 cDNA 分子。将双链 cDNA 分子插入载体中克隆、筛选、扩增、纯化。cDNA 片段可应用缺口翻译法或引物延伸法标记生物素。

（3）寡核苷酸探针：寡核苷酸探针是以核苷酸为原料，通过 DNA 合成仪人工合成的探针。人工合成寡聚 DNA（oligo DNA）片段长度为 20~50 bp，片段过短易造成假阳性，过长则杂交阳性率降低。寡核苷酸探针可用 5′端标记法、3′端标记法或引物延伸法进行标记。放射性核素或非放射性标记物均可应用于寡核苷酸探针标记。

（4）RNA 探针：将目的基因 cDNA 片段插入到含有特异的 RNA 聚合酶启动子序列（如大肠杆菌 T9 或噬菌体 T4）的质粒中，随后再将重组质粒扩增、纯化，用限制酶将质粒模板切割，使之线性化。在 RNA 酶的作用下，从启动子部位开始，以 cDNA 为模板进行体外转录。在体外转录反应物中要有放射性核素或非放射性标记核苷酸原料的存在，经过体外转录后即可获得标记的单链 RNA 探针。

2. 探针的标记

探针的标记方法较多，通常可分为放射性核素标记和非放射性核素标记两大类。后者主要有生物素标记探针、地高辛标记探针、荧光素标记探针等。

（1）生物素标记：生物素标记核酸探针技术主要是利用生物素和亲和素两种分子的独特性质。亲和素是一种碱性的四聚体糖蛋白（68 000，pI 10.5），每个亚基都能结合一个生物素分子。活化的生物素又能与蛋白质、糖类或核酸等物质偶联。当带有标记物的亲和素与偶联的生物素结合后，与生物素偶联的物质即可被显示。生物素与亲和素之间有极强的亲和力,具有专一、迅速和稳定的特点。光敏生物素乙酸盐与需要标记的核酸混合用强光照射活化,可将生物素标记在单链或双链 DNA、RNA 上,形成稳定的共价结合,100～150 个残基结合一个生物素。标记生物素的核酸探针再与链霉亲和素及示踪物胶体金结合,应用于电镜原位杂交示踪系统。

(2) 地高辛标记的探针:地高辛标记核苷酸主要通过酶反应标记核酸探针,杂交体用特异性抗地高辛抗体通过免疫组织化学技术检测。目前,Boehringer Mannheim(宝灵曼)公司的地高辛标记核苷酸有 dig-UTP 和 dig-ddUTP 等,适用于 RNA 探针、DNA 探针和寡核苷酸探针。其试剂盒用抗地高辛-金(anti-dig-gold)和银增强(silver enhancement)示踪。由于探针敏感性与放射性核素相当,探针保存时间长,对环境无污染,既可用于光镜,又可应用于电镜示踪。

(3) 核素标记:原位杂交早期就应用放射性核素 ^{3}H 作为标记物,如今核素标记核酸探针得到了广泛的应用。放射性核素的射线主要有三种:α 射线、γ 射线和 β 射线。α 射线、γ 射线的放射性核素都不适合作原位杂交的探针标记物。因此,原位杂交探针标记的核素都发射 β 射线。由于不同放射性核素半衰期、β 射线的最大能量及标记探针的比活性不同,故标记探针的稳定性、原位杂交的敏感性及放射自显影的曝光时间也各不相同。可参考第八章相关内容。

(4) 荧光素标记:荧光素不仅用于免疫荧光标记,而且也可用于原位核酸杂交示踪,并使用荧光显微镜观察。在原位杂交中常用的荧光素有异硫氰酸荧光素(FITC)、羟基香豆素等。详情参见第九章细胞化学相关内容。荧光素的原位杂交主要分两种:①直接标记核酸探针,荧光素标记核苷酸是通过酶反应制备探针;②先用 FITC 标记探针做原位杂交,然后将 FITC 作为一种半抗原,再以抗 FITC 的特异性抗体定位阳性杂交反应。

(5) 多重标记:多重标记就是在一次实验中使用 2～3 种甚至多种不同的探针进行标记及检测。电镜原位杂交的多重示踪系统可应用不同大小的胶体金进行亚细胞的精确定位。多重标记在理论上是可行的,但在实际工作中其相互干扰、人工假象等问题不可忽视。

3. 常用的探针标记技术

(1) DNA 探针的缺口翻译法:胰 DNA 酶Ⅰ可将 DNA 双链随机切开,DNA 聚合酶以互补 DNA 链为模板按 $5'\to3'$ 方向,利用外加已标记的三磷酸脱氧核苷酸修复缺口,重新合成带标记物的 DNA 双链。如果外加的是生物素或核素标记的脱氧核苷酸,经纯化便形成生物素或核素标记的 DNA 探针。

(2) 直接标记法:光敏生物素是一种可用光照活化的生物素衍生物,在水溶液中将光敏生物素与待标记之核酸混合,用光照射,可与单链或双链的 DNA、RNA 形成共价结合的探针。其特点为简便、重复性好、不需核酸合成酶等。

(3) 生物素、地高辛或荧光素标记的双链 DNA 探针的随机引物延伸法:随机引物 K4M 为人工合成的 6～12 个核苷酸的单链 DNA,它在标记过程中充当引物。同时此方法的 DNA 聚合酶Ⅰ的片段(Klenow)不含 $5'\to3'$ 核酸外切酶活性,避免 DNA 合成后的再降解。目前有多种随机引物标记盒出售。

(4) 寡核苷酸 3′端标记法：寡核苷酸可以在其 3′端用末端转移酶掺入标记的 DIG-ddUTP 或 DIG-dUTP，经聚丙烯酰胺凝胶过滤纯化，标记的寡核苷酸长度为 12～100 bp。

(四) 变性及杂交反应

电镜原位杂交与光镜原位杂交的反应条件基本相同，但二者的变性、杂交反应温度及其后续的处理程序略有不同。电镜杂交的变性温度一般控制在 70℃左右，杂交反应温度一般在 37℃下、10～20 h。如变性温度过高，孵育时间过长，亚细胞结构将受到一定程度的破坏；温度过低达不到变性的效果，从而影响核酸探针杂交信号的显现。电镜杂交最宜条件可根据所选样品进行调节，并在实验过程中不断积累经验。

(五) 杂交结果的显示

电镜原位杂交的示踪系统必须具有电子致密物的特性，才能在电镜下观察结果。各种电镜免疫组织化学技术如免疫酶、胶体金等都可用于电镜原位杂交。虽然酶示踪剂可用于电镜，但其在亚细胞水平的定位不够精确。目前，胶体金技术为电镜原位杂交提供了很好的示踪物。金标蛋白 A、金标羊抗兔 IgG 和金标链霉亲和素等试剂已被广泛用于电镜原位杂交技术。宋林生等（1996）用生物素标记的玉米 tRNA 为探针，在树脂包埋的玉米根尖超薄切片上进行原位杂交。杂交后，用与 10 nm 胶体金相连的亲和素对杂交位点在电镜下进行了检测（图 10-6）。

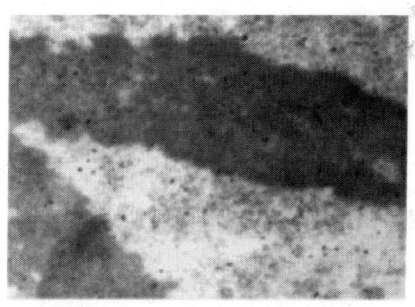

图 10-6 电镜原位杂交（宋林生等，1996）

图中黑色颗粒代表 tRNA 所在位置，显示 tRNA 在染色体和细胞质中均匀分布

第五节 电镜原位核酸分子杂交技术的应用

电镜水平的原位分子杂交技术在国外还处在不断提高和改进的阶段。下面举两个例子说明具体制样过程。

一、应用生物素标记 DNA 探针电镜原位杂交技术

应用 DNA 探针缺口翻译（nick translation）方法，通过碱基配对以一条 DNA 链为模板，将生物素标记的某一种脱氧三磷酸核苷酸（如 Bio-dUTP）掺入有缺口的 DNA 链。将生物素标记的 DNA 探针与细胞或组织进行原位杂交。显示方法有两种。①用 HRP 显示。此法类似免疫电镜技术中采取的包埋前染色法。首先利用地高辛-过氧化物酶 HRP 显色法进行光镜水平的厚片原位杂交免疫细胞化学染色，在显色完毕后，取反应阳性部位按常规电镜操作程序进行锇酸后固定、脱水、包埋、切片和观察。此法利用 HRP 免疫反应产物具有极高电子反应密度、体积大小不一的特点，加之非特异性反应产物常掩盖微细结构的背景，不易达到准确的定位。②生物素-蛋白 A（PA）-胶体金

(gold) 标记技术。其基本原理是利用生物素标记探针与细胞或组织进行原位杂交后，利用抗生物素抗体-蛋白 A-金标记杂交体的超微结构定位，类似免疫电镜中的包埋后染色。包埋剂多选用低温亲水性包埋剂-Lowicryl-K4M，也有应用 LR-white 作为包埋剂的。此法用于原位杂交的电镜定位，能够取得较为满意的效果。

下面重点介绍应用生物素标记 DNA 探针-PA-Gold 电镜杂交技术（Binder et al.，1986）。

(1) 固定：应用 4%多聚甲醛加 0.1%戊二醛（磷酸缓冲液，pH 7.4）固定。多聚甲醛-戊二醛固定时间在 15 min～1 h。然后放入 PBS，在 4℃下，含 7%蔗糖的 0.15 mol/L 磷酸缓冲液中贮存过夜。

(2) 脱水：用 0.15 mol/L 磷酸缓冲液（pH 7.4）冲洗 30 min，然后进行脱水处理。①65%乙二醇，0℃，60 min；②80%乙醇，−35℃，120 min；③100% K4M：80%乙醇=1：1，−35℃，120 min；④100% K4M：80%乙醇=2：1，−35℃，60 min；⑤100% K4M，−35℃，过夜。

(3) 包埋：组织块包埋于盛有 Lowicryl-K4M 的胶囊中，在−35℃紫外灯（波长 360 nm）照射聚合 24～48 h。取出后置室温，用紫外线灯继续照射 24 h，使包埋块变硬，易于进行超薄切片。胶囊短期可保存于室温，如需长期保存，宜置于−70℃冰箱中，可保存近 1 年。

Lowicryl-K4M 配方（见附录Ⅰ）。

(4) 超薄切片：切片厚度为 50～60 nm，将切片捞于覆有 Formavar 和碳膜的镍网上。

(5) 组织前处理和预杂交：用含 0.2 mol/L Tris 缓冲液的 0.1 mol/L 甘氨酸（pH 7.4）冲洗 15 min，以除去醛类固定剂对杂交和检测的影响；然后用 2×SSC 冲洗 15 min；再用变性液（70%去离子甲酰胺，2×SSC）在 65℃处理样品 5～10 min，以达到变性的目的。变性后的样品在预杂交液中（50%去离子甲酰胺，0.5 mol/L NaCl，10 mmol/L Tris，1 mmol/L EDTA，pH 7.5），于 37℃下预处理 15 min。

(6) 杂交：将镍网载有切片面覆盖于杂交液滴（约 20 μL）上，置于湿盒内，在 37℃下杂交 1～2 h。杂交液成分与光镜原位杂交免疫细胞化学相同（详见本章第六节），若为 DNA 探针，须在沸水中先煮 2～3 min，以使之变性，然后迅速移至冰浴。整个杂交过程须注意防止镍网上的杂交液干掉。

(7) 杂交后漂洗：在含 50%甲酰胺的 2×SSC 溶液中，于 37℃下，30 min。然后在含 50%甲酰胺的 1×SSC 溶液中，于室温下 30 min。再在无甲酰胺的 1×SSC 溶液中，室温下 20 min。样品置于 1×SSC 中，4℃下过夜。在 0.01 mol/L PBS 中（pH 7.2），室温下 10 min；用 4%BSA 封闭 15 min。

(8) 羊抗生物素 IgG 抗体（Sigma）1：100（稀释用 PBS 液，另加 300 mmol/L NaCl，0.5%Triton X-100）室温反应 2 h。

(9) 含 0.1%BSA 的 PBS 液洗 3 次，每次 30 min。

(10) 兔抗羊 IgG 连接 10 nm 胶体金（Sigma）1：100（稀释用 1%BSA 缓冲液：20 mmol/L Tris-HCl，pH 8.2，0.9%NaCl，0.02 mol/L 叠氮钠，0.5%Triton X-100），

室温反应 1 h。

(11) 1%BSA 缓冲液清洗 3 次，每次 30 min；PBS（pH 7.2）洗 15 min；蒸馏水中再清洗 5 min；空气干燥。

(12) 乙酸双氧铀染色 20 min，柠檬酸铅染色 15 min，空气干燥后电镜观察。

应用此法标记有如下优点：①形态学保存较好；②与放射性同位素标记原位杂交电镜技术的信噪比相近，是目前公认在电镜水平替代同位素标记原位杂交技术中一种较为理想的方法；③胶体金颗粒电子密度高，明显地区别于非特异性染色与污染，能达到较为满意的超微结构定位。其难点在于：①实验周期长；②亲水性低温包埋剂制作切片过程中，由于亲水性强，捞取比较困难，切片易于破裂；③探针的纯度与杂交后彻底漂洗是实验成功的关键。

二、应用地高辛标记 rRNA 探针的电镜原位杂交技术

地高辛标记核酸探针原位杂交基本原理和生物素标记核酸探针-PA-Gold 电镜杂交技术的基本原理相似，首先利用地高辛修饰核酸探针，与细胞或组织进行杂交，再用抗地高辛抗体相连胶体金与之结合，进行细胞或组织特异核苷酸的超微结构定位。为增强金的显示效应，可用银加强法增强金粒的显示效应。下面介绍其基本操作方法。

1. 组织处理

(1) 固定：固定剂采用 4% 多聚甲醛（用 PBS 配制）加 0.5% 戊二醛，保存在 4℃下。

(2) 漂洗：用 PBS 在 4℃下漂洗 3～5 min。

(3) 脱水：30% 乙醇洗 2 次，每次 15 min，4℃；30% 乙醇洗 30 min，4℃；50% 乙醇洗 30 min，−20℃；70% 乙醇、95% 乙醇、100% 乙醇中各洗 2 次，每次 30 min，−20℃。

(4) 浸透和包埋。①Lowicryl K4M 配方为交联剂 A，2 g；单体 B，13 g；引发剂 C，0.075 g。混合 A、B 后，再加 C 轻搅匀，混匀后置于 −20℃ 下保存。②浸透（infiltration），在 −20℃ 进行。在 100% 乙醇：K4M（1：1，V/V）中 1 h；在纯 K4M 中浸透 2 次，每次 1 h；在纯 K4M 中过夜；再在 K4M 中浸透 2 次，每次 3 h。③包埋：先将胶囊冷却，滴入几滴 K4M，然后每个胶囊内放入一个组织块，以 K4M 充满胶囊，在室温放置 30 min，使包埋剂中气泡逸出。然后置于 −40～0℃，利用紫外灯 360 nm 波长照射 5 d，温度必须保持恒定。然后移至室温使温度回升，胶囊变硬。

(5) 切片：修块后进行切片。由于 K4M 是亲水性的，在切片过程中注意组织块表面一定不要让水浸湿，用覆有 Formvar 膜和碳膜的 200 目镍网捞取切片；空气干燥，备用于杂交。

注意：由于 K4M 包埋剂有挥发性，因此，此步操作者必须戴手套，在通风柜中进行，注意 K4M 包埋剂不要靠近 O_2，一切在低温下进行，最好设有恒低温的冷柜。

2. 探针准备

rRNA 探针以 Dig-UTP 标记，注意探针不宜过长，否则影响对组织的穿透性。

3. 杂交

本步骤均在湿盒内进行。将杂交液滴于蜡膜上,将镍网载有切片面覆于液滴上,在 65℃杂交至少 3 h。杂交液含 5×SSC、0.1 mg/mL tRNA、Dig-UTP 反义探针 10 ng/μL (1×SSC 配制:含 150 mmol/L NaCl、15 mmol/L 乙酸钠)。

4. 杂交后漂洗

在室温下用 2×SSC 漂洗 3 次,每次 5 min,然后用 PBST (PBS,0.1% Tween) 漂洗 2 次,每次 10 min。

5. 显示

(1) 以 PBST 加 BT 封闭 (BT 配方:PBST,1%BSA) 孵育 15 min。

(2) 应用抗地高辛抗体结合直径 1 nm 的金粒,以 PBST 加 BG 稀释为 1:30,室温孵育 1 h。

(3) 以 PBST 漂洗 3 次,每次 5 min。

(4) 冲洗 6 次,每次 15 min。

(5) 以银增强法在暗室中孵育于显影液:促进液 (Enhancer)=1:1,4~20 min。

(6) 重复步骤 (4)。

(7) 以 2% 乙酸铀染色 4 min,枸橼酸铅染色 1 min,漂洗,空气干燥。

6. 电镜观察

电镜原位杂交技术和光镜原位杂交技术一样必须设置对照实验组;对显示的结果的解释应持审慎的态度。一般应在重复多次实验的基础上才能得出对本实验的结论,不能只凭一次实验或一张电镜照片就匆忙下结论。

第六节 显微细胞化学在分子生物学中的应用

一、光镜水平的核酸分子原位杂交

电镜水平的原位核酸分子的原位杂交原理在上节已经详细介绍了,光镜水平的核酸分子原位杂交与其基本相同。它是应用已知碱基顺序并带有标记物的核酸探针与组织、细胞中待检测的核酸按碱基配对的原则进行特异性结合而形成杂交体,然后再应用于标记物相应的检测系统,通过细胞化学方法在被检测的核酸原位形成带一定颜色的杂交信号,在光学显微镜下进行观察。

(一) 光镜水平原位分子杂交技术的方法

原位杂交技术的基本方法包括如下步骤。

1. 固定

组织的固定可采用以下方法。

(1) 多聚甲醛固定组织。mRNA 的定位是将组织固定于 4% 多聚甲醛磷酸缓冲液中 1~2 h,在冷冻前浸入 15% 蔗糖溶液中,置 4℃ 冰箱过夜,次日切片。

(2) 乙酸-乙醇的混合液和 Bouin 固定剂固定。能为增加核酸探针的穿透性提供最佳条件,但它们不能最大限度地保存 RNA,而且对组织结构有损伤。

(3) 取材后直接置入液氮冷冻,切片后才将其浸入 4% 多聚甲醛约 10 min,空气干燥后保存在 $-70℃$。

2. 玻片和组织切片的处理

玻片处理包括盖玻片和载玻片处理。使用前应用热肥皂水刷洗玻片,自来水清洗干净后,置于清洁液中浸泡 24 h;清水洗净后蒸馏水冲洗,烘干备用。烘箱温度最好在 180℃,3 h,以去除任何 RNA 酶。最好用硅化处理,锡箔纸包裹无尘存放。组织切片的处理包括以下三点。

(1) 增强组织的通透性和核酸探针的穿透性处理。常用去垢剂(detergent)或称清洗剂(如 TritonX-100)、某些消化酶(如蛋白酶 K、胃蛋白酶、胰蛋白酶等)处理样品等。可增强组织通透性和核酸探针的穿透性,提高杂交信号。

(2) 减低背景染色处理。杂交后的酶处理和杂交后的洗涤均有助于减低背景染色。将组织切片浸入预杂交液中也可达到封闭非特异性杂交点的目的,从而降低背景染色。

(3) 防止 RNA 酶的污染。在整个杂交前处理过程都需戴消毒手套;所有实验用玻璃器皿及镊子都应于实验前一天置高温(180℃)烘烤,以达到消除 RNA 酶、防止切片污染的目的。

3. 杂交

杂交就是将杂交液加在需要检测的组织或细胞上,盖上盖玻片后,将杂交切片置于盛有少量甲酰胺溶液的湿盒中,在 37~52℃进行孵育的过程。孵育时间一般为 16~20 h。

4. 杂交后处理

杂交后处理(post hybridization treatment)包括系列不同浓度、不同温度的盐溶液的漂洗。RNA 探针杂交时产生的背景染色特别高,但能通过杂交后的洗涤有效地减低背景染色,获得较好的反差效果。

5. 显示

根据核酸探针标记物的种类,可分别进行放射自显影、过氧化氢酶或荧光素检测系统(或称非同位素检测系统)的不同显色处理。生物素或光敏生物素标记探针杂交后需用链霉亲和素-HRP/AKP 进行检测。地高辛(Dig)标记探针杂交后可用抗 Dig-AKP 进行检测,也可以用生物素标记的抗 Dig 二抗作为桥抗体对信号进行进一步的放大。对于荧光素标记探针,可直接在荧光显微镜下观察,并进行定量分析。

6. 对照实验和结果的判断

常用的对照试验有下列几种:①与非特异性(载体)序列和不相关探针杂交(置换试验);②将切片应用 RNA 酶或 DNA 酶进行预处理后杂交;③以不加核酸探针杂交液进行杂交(空白试验);④应用未标记探针做杂交进行对照。

(二) 原位 DNA 分子杂交方法

以地高辛(Dig)标记 DNA 探针,在石蜡切片上检测病毒 DNA 为例说明。

(1) 固定:组织以 10% 甲醛或 Bouins 液固定,常规石蜡包埋。切片厚 3~4 μm,黏附于涂有黏附剂的玻片上,入烤箱 60℃烘烤 8~18 h,使切片更紧粘贴于玻片。

(2) 脱蜡：二甲苯洗 2 次，每次 10 min，置于 100%乙醇洗 2 次，每次 5 min。再放入 95%乙醇、90%乙醇、70%乙醇、50%乙醇中各 5 min；蒸馏水洗。

(3) 切片置于 PBS（含 5 mmol/L $MgCl_2$，pH 7.2~7.4）中洗 2 次，每次 5 min。

(4) 切片置于 0.2 mmol/L HCl 中 20 min，以除去蛋白质。

(5) 在 50℃下，切片置于 2×SSC（含 5 mmol/L EDTA）溶液中 30 min。

(6) 加入蛋白酶 K（1 μg/mL，溶于 0.1 mol/L PBS 中），37℃下、20~25 min。

(7) 0.2 mol/L 甘氨酸液室温处理 10 min，中止蛋白酶反应。

(8) 切片置于 4%多聚甲醛（PBS 新鲜配制）中，室温下处理 20 min。

(9) 切片置于 PBS-$MgCl_2$（5 mmol/L）中漂洗 2 次，每次 10 min。

(10) 脱水：置于上述各浓度乙醇（自低浓度到高浓度）和无水乙醇中各 3 min，空气干燥。

(11) 预杂交：加预杂交液封闭非特异性杂交位点，每张切片加 20 μL，42℃水浴 30 min。

(12) 杂交：每张切片加杂交液 10~20 μL，加盖硅化盖玻片，将切片置于 95℃下，10 min，使探针及病毒 DNA 变性；然后迅速置于冰上 1 min，再将切片置于盛有 2×SSC 的湿盒内，42℃过夜（16~18 h）。

(13) 杂交后漂洗：2×SSC 液内振动，移除盖玻片→2×SSC 中 55℃下洗 2 次，每次 10 min→0.5×SSC 中，50℃下洗 2 次，每次 5 min→在缓冲液Ⅰ（100 mmol/L Tris-HCl，15.0 mmol/L NaCl，pH 7.5）中，室温下 15 min→缓冲液Ⅱ（含 0.5%封阻试剂，用缓冲液Ⅰ溶解）中，37℃下 30 min→加酶标地高辛抗体（1∶5000，应用缓冲液Ⅰ稀释），37℃下 30~120 min→缓冲液Ⅰ室温下洗 2 次，每次 10 min→缓冲液Ⅲ（100 mmol/L Tris-HCl，100 mmol/L NaCl，50 mmol/L $MgCl_2$，pH 9.5）中，室温下 5 min。

(14) 显色：①在 1 mL 缓冲液Ⅲ中加入 4.5 μL 四氮唑蓝（NBT）和 3.5 μL 5-溴-4-氯-3-吲哚磷酸盐（BCIP）配成显色液或用 1∶50 稀释的 NBT/BCIP 贮存液。每张切片加显色液 30 μL，置暗处显色 30 min~2 h。定时抽查切片，镜检其显色情况。②缓冲液Ⅳ（10 mmol/L Tris-HCl，1 mmol/L EDAT，pH 8）中 10 min，终止反应。用核固红或甲绿复染 5 min，乙醇脱水，封片。

(15) 光镜检测：杂交阳性信号呈紫蓝色，细胞核呈红色或绿色。

（三）RNA 原位核酸杂交方法

RNA 原位核酸杂交（RNA nucleic acid hybridization *in situ*）可在光学显微镜下检测细胞内相应的 mRNA、rRNA 和 tRNA 分子。RNA 探针是指带有标记的、能与组织内相对应的核苷酸序列互补结合的一段单链 cDNA 或 cRNA 分子。

1. 杂交前准备

(1) 载玻片和盖玻片的处理：为了有效防止外源性 RNA 酶的污染，杂交用的载玻片和盖玻片可按以下步骤处理。将载玻片和盖玻片分别浸泡在 5%清洗剂中 12 h，用 35~40℃温水冲洗 30 min，再用重蒸水漂洗 3 次，每次 5 min，室温下干燥玻片后，在

180℃烤箱内烘烤 4~6 h，用铝箔纸包裹后存放。为防止组织或细胞标本在杂交过程中漂起或脱落，载玻片应涂以黏附剂。

（2）新鲜标本的贮存和冰冻切片制备：为严防 RNA 酶的污染，制备过程中所使用的容器、刀具等均经高压消毒或清洁后用 0.1% 焦碳酸二乙酯（diethyl pyrocarbonate, DEPC）水清洗。为防止 RNA 迅速降解，标本离体后先切成 1.5 cm×1.2 cm 大小，其厚度不超过 0.2 cm，迅速投入 4% 多聚甲醛溶液内，置 4℃ 冰箱内 2~4 h。再将组织移入 30% 蔗糖 PBS 溶液中，4℃ 冰箱内过夜。

做冰冻切片时，先将组织在 -20℃ 恒冷切片机内停留，待温度回升后，在恒冷冰冻切片机内切成 7 μm 薄片。40℃ 烤箱内干燥切片 2 h 后贮存在 -80℃ 或 -140℃ 超低温冰箱内备用。

（3）标本的固定和石蜡切片的制备：石蜡切片作 RNA 原位杂交时，容器、刀具等去除 RNA 酶的过程同冰冻切片。为防止 RNA 迅速降解，离体后标本应立即有效固定。常用 4% 多聚甲醛固定液或福尔马林-乙酸固定液。福尔马林-乙酸固定液由 50% 乙醇、10% 福尔马林和 5% 乙酸组成。

2. 杂交前探针的选择

（1）RNA 探针：RNA 探针的长度以 50~150 碱基为佳，此长度的探针易进入细胞，杂交率高。放射性标记 cRNA 探针的浓度为 0.5 ng/μL，而非放射性标记 cRNA 探针的浓度为 1.0~4 ng/μL。杂交液的量要适当，每张切片以 20~30 μL 为宜。

（2）杂交温度和时间设置：多数 RNA 原位杂交 T_m 为 95℃。一般 RNA 原位杂交采用杂交孵育过夜，在黑暗环境下进行，可以避免光线对甲酰胺的电离作用。

3. 冰冻切片

以地高辛标记 RNA 探针的原位杂交为例说明处理步骤。

（1）切片制备：用新鲜组织制作 6~7 μL 厚冰冻切片，37~40℃ 干燥 1~4 h。

（2）杂交前处理。①预固定：4% PFA（DEPC-PBS 配制，pH 7.4）30~60 min。②PBS 洗 2 次，每次 5 min。③PBS（含 0.3% TritonX-100）15 min。④PBS 洗 2 次，每次 5 min。⑤2 μg/mL 蛋白酶 K 37℃ 消化 10 min。⑥0.2% 甘氨酸（PBS 配制）孵育 2 次，每次 5 min。⑦后固定：4% PFA（PBS 配制）15 min。⑧PBS 洗 2 次，每次 3 min。⑨0.1 mol/L 三乙醇胺（TEA）-0.25% 乙酸酐洗 2 次，每次 5 min。⑩PBS 洗 2 次，每次 5 min。

（3）预杂交：50℃ 下预杂交 2 h。预杂交液配制：50% 去离子甲酰胺，5×SSC，5×Denhardt 液，0.02% SDS，0.1 mg/mL tRNA。

（4）杂交：2 μg/mL RNA 探针在 85℃ 下变性 10 min，入冰浴 10 min。50℃ 下于湿盒中，盖膜，杂交 16 h 以上（过夜）。

（5）杂交后处理。①2×SSC 中 50℃ 脱去切片盖膜。②2×SSC 中 37℃ 下清洗 2 次，每次 10 min。③在 37℃ 下，用浓度为 20 μg/mL RNA 酶 A 30 min [RNA 酶缓冲液配制方法：2 mol/L Tris，5 mL；0.25 mol/L EDTA，4 mL；3 mol/L NaCl，167 mL，调 pH 8.0，加蒸馏水至 1000 mL]。④RNA 酶缓冲液 37℃ 洗 30 min。⑤在 2×SSC 中，50℃ 下洗 2 次，每次 15 min。⑥在 1×SSC 中（含 0.02% SDS），37℃ 下 2 次，每次

15 min。⑦在 0.1×SSC 中，37℃下 2 次，每次 15 min。⑧在缓冲液Ⅰ中，37℃下 2 次，每次 10 min。缓冲液Ⅰ配制：2 mol/L Tris-HCl（pH 7.6），25 mL；3 mol/L NaCl，25 mL；蒸馏水加至 500 mL。

（6）封闭：0.5%抗体阻断液溶在缓冲液Ⅰ（含 0.2%Tween-20）中，37℃下处理 20 min。抗体阻断液配方：阻断剂，1 g；Tween-20，0.4 mL；缓冲液，200 mL。1：500 抗地高辛抗体溶在阻断液中，37℃下孵育 2 h。用缓冲液Ⅰ在 37℃下 2 次，每次 10 min。用缓冲液Ⅱ在 37℃下 2 次，每次 10 min。缓冲液Ⅱ配制：2 mol/L Tris，10 mL；3 mol/L NaCl，6.67 mL；$MgCl_2$，2.033 g；蒸馏水，180 mL；浓 HCl 调 pH 至 9.5；蒸馏水加至 200 mL。

（7）显色：缓冲液Ⅱ 1：50 稀释的 NBT/BCIP 贮存液，置暗处显色 30 min～2 h。定时镜检其显色情况，在黑暗条件下可延续至 24 h。

（8）终止反应：缓冲液Ⅲ 2 次，每次 5 min。缓冲液Ⅲ配制：10 mmol/L Tris-HCl（pH 8），1 mmol/L EDTA（pH 8）。

（9）流水冲洗 5～10 min。

（10）1%甲基绿复染 3～10 min，蒸馏水洗，晾干，封固。

（11）光镜检测：标记阳性部位呈紫蓝色，背景为绿色。

（四）用寡核苷酸探针检测组织切片中 mRNA 的原位杂交

用寡核苷酸探针可检测组织切片中相关的 mRNA（靶核苷酸），是一种较为常见的 RNA 原位杂交法。寡核苷酸探针不仅能依据靶核苷酸序列设计，与特定的靶基因结合，而且可以核苷酸为原料通过 DNA 合成仪合成。

1. 组织预处理

（1）对所用的刀具及容器做清洁处理和灭活 RNA 酶。

（2）将标本切成小于 1.2 cm×1.0 cm×0.2 cm 的组织块，立即冷冻在液氮内贮存，或用 4%多聚甲醛处理 24～36 h，避免 RNA 降解或固定过度。

（3）冰冻切片应切成 10 μm，并干燥切片。石蜡切片厚度为 5～7 μm，用无 RNA 酶的防切片脱落的载玻片贴附组织切片。

（4）石蜡切片经二甲苯脱蜡，梯度乙醇处理（100%、95%、80%）至水化（重蒸水洗 3 次，每次 5 min）。

2. 杂交的预处理

（1）在 37℃恒温箱内干燥切片后，滴加 5～10 μL/mL 蛋白酶 K，置 37℃湿盒内孵育 30 min，重蒸水中洗 3 次，每次 5 min 或 75%乙醇 4℃漂洗 5 min，中止蛋白酶 K 活性。

（2）0.25%乙酸酐处理 10 min，经 2×SSC 于 70℃、40℃漂洗各 15 min，2×SSC 漂洗 3 min，切片经 75%～100%乙醇梯度脱水。

3. 寡核苷酸探针选择和标记

常用的寡核苷酸探针是根据已知靶 RNA 序列而设计的。特定序列的单一寡核苷酸探针能与靶 mRNA 区段的部分序列完全或基本配对，其长度为 19～24 核苷酸，用生物技术标记核苷酸探针。

4. 预杂交

（1）将 DEPC 处理的切片经重蒸水漂洗 2 次，每次 5 min。

（2）准备杂交液（3×SSC，1×Denhard's 液）：0.02%（w/V）Ficoll，0.02%（w/V）小牛血清，0.02%（w/V）聚乙烯吡咯烷酮，10%（w/V）硫酸葡聚糖，125 μg/mL 酵母 tRNA，100 μg/mL 变性和剪切的鲑鱼精子 DNA，50% 甲酰胺，20 mmol/L 焦磷酸钠，pH 7.2。

（3）按组织片大小，每张切片滴加 40 μL 预杂交液，置 37℃湿盒内 2 h。

5. 杂交

吸去预杂交溶液，用 DAKO 笔沿组织周围划圈，滴加探针杂交液，含 20 ng 地高辛标记的探针，在 44℃湿盒内孵育过夜。

6. 杂交后处理

（1）将切片置 2×SSC 中在 37℃下漂洗 2 次，每次 10 min。

（2）在 37℃下，于 2×SSC 中漂洗 2 次，每次 15 min；1×SSC 中漂洗 2 次，每次 15 min；0.25×SSC 中漂洗。漂洗过程均需振荡漂洗切片。

7. 免疫检测及显色

（1）缓冲液 A（0.1 mol/L Tris，pH 7.5，1 mol/L NaCl，2 mmol/L $MgCl_2$，500 μL Tween-20，pH 7.5）冲洗、漂洗各 3 次，每次 5 min。

（2）用 DAKO 笔沿组织周围划圈，每张切片滴加链霉亲和素-碱性磷酸酶（Streptavidin-AKP）抗体 30 μL，置 37℃湿盒内 1 h。

（3）缓冲液 B（0.1 mol/L Tris，1 mol/L NaCl，5 mmol/L $MgCl_2$，pH 9.5），冲洗、漂洗各 3 次，每次 5 min。

（4）每张切片滴加 50~100 μL 显色液 [1 mL 缓冲液 C（pH 9.5）内含 0.33 mg NBT、0.16 mg BCIP、1 mmol/L 左旋咪唑]，在黑暗条件下显色 20~40 min，显微镜下控制效果。重蒸水中止反应。

（5）用核固红复染 1~3 min，水洗，在 37℃恒温箱内干燥切片 15 min 后封片。

8. 镜检

原位杂交阳性信号为紫蓝色，呈细颗粒状。阴性对照片内无阳性信号检出。

9. 对照设置

在杂交过程中加杂交液不加探针，或在免疫检测中不加链霉亲和素-AKP 等，其结果均为阴性。

（五）荧光原位杂交（FISH）技术

20 世纪 80 年代后期创立的荧光原位杂交（fluorescence in situ hybridization，FISH）技术是目前在科研中应用较广的生物技术之一。该技术广泛应用于细胞遗传学、肿瘤性疾病的诊断、基因作图、基因表达等领域。

FISH 技术是指利用特异的 DNA 探针上标记各种可发光染料，如 FITC、得克萨斯红、罗丹明等，对细胞、组织及各种染色体标本进行原位杂交，杂交后经洗涤即可在荧光显微镜下观察的方法。详情参见细胞生物学相关技术手册。

二、原位 PCR 方法

原位 PCR 是将 PCR 的高效扩增与原位杂交的细胞定位相结合，在组织细胞内可以检出单拷贝或低拷贝的 DNA 或 RNA 序列，同时还可对靶序列的组织细胞进行形态学分析。原位 PCR 技术既有 PCR 的特异性与高灵敏性，又具有原位杂交的定位准确性；敏感性高，能检测到低于 2 个拷贝量细胞内特定的核酸序列；核酸序列定位可与形态学变化相结合；能用于细胞鉴别和功能分析。

原位 PCR 可分为直接法、间接法、原位反转录、原位再生或序列复制反应等类型。下面重点介绍直接法和间接法。

（一）直接法原位 PCR 扩增

(1) 石蜡切片厚 4～10 μm。载玻片上加 1～2 滴水溶性胶，切片敷贴其上，45℃加热；再将切片 60℃烤干 90 min，20℃冷却 24 h，室温保存。

(2) 石蜡切片脱蜡至水，最后以 0.1 mol/L（pH 7.4）Tris-HCl（TB）洗 5 min。

(3) 蛋白酶消化。蛋白酶 K 用 0.1 mol/L Tris-HCl（pH 8）/10 mmol/L EDTA 稀释（蛋白酶 K 浓度：组织片为 10 μg/mL，细胞片为 20 μg/mL）。消化时间一般为 20 min。消化结束后在 95℃下 2 min，灭活蛋白酶，再用 0.1 mol/L（pH 7.4）TB 洗涤。

(4) 加 100 μL 1×Taq 缓冲液于玻片，加盖玻片后，95℃变性 5 min。

(5) 配制扩增混合液（每片加 30 μL）：1×Taq 缓冲液；终浓度 200 μmol/L dNTP（含生物素或 Dig 标记 dATP）；100 pmol/L 引物；5U Taq 酶；加去离子水至总量 30 μL。

(6) 每片滴加 30 μL 扩增混合液，加盖玻片，指甲油封边后进入 PCR 循环。PCR 反应参数依引物和扩增片段而设定，一般控制在 20～25 个循环。

(7) PCR 产物检测。①取盖玻片，TB 洗 2 次，每次 5 min。②冰乙醇、80%乙醇各洗 2 次，每次 5 min。③链霉亲和素-AKP 1：100 或抗 Dig-AKP 1：500，37℃孵育 30～60 min。④TB 洗 2 次，每次 5 min，根据标记物不同而特异性底物显色。⑤终止反应，封片观察。

（二）间接法原位 PCR 扩增

(1) 原位 PCR 扩增同直接法，但 dNTP 不需标记。

(2) PCR 扩增后进行原位杂交：配制含 Dig-标记的特异性探针的 2×SSC 杂交液，探针浓度 5 ng/每片，20 μL/每片，用前探针 95℃变性 10 min。滴加探针，95℃ 5 min，42℃湿盒中杂交过夜。

(3) 取掉盖玻片，4×SSC 洗，室温 2 min。

(4) 2×SSC、1×SSC、0.5×SSC、0.2×SSC，42℃下各洗 2 次，每次 10 min，TB 洗 5 min。

（5）加碱性磷酸酶标记的抗地高辛抗体复合物，37℃下 2 h。

（6）碱性磷酸酶（NBT/BCIP）暗处显色 30 min～2 h。

（7）水洗终止反应，核固红或甲基绿衬染 5 min，常规树胶封片观察。

注意：①切片处理要洁净，涂敷防脱剂后的玻片一般在 2～3 周内用完。②为保存细胞内 DNA 或 RNA，常用中性甲醛、乙醇/丙酮混合液作为固定剂。③蛋白酶消化：一般蛋白酶 K 采用 10～20 μg/mL 浓度，37℃，20 min。蛋白酶消化后，一定要注意通过加热（如 96℃、2 min）将酶完全灭活，或通过充分洗涤，将酶完全除去。④PCR 反应液中 Mg^{2+} 浓度要合适。引物长度一般为 20 bp，循环数控制在 20 个左右。⑤要有对照实验。

参考文献

蔡林涛,李萍,陆祖宏. 1999. 原子力显微镜观察虫草多糖分子的结构形貌. 电子显微学报, 18 (1): 103-104

蔡文琴. 2003. 现代实用细胞与分子生物学实验技术. 北京: 人民军医出版社

陈洁,高杰英,常昕,等. 2003. 应用免疫冷冻超薄切片技术观察小鼠小肠微皱褶细胞. 上海免疫学杂志, 23 (1): 10-12

陈力. 1998. 生物电子显微术教程. 北京: 北京师范大学出版社

陈勇,蔡继业,王小燕. 2003. 原子力显微镜在生命科学中的应用概况. 现代科学仪器, 17 (2): 42-47

池志宏. 2008. 锌离子及ZNT3在匹罗卡品癫痫模型小鼠海马分布和表达的研究. 中国医科大学博士学位论文: 29-37

戴大临,张清敏. 1997. 生物医学电子显微镜样品制备方法. 天津: 南开大学出版社

戴维德,王雷,刘凡光. 2004. 应用激光扫描共聚焦显微成像术研究光敏剂亚细胞定位. 中国激光医学杂志, 13 (1): 12-17

付洪兰. 2004. 适用电子显微镜技术. 北京: 高等教育出版社

郭晓珊,周青,朱旭东,等. 2007. Ce（Ⅲ）在辣根体中的迁移. 化学学报, 65 (17): 1922-1924

韩群鑫,黄寿山. 2008. 丁香毒杀赤拟谷盗卵的胚胎学研究. 重庆师范大学学报, 25 (2): 16-19

洪涛. 1996. 生物医学超微结构与电子显微镜技术. 2版. 北京: 科学出版社

胡金朝,裴冬丽,施国新. 2008. 慈姑根尖细胞染色体的激光共聚焦扫描显微镜观察结果. 生物学通报, 43 (2): 52-53

姜珍. 2010. 小麦根渍水形成通气组织过程中细胞壁降解与Ca^{2+}相关研究. 华中农业大学硕士学位论文: 62-65

精机学会图像测量分会（日）. 1983. 图像分析入门. 孙培懋译. 北京: 计量出版社

康莲娣. 2003. 生物电子显微术. 合肥: 中国科学技术大学出版社

李发武. 2007. 乙型肝炎病毒L60V、I97L变异核壳蛋白对HepG2细胞HLA-A表达和细胞凋亡的影响. 中南大学博士学位论文: 44-48

李桂英,王琳清,施巾帼. 2002. 受辐照窄颖赖草花粉DNA进入小麦胚囊的电镜自显影证据及杂种原位杂交鉴定. 核农学报, 16 (3): 129-132

李金亭,王俊丽,傅山岗,等. 2004. 大鼠肝再生过程中碱性磷酸酶活性变化及其超微细胞化学研究. 解剖学报, 135 (4): 392-395

李晶,李鲲鹏,柳正,等. 2006. 冷冻电镜单颗粒重构中的病毒三维显示. 电子显微学报, 25 (1): 62-65

李楠,尹岭,苏振伦,等. 1997. 激光扫描共聚焦显微术. 北京: 科学出版社

李彤,姚子华,仇满德,等. 2005. 酶电极上葡萄糖氧化酶的活性的X射线微区分析. 光谱学与光谱分析, 125 (17): 1151-1154

李维信,唐宜,包大千. 1989. 人与几种常用啮齿动物曲细精管周组织超微结构及碱性磷酸酶电镜细胞化学的定位. 解剖学报, 20 (4): 434～440

李文镇. 1981. 组织细胞冷冻复型图谱. 北京: 人民卫生出版社

李昕,李尧华,于顺. 2006. 锇酸固定组织的包埋后免疫电镜胶体金标记方法的改进. 基础医学与临床, 26 (1): 635-639

梁凤霞,于勤,李秀芬,等. 1996. 膀胱上皮细胞表面糖被的电镜研究. 电子显微学报, 15 (1): 1-6

林钧安. 1989. 实用生物电子显微术. 沈阳: 辽宁科学出版社

刘鼎新. 1986. 放射自显影技术. 北京: 科学出版社

刘鼎新,吕证宝. 1997. 细胞生物学研究方法与技术. 北京: 北京医科大学、中国协和医科大学联合出版社

马晓莉,姚子华,高远. 2006. 多孔壳聚糖膜固定葡萄糖氧化酶活性的X射线微区分析. 分析测试学报,

25（14）：27-31

马秀俐，白玉白，孙允秀，等．2000．西洋参多糖（PPQ-d）的原子力显微镜观察．吉林大学自然科学学报，（1）：105-106

孟祥红，王建波，利容千．2002．光敏胞质不育小麦花药发育过程中 GA_{1+4} 分布的免疫电镜研究．中国农业科学，35（6）：596-599

牟建勋，严隽珏，孙文俊，等．1989．用扫描隧道显微镜观察 DNA 碱基对水平的内部结构．电子显微学报，(8) 4：1-7

倪灿荣，马大烈，戴益民．2006．免疫组织化学实验技术及应用．北京：化学工业出版社

潘玉芝，姚曾旭，金心梅，等．1978．使用免疫酶标法、免疫荧光法和免疫酶标电镜法观察甲胎蛋白在人胚组织中的分布．实验生物学报，11（1）：125-131

荣本甫，汤雪明．1990．实验性骨折愈合的电镜放射自显影研究．中华骨科杂志，10（3）：200-202

盛毅，张蕙心，汤雪明，等．1995．大鼠精子发生和形成过程中溶酶体超微结构和 CMPase 的细胞化学变化．解剖学报，26（4）：375-378

宋林生，郭世宜，王秀玲，等．1996．用电镜原位杂交技术对玉米中期染色体中 RNA 的研究．植物学报，38（2）：89-94

隋森芳．2007．生物三维电子显微学进入全新高速发展时期．生物物理学报，23（4）：228-239

孙润广．1999．扫描隧道显微镜及其在生命科学研究中的应用．陕西师范大学学报，27（1）：39-46

孙润广，张静，齐浩．2002．脂双层膜表面结构与稳定性的原子力显微镜研究．化学学报，60（5）：841-846

汪健，杨澄，翟中和．1996．植物细胞核纤层的研究．中国科学，26（3）：241

王晨芳．2008．小麦与条锈菌互作过程中活性氧迸发的组织学和细胞化学研究．西北农林科技大学优秀博士论文：10-27

王大能，陈勇，隋森芳．2003．电子显微学在结构生物学研究中的新进展．电子显微学报，22（5）：449-455

王云起，廖问陶，蔡继业．2007．原子力显微镜在 DNA 和蛋白质相互作用方面的研究进展．生物医学工程学杂志，24（5）：1172-1176

夏快飞，徐信兰，叶秀麟，等．2006．一种可用于分析水稻花药中钙调素蛋白分布的胶体金免疫电镜标记技术．广西植物，26（1）：85-87

谢建明，朱毅，王晓宁，等．2003．DNA 结合蛋白质的 AFM 图像分析．计算机与应用化学，20（2）：181-185

杨军，彭正松，李卫，等．2004．烟草花粉母细胞细胞融合过程中微丝的免疫定位观察．西北植物学报，24（12）：2286-2290

杨勇骥．2003．实用生物医学电子显微镜技术．上海：第二军医大学出版社

尹江梅，张飞雄．2003．小麦根端分生组织细胞核仁的超微结构与 rDNA 复制位置．电子显微学报，22（1）：34-36

于力华，吴爱国，王宏达，等．2001．扫描探针显微技术中脱氧核糖核酸样品的设备．分析化学研究报告，29（12）：1365-1369

余迪求，许耀，李宝健．1994．根癌农杆菌转化谷子细胞早期的细胞生物学研究．中山大学学报，33（2）：10-17

翟中和．1998．细胞生物学．北京：高等教育出版社

张丰德，吕宪禹．2005．现代生物学技术．3 版．天津：南开大学出版社

张国桥，凌贤龙，陈正堂．2007．线粒体 DNA 缺失肝癌细胞内活性氧、线粒体膜电位变化实验研究．第三军医大学学报，29（8）：711-713

张红英，杨光华，步宏，等．2002．不同转移潜能的人体横纹肌肉瘤细胞系细胞骨架的研究．肿瘤，22（4）：291-293

张景强，朴英杰．1991．生物电子显微术．广州：中山大学出版社

张清敏，徐濮．1988．扫描电子显微镜和 X 射线微区分析．天津：南开大学出版社

张正治，刘正津，罗深秋，等．1995．激光共聚焦扫描技术在滑膜细胞波形蛋白形态学研究中的应用．第三军医大学学报，17（3）：194-198

章晓中. 2006. 电子显微分析. 北京：清华大学出版社

赵玉芳，徐均焕，凌备备. 1995. 水稻种胚吸胀中 DNA 合成特性的电镜放射自显影研究. 浙江大学学报，21（2）：116-120

郑伟民，蔡继业. 2006. 原子力显微镜在 DNA 领域中研究应用. 现代仪器，12（1）：9-12

周伟强，宋今丹. 1999. 铁蛋白标记抗体制备及其在免疫电镜中的应用. 中国医科大学学报，28（4）：256-260

周竹青，兰盛银，徐珍秀，等. 2005. 水稻胚乳发育中淀粉体和蛋白体 ATPase 活性的动态变化. 实验生物学报，38（1）：7-15

朱立平，陈学清. 2000. 免疫学常用实验方法. 北京：人民军医出版社

Alberts B, Johnson A, Lewis J, et al. 2002. Molecular Biology of the Cell. 4th ed. New York: Garland Science

Amrein M, Stasiak A, Gross H, et al. 1988. Scanning tunneling microscopy of recA-DNA complexes coated with a conducting film. Science, 240 (4851): 514-516

Beebe W E, Webster R G Jr, Spencer W B. 1989. A typical corneal manifestations of multiple myeloma. A clinical, histopathologic, and immunohistochemical report, 8 (4): 274-280

Bendayan M. 1982. Double immunocytochemical applying the protein A-Gold techniques. J Histochem Cytochem, 30 (1): 81-85

Bennett G, Hemming R. 1989. Ultrastructural localization of CMPase, TPPase, and NADPase activity in neurons, satellite cells, and schwann cells in frog dorsal root ganglia. J Histochem Cytochem, 37 (2): 165-172

Bernhard W, Leduc E H. 1967. Ultrathin frozen sections. I. Methods and ultrastructural preservation. J Cell Biol, 34 (3): 757-771

Binder M, Tourmente S, Roth J, et al. 1986. In situ hybridization at the electron microscope level: localization of transcripts on ultrathin sections of Lowicryl K4M-embedded tissue using biotinylated probes and protein A-gold complexes. J Cell Biol, 102 (5): 1646-1653

Bouranis D L, Chorianopoulou S N, Siyiannis V F, et al. 2003. Aerenchyma formation in roots maize during sulphate starvation. Planta, 217 (3): 382-390

Bustamante C J, Godsey M, Guthold M, et al. 1996. Facilitated targeting and transcription by *E. coli* RNA polymerase imaged in aqueous buffer using scanning force microscopy. Welch Foundation Press, 263-280

Bustamante C, Vesenka J, Tang C L, et al. 1992. Circular DNA molecules imaged in air by scanning force microscopy. Biochem, 31 (1): 22-6

Böhm J, Lambert C, Frangakis A S, et al. 2001. FhuA-mediated phage genome transfer into liposomes: a cryo-electron tomography study. Curr Biol, 11 (15): 1168-1175

Danscher G. 1981. Histochemical demonstration of heavy metals. A revised version of the sulphide silver method suitable for both light and electron microscopy. Histochem, 71 (1): 1-16

Derosier D J, Klug A. 1968. Reconstruction of 3 dimensional structures from electron micrographs. Nature, 217: 130-134

Dykstra M J. 1993. A manual of applied techniques for biological electron microscopy. New York: Plenum

Faulk W P, Taylor G M. 1971. An immunocolloid method for the electron microscope. Immunocytochem, 8 (11): 1081-1083

Fnjimori O, Tsukise A, Yamada K. 1988. Histochemical demonstration of zinc in rat epididymis using a sulphide-silver method. Histochem, 88 (3-6): 469-473

Geuze H J, Slot J W, van der Ley P A, et al. 1981. Use of colloidal gold particles in double-labeling immunoelectron microscopy of ultrathin frozen tissue sections. J Cell Biol, 89 (3): 653-665

Gonen T, Cheng Y, Sliz P, et al. 2005. Lipid-protein interactions in double-layered two-dimensional AQP0 crystals. Nature, 438 (7068): 569-570

Graham R C Jr, Karnovsky M J. 1966. Glomerular permeability: ultrastructural cytochemical studies using peroxidases as protein tracers. J Exp Med, 124 (6): 1123-1134

Griffiths G, McDowall A, Back R, et al. 1984. On the preparation of cryosections for immunocytochemistry. J Ultrastruct Res, 89 (1): 65-78

Hansma G H. 1999. Varieties of imaging with scanning probe microscopes. Proc Natl Acad Sci USA, 96 (26): 14678-14680

Hansma H G, Laney D E, Bezanilla M, et al. 1995. Applications for atomic force microscopy of DNA. J Biophys, 68 (5): 1672-1677

Holt S C, Stern A I. 1970. The Effect of 3-(3,4-Dichlorophenyl)-1, 1-dimnethylurea on Chloroplast Development and Maintenance in Euglena gracilis. Plant Physiol, 45 (4): 475-483

Jacob J, Todd K, Birnstiel M L, et al. 1971. Molecular hybridization of ^{3}H-labelled ribosomal RNA with DNA in ultrathin sections prepared for electron microscopy. Biochem Biophys Acta, 228 (3): 761-766

Jenkinson G. 1987. An introduction to the operation and capabilities of image analysis systems. International Labmate, 12: 3-4

Karp G. 2002. Cell and Molecular Biology: Concepts and Experiments. 3rd ed. New York: John Wiley & Sons, Inc

Kasas S, Thomson N H, Smith B L, et al. 1997. *Escherichia coli* RNA polymerase activity observed using atomic force microscopy. Biochem, 36 (3): 461-468

Kushida H. 1964. Improved Methods for Embedding with Durcupan. Journal of Electron Microscopy, 13 (3): 139-144

Lehto T, Miaczynska M, Zerial M. 2003. Observing the growth of individual actin laments in cell extracts by timelapse atomic force microscopy. FEBS Letters, 551: 25-28

Lindsay S, Bird A P. 1987. Use of restriction enzymes to detect potential gene sequences in mammalian DNA. Nature, 327 (6120): 336-338

Liou W, Geuze H J, Slot J W. 1996. Improving structural integrity of cryosections for immunogold labeling. Histochem Cell Biol, 106 (1): 41-58

Liou W, Geuze H, Geelen M J, et al. 1997. The autophagic and endocytic pathways converge at the nascent autophagic vacuoles. J Cell Biol, 136 (1): 61-70

Matsko N, Mueller M. 2005. Epoxy resin as fixative during freeze-substitution. J Struc Biol, 152 (2): 92-103

McMillan P J. 1983. Objective evaluation of immunohistochemically stainned tissues using an image array processor. 6th International congress for Stereology

Medalia C, Weber I, Frangakis A S, et al. 2002. Macromolecular architecture in eukaryotic cells visualized by cryoelectron tomography. Science, 298 (5596): 1209-1212

Meek G A, Elder H Y. 1983. 显微术中的分析与定量方法. 管汀鹭译. 北京: 科学出版社

Mitra K, Schaffitzel C, Shaikh T, et al. 2005. Structure of the *E. coli* protein-conducting channel bound to a translating ribosome. Nature, 438 (7066): 318-324

Nakamura M, Fujimori O, et al. 1982. An improved sulphide silver method using hydroquinone derivatives in physical developer. Proc Japan Acad, 58: 323-326

Nakane P K, Pierce G B. 1967. Enzyme-labeled antibodies for the light and electron microscopic localization of tissue antigens. J Cell Biol, 33 (2): 307-318

Novikoff P M, Novikoff A B, Quintana N, et al. 1971. Golgi apparatus, GERL, and lysosomes in rat dorsal root ganglia studied by thick section and thin section cytochemistry. J Cell Biol, 50 (3): 859-886

Novikoff A B, Goldfischer S. 1969. Visualisation of peroxisomes (microbodies) and mitochondria with diaminobenzidine. J Histochem Cytochem, 17 (10): 675-680

Ogawa K, Saito T, Mayahara H. 1968. The site of ferricyanide reduction by reductases within mitochondria as studied by electron microscopy. J Histochem Cytochem, 16 (1): 49-57

Reynolds E S. 1963. The use of lead citrate at high pH as an electron-opaque stain in electron microscopy. J Cell Biol, 17 (1): 208-212

Robinson J, Kamovsky M J. 1983. Ultrastructural localization of several phosphatases with cerium. J Histochem Cytochem, 31 (10): 1197-1208

Romero-Puertas M C, Rodriguez-Serrano M, Corpas F J, et al. 2004. Cadmium induced subcellular accumulation of O_2^- and H_2O_2 in pea leaves. Plant Cell Environ, 27 (9): 1122-1134

Sato T. 1968. A modified method for lead staining of thin sections. J Electron Microsc, 17 (2): 158-159

Saito T, Ogawa K. 1967. Ultracytochemical changes of the glucose-6-phosphatase (D-glucose-6-phosphate phosphohydrolase) activity in liver cells of the rat treated with phenobarbital. Okajimas Folia Anat Jpn, 44 (1): 11-27

Schaper A, Li P S, Jovin T M. 1993. Scanning force microscopy of circular and linear plasmid DNA spread on mica with a quaternary ammonium salt. Nucleic Acids Res, 21 (25): 6004-6009

Schaper A, Starink J P, Jovin T M. 1994. The scanning force microscopy of DNA in air and in n-propanol using new spreading agents. FEBS Letters, 355: 91-95

Seligman A M, Karnovsky M J, Wasserkrug H L, et al. 1968. Nondroplet ultrastructural demonstration of cytochrome oxidase activity with a polymerizing osmiophilic reagent, diaminobenzidine (DAB). J Cell Biol, 38 (1): 1-14

Singer R H, Langevin G L, Lawrence J B. 1989. Ultrastructural visualization of cytoskeletal mRNAs and their associated proteins using double-label in situ hybridization. J Cell Biol, 108 (6): 2343-2353

Singer S J. 1959. Preparation of an electron-dense antibody conjugate. Nature, 183 (4674): 1523-1524

Slot J W, Geuze H J. 1985. A new method of preparing gold probes for multiple-labelling: cytochemistry. Eur J Cell Biol, 38 (1): 87

Slot J W, Geuge H J, Gigengac S, et al. 1991. Immuno-localization of the insulin regulatable glucose transporter in brown adipose tissue of the rat. J Cell Biol, 113: 123-135

Smith C E. 1980. Ultrastructural localization of nicotinamide adenine dinucleotide phosphatase (NADPase) activity to the intermediate saccules of the Golgi apparatus in rat incisor ameloblasts. J Histochem Cytochem, 28 (11): 16-26

Steinbeck M J, Khan A U, Appel W H, et al. 1993. The DAB-Mn^{2+} cytochemical method revisited: Validation of specificity for superoxide. J Histochem Cytochem, 41: 1659-1667

Sterit W J, Kreatzberg G W. 1986. Lectin binding by resting and reactive microglia. Journal of Neurocytology, 16 (2): 249-260

Steward M G. 1983. Stereologlcal analysis of synapses in the brain of the domestic chick following avoidance learning. 6th International Congress for Stereology

Tice L W, Barrnett R J. 1962. Fine structural localization of adenosinetriphosphatase activity in heart muscle myofibrils. J Cell Biol, 15 (3): 401-416

Tokuyasu K T. 1973. A technique for ultracryotomy of cell suspensions and tissues. J Cell Biol, 57 (2): 551-565

Tokuyasu K T. 1980. Immunocytochemistry on ultrathin frozen sections. Histochem, 12 (4): 381-403

Tokuyasu K T. 1986. Application of cryoultramicrotomy to immunocytochemistry. J Microsc, 143 (2): 139-149

Tokuyasu K T. 1989. Use of poly (vinylpyrrolidone) and poly (vinyl alcohol) for cryoultramicrotomy. Histochem J, 21 (3): 163-71

Wachstein M, Meisel E. 1957. A comparative study of enzymatic staining reactions in the rat kidney with necrobiosis induced by ischemia and nephrotoxic agents (mercuhydrin and DL-serine). J Histochem Cytochem, 5 (3): 204-220

Wachstein M. 1956. Histochemical approach to functional pathology. N Y State J Med, 56 (3): 371-373

Webster H. 1986. Use of a biotinylated probe and in situ hybridisation for light and electron microscopic localization of P0 mRNA in myelin-forming Schwann cells. Histochem, 86: 441-444

White J G, Amos W B, Fordham M. 1987. An evaluation of confocal versus conventional imaging of biological structures by fluorescence light microscopy. J Cell Biol, 105 (1): 41-48

附录 I 常用试剂的配制

一、超薄切片法常用缓冲液配方

1. 0.1 mol/L 磷酸缓冲液（PBS）

用于电镜技术中的磷酸缓冲液是仿细胞外液的成分配制的，因为它对培养细胞无毒性作用，最适合用于配制灌流固定的固定剂；也适合于配制像四氧化锇那样渐渐渗透、缓慢作用的固定剂。其不足之处是固定时容易产生沉淀，并易受到细菌污染。

磷酸缓冲液有多种配方，但是只要渗透压相同，它们的效果基本上无任何差别。磷酸缓冲液 Sorensen 配方如下。

  A 液 0.2 mol/L 磷酸氢二钠溶液
      $Na_2HPO_4 \cdot 2H_2O$ 35.61 g
  或 $Na_2HPO_4 \cdot 7H_2O$ 53.65 g
  或 $Na_2HPO_4 \cdot 12H_2O$ 71.64 g
     蒸馏水加至   1000 mL
  B 液 0.2 mol/L 磷酸二氢钠溶液
      $NaH_2PO_4 \cdot H_2O$ 27.6 g
     蒸馏水加至   1000 mL

配制磷酸缓冲液：根据所需 pH，按附表 1 临用时配制。

附表 1 0.2 mol/L 磷酸盐缓冲液配制表

pH	6.4	6.6	6.8	7.0	7.2	7.4	7.6
A 液/mL	13.3	18.8	24.5	30.5	36.0	40.5	43.5
B 液/mL	36.7	31.2	25.5	19.5	14.0	9.5	6.5

混合后为 0.2 mol/L 的磷酸缓冲液，用蒸馏水稀释至 100 mL，则为 0.1 mol/L 磷酸缓冲液。缓冲液的渗透压用改变磷酸盐的克分子浓度或加入蔗糖、葡萄糖或氯化钠来调节。

2. 乙酸-巴比妥缓冲液

乙酸-巴比妥缓冲液可配制四氧化锇，不适合戊二醛。此缓冲液不能长期保存，易被细菌污染，最好临用前配制。乙酸-巴比妥缓冲液有多种配方，其中 Palade 配方（1952）如下。

  A 液 乙酸-巴比妥储备液
      巴比妥钠   2.89 g
      无水乙酸钠   1.15 g
  或 乙酸钠   1.9 g
     蒸馏水加至   100 mL

注意：此溶液稳定，在4℃可保存数月。
  B液 HCl（36%）   8.6 mL
     重蒸水   1000 mL
 临时配制乙酸-巴比妥缓冲液
  A液   5 mL
  B液   5 mL
  蒸馏水   15 mL

注意：盐酸要一滴滴慢慢加入，直到所需的pH。此种溶液即使在4℃下，也容易受到细菌和霉菌污染，不宜长期保存。

3. 0.1 mol/L 二甲胂酸盐缓冲液

该缓冲液具有好的缓冲特性，容易配制，长期保存不易被细菌所污染；主要缺点是胂有毒性，有臭味。配方如下。

  A液 0.2 mol/L 二甲胂酸盐溶液
    二甲胂酸钠   4.28 g
    蒸馏水   100 mL
  B液 0.2 mol/L HCl
    浓盐酸（36%～38%）   10 mL
    蒸馏水   603 mL

按附表2混合A液和B液后，将总体积稀释成200 mL可得到不同pH的缓冲液。B液加入的量影响缓冲液的pH。

附表2 不同pH的0.1 mol/L二甲胂酸钠盐缓冲液

pH	6.4	6.6	6.8	7.0	7.2	7.4
A液/mL	50	50	50	50	50	50
B液/mL	18.3	13.3	9.3	6.3	4.2	2.7

4. 硼酸缓冲液配方

    1.44%硼酸水溶液   1 mL
    1.9%硼砂水溶液   10 mL

二、超薄切片常用固定液配方

（一）戊二醛固定液配制

1. 磷酸缓冲的戊二醛固定液

磷酸缓冲的戊二醛固定液可按附表3配制。

附表3 磷酸缓冲的戊二醛固定液配方

戊二醛最终浓度/%	1	1.5	2	2.5	3	4
0.2 mol/L 磷酸盐缓冲液/mL	50	50	50	50	50	50
25%的戊二醛水溶液/mL	4	6	8	10	12	16
重蒸水加至/mL	100	100	100	100	100	100

注：当加入戊二醛后，pH可稍有下降。如果需要的话，可在缓冲液中加蔗糖或氯化钙调节渗透压。

2. 二甲胂酸盐缓冲的戊二醛固定液

二甲胂酸盐缓冲的戊二醛固定液可按附表 4 配制。

附表 4　二甲胂酸盐缓冲的戊二醛固定液配方

戊二醛最终浓度/%	1.5	2	2.5	3	4
0.2 mol/L 二甲胂酸盐缓冲液/mL	50	50	50	50	50
25%的戊二醛水溶液/mL	6	8	10	12	16
重蒸水加至/mL	100	100	100	100	100

注：固定液的 pH 由二甲胂酸盐缓冲液决定，加戊二醛时，pH 可稍微下降。固定液的最终浓度为 0.1 mol/L。

（二）多聚甲醛固定液配制

多聚甲醛固定液的配制方法有下列几种。

1. 4%多聚甲醛-0.1 mol/L 磷酸缓冲液（PBS）固定液

多聚甲醛	40 g
0.1 mol/L 磷酸缓冲液加至	1000 mL

加热至 60～70℃（通风橱中），溶液呈乳状，加入 1 mol/L NaOH 几滴，使溶液透明，冷却。

2. 多聚甲醛-戊二醛双重固定的固定液

配制 10%多聚甲醛水溶液：

多聚甲醛	2 g
蒸馏水	20 mL

配法同 1.

配制固定液：

0.2 mol/L 缓冲液	50 mL
10%多聚甲醛水溶液	25 mL
25%戊二醛水溶液	8 mL
蒸馏水加至	100 mL

此固定液含多聚甲醛 2%、戊二醛 2%，缓冲液浓度 0.1 mol/L。可用蔗糖、葡萄糖或氯化钙调节固定液的渗透压。

（三）四氧化锇固定液

1. Palade 乙酸-巴比妥缓冲的四氧化锇固定液

Palade 乙酸-巴比妥储备液	5 mL
2%四氧化锇水溶液	12.5 mL
0.1 mol/L HCl	5 mL（约）
蒸馏水加至	25 mL

用 0.1 mol/L HCl 调至所需 pH。四氧化锇最终浓度 1%。固定液在室温下可稳定数周。

2. Cautfield 固定液（1957）

该固定液为适合于植物组织的 Palade 改良处方，用蔗糖校正固定液的低渗度。

乙酸-巴比妥储备液	2 mL
0.1 mol/L HCl	2 mL
2%四氧化锇水溶液	8 mL
蒸馏水	4 mL
蔗糖	0.72 g

溶液 pH 为 7.4。四氧化锇的最终浓度 1%。

3. 磷酸缓冲的四氧化锇固定液

常用的磷酸缓冲液的浓度为 0.1 mol/L，pH 为 7.2～7.4。

0.2 mol/L 磷酸缓冲液	1 mL
2%四氧化锇水溶液	1 mL

四氧化锇最终浓度为 1%，pH 由磷酸缓冲液决定。

4. 二甲胂酸钠缓冲的四氧化锇固定液

配制所需分子浓度和 pH 的二甲胂酸钠缓冲液，通常所采用的浓度为 0.1 mol/L，pH 7.2～7.4。

在缓冲液中溶解一定量的四氧化锇，使其最终浓度为 1%。

三、常用包埋剂配方

（一）环氧树脂 Epon812 渗透液和包埋液配方

配方 I　Luft（1961）用下列两种混合液的不同比例来控制包埋块的硬度。

A 液	Epon812	62 mL
	DDSA	100 mL
B 液	Epon812	100 mL
	MNA	89 mL

A 液聚合后块软，B 液聚合后块硬，选择二者不同的比例，可以调节包埋块的硬度。一般冬天使用 A：B＝2：8，夏天使用 A：B＝1：9。A 液和 B 液按比例混合后，使用前半小时再加入混合液总量 1%～2%的 DMP-30 或 BDMA。催化剂的量也影响聚合块的硬度，所以用量要准确，边加边搅拌。A 液和 B 液可事先混合好后，分别取出一定量再混合均匀。

配方 II　M.A Hayet（1970）对 Luft 的配方加以简化，采用 A：B＝1：1 的配方比。

A 液	Epon812	5 mL
	DDSA	8 mL
B 液	Epon812	8 mL
	MNA	7 mL

最终混合液　A 液：13 mL；B 液：15 mL；DMP-30：16 滴。

该配方的好处是最终混合液总量是 28 mL，一般够一次实验的用量，可以避免浪费。

配方Ⅲ　简化配方，效果也好。

Epon812	28 mL
DDSA	2 mL
MNA	6 mL
DMP-30	0.4 mL

环氧树脂混合液一定要充分混合均匀。

（二）环氧树脂 Sprr 配方

VCD（二氧乙烯环六烷）	10 g
DER（聚丙烯乙二醇二丙基乙醚）	6 g
NSA（十一烷基琥珀酸酐）	26 g
DMAE（二氨基乙醇）	0.4 g

配制时，在前面三种成分混合后，再加催化剂 DMAE。Spurr 树脂渗透快，对结构保护好，易切片；在电子束轰击下稳定性好，使用时可不需要支持膜。

（三）水溶性脂肪族多聚环氧树脂 Durcupan（Kushida，1964）配方

A 液	Durcupan	100 mL
	DDSA	234 mL
B 液	Durcupan	100 mL
	MNA	124 mL

包埋液　A 液∶B 液＝8∶2 或 7∶3；DMP-30 1.5%～2%

（四）聚酯树脂 Vestopal 包埋剂配方

Vestopal	100 mL
苯甲酰过氧化物引导剂（Benzoylperoxide）	1 mL
环烯酸钴催化剂（Cobalt naphthenate）	0.5 mL

注意：加入催化剂之前，必须将 Vestopal 和引导剂充分混匀，引导剂和催化剂不能单独混合，否则可能引起爆炸。

（五）LR White 包埋剂配方

LR White	1 mL
加速剂	1.5 μL

注意：配制时要混合均匀，并避免空气混入。在 0℃聚合 3 h，聚合后的包埋块在低温冰箱中保存。

（六）Lowicryl-K4M 包埋剂配方

交联剂（cross-linker）	2.7 mg

单体（monomer）	17.3 mg
引发剂（initiator）	0.1 mg

注意：以上为中等硬度包埋块配方，可根据硬度需要调整各化合物比例。如果增加交联剂的量，则组织块的硬度相应增加。

（七）GMA 配方（Glycal methacrylate，乙二醇甲基丙烯酸酯）（Cope，1968）

GMA	7 份
甲基丙烯酸丁酯（或苯乙烯）	3 份
过氧化苯甲酰	1.2%

注意：脱水和包埋过程为80%GMA水溶液，15 min；100%GMA中4次，每次15 min；在GMA渗透液中1 h；再在GMA渗透液（部分聚合）中1 h；在紫外光下，20℃包埋、聚合48 h。包埋时必须用明胶胶囊或非聚乙烯胶囊。GMA可以用作聚酯树脂或环氧树脂包埋前的脱水剂，也可以和环氧树脂、Vestopal组成混合包埋液，包埋块的切片性能很好。

四、染色剂配方

1. 柠檬酸铅配方（Reynold，1963）

硝酸铅	1.33 g
柠檬酸钠	1.76 g
蒸馏水	30 mL
1 mol/L NaOH	8 mL

2. 三铅染色液（Sato，1968）

硝酸铅	1 g
乙酸铅	1 g
柠檬酸铅	1 g
柠檬酸钠	2 g
蒸馏水	82 mL
1 mol/L NaOH	18 mL

3. 氨银溶液配方

5% Na_2CO_3（碳酸钠）	15 mL
10% $AgNO_3$（硝酸银）	5 mL

逐滴加入 NH_4OH（浓氨水），充分搅拌至上述试剂溶解。最后再加入等量的重蒸水。

4. 六亚甲四胺银溶液配方

3%六亚甲四胺水溶液	23.82 mL
5%硝酸银	1.18 mL
硼酸缓冲液	5 mL
重蒸水	25 mL

注意：①依次加入；②5%硝酸银要一边搅拌一边逐滴加入。最终 pH 9.2。

5. 副蔷薇苯胺溶液配方

盐酸副蔷薇苯胺	0.75 g
重蒸水	100 mL
焦亚硫酸钾	0.75 g
浓盐酸	1.5 mL
细粉状活性炭	0.25 g

注意：用孔径 1.2 μm 的微孔滤器过滤，在密闭玻璃容器中，4℃下可保存 4～6 个月。

6. 过碘酸复合溶剂配方

过碘酸	0.8 g
无水乙醇	70 mL
5 mol/L 乙酸钠	10 mL
重蒸水	20 mL

注意：避光和室温下可保存 1 个月，变色则弃之。

7. 碱性铋孵育液配方

(1) 碱性铋原液

2 mol/L NaOH	10 mL
酒石酸钠钾	400 mg

充分溶解备用，再称取碱性硝酸铋 200 mg，并将上述溶液逐滴加入其中，边加边搅拌，即得到清亮的碱性铋原液。

(2) 碱性铋使用液

用 50 mL 重蒸水稀释 1 mL 的原液即可。临用前配制。

注意：原液和使用液均可在 4℃冰箱中保存 1 个月。

8. 1% 蛋白质酸银溶液的配制

取一个大培养皿，量入 20 mL 重蒸水，再称取 0.2 g 蛋白质酸银，并撒在培养皿的水面上，轻轻搅拌一下即可。溶液在避光条件下，4℃冰箱中可保存 1～2 周。

9. 1.86% 碘乙酸盐溶液配方

碘乙酸盐	0.93 g
硼酸	0.617 g
重蒸水	20 mL

用 2 mol/L 的 KOH 调 pH 至 8。重蒸水加至 25 mL，再加 n-丙醇 25 mL。

10. 甲基绿-派洛宁染液配方

甲液　5% 派洛宁 17.5 mL，2% 甲基绿 10 mL，蒸馏水 250 mL。

乙液　0.2 mol/L 乙酸缓冲液 pH 4.8。使用时甲、乙二液等量混合。

11. 席夫试剂配方

100 mL 双蒸水煮沸，加入 1 g 碱性品红，震荡 5 h 使其溶解，冷却至 50℃。加入 1 mol/L HCl 水溶液 20 mL，冷却至 25℃。再加入偏重亚硫酸钠 2 g，放置暗处 18～24 h；再加入活性炭 1 g，振荡 1 min 后过滤。4℃下保存备用。

附录Ⅱ 缩略语对应表

ACPase	酸性磷酸酶
AEC	3-氨基-9-乙基卡巴唑
AEM	分析电子显微镜
AFM	原子力显微镜
ALPase	碱性磷酸酶
AO	吖啶橙
ATPase	腺苷三磷酸酶
BAC	苄基二甲苯氯化胺
BFP	蓝色荧光蛋白
BSA	牛血清蛋白
BT	PBST+BSA 混合缓冲液
C.P	临界点
C.T	临界温度
cAMP	环腺苷酸
CCD	电荷耦合器件
CCO	细胞色素氧化酶
CMP	胞嘧啶核苷酸
CN	4-氯-1-苯酚
ConA	刀豆球蛋白
cryo-EM	低温电子显微学
DAB	二氨基联苯胺
DBP	邻苯二甲酸二丁酯
DCA	二氯乙酸
DDSA	十二烷基琥珀酸酐
DEPC	焦碳酸二乙酯
Dig	地高辛
DMAE	二甲基苯胺
DMF	二甲基甲酰胺
DMP-30	2,4,6-三（二甲氨基甲基苯酚）
DMSO	二甲基亚砜
EA	卵蛋白
EB	溴化乙锭
EDS	X射线能谱仪

EDTA	乙二胺四乙酸
EDX	能量色散法
EELS	电子能量损失谱分析
EM	电子显微镜
EMC	电镜细胞化学技术
ESEM	环境扫描电镜
FA	甲醛
FESEM	场发射扫描电子显微镜
FISH	荧光原位杂交
FITC	异硫氰酸荧光素
FRAP	荧光漂白恢复
FRET	荧光共振能量转移
GA	戊二醛
GACH	戊二醛-卡巴肼
GFP	绿色荧光蛋白
GOD	葡萄糖氧化酶
GUGM	戊二醛-尿素-乙二醇甲基丙烯酸酯共聚体
GUR	戊二醛-尿素混合物
HbsAg	乙型肝炎病毒表面抗原
HOPG	高定向热解石墨
HPI	大麻分离蛋白
HRP	辣根过氧化物酶
ICC	免疫细胞化学
IEM	免疫电镜技术
Ig	免疫球蛋白
IGS	免疫金染色
IGSS	免疫金银染色
IHC	免疫组织化学
LN_2	液态氮
LSCM	激光扫描共聚焦显微镜
LV-SEM	低真空扫描电镜
MC	甲基纤维素
MNA	甲基内次甲基四氢邻苯二甲酸酐
NADH	烟酰胺腺嘌呤二核苷酸
NADP	烟酰胺腺嘌呤二核苷酸磷酸
NADPH	还原型烟酰胺腺嘌呤二核苷酸磷酸
NBT	四氮唑蓝
OD	吸收值

PAGE	聚丙烯酰胺凝胶电泳
PAPG 固定液	苦味酸-多聚甲醛-戊二醛固定液
PAP 法	过氧化物酶抗过氧化物酶法
PAS	高碘酸-席夫反应
PBLG	多聚 T-苯基-L-谷氨酸
PBS	磷酸盐缓冲液
PBST	磷酸盐＋吐温混合缓冲液
PFA	多聚甲醛
PGA	多聚-L-谷氨酸
PG 固定液	多聚甲醛加低浓度的戊二醛
PI	碘化丙啶
PLP 固定液	过碘酸盐-赖氨酸-多聚甲醛混合固定液
PMT	光电倍增管
PTA	磷钨酸
PVA	聚乙烯乙醇
PVP	聚乙烯吡咯烷酮
RATIO	活体细胞中离子和 pH 变化研究
RB200	四乙基罗丹明
RNAP	RNA 聚合酶
RYR1	骨骼肌钙离子-释放通道
SDH	琥珀酸脱氢酶
SEM	扫描电子显微镜
SEM＋X-RAY	扫描电镜附设 X 射线显微分析装置
SPM	扫描探针显微镜
SSC	柠檬酸盐缓冲液
STA	硅钨酸
STEM＋X-RAY	扫描透射电镜附设 X 射线显微分析装置
STM	扫描隧道显微镜
TBS	Tris-盐酸缓冲生理盐水液
TCH	硫卡巴肼
TdR	^{3}H-胸腺嘧啶脱氧核苷
TEA	三乙醇胺
TEM	透射电子显微镜
TMRITC	四甲基异硫氰酸罗丹明
TNBT	四氮四唑蓝氯化物
TPP	硫胺素焦磷酸
TSC	氨基硫脲
TUNEL	脱氧核苷酸末端转移酶介导的缺口末端标记法

UA	乙酸铀
VDW	范德华力
VIP	有血管活性的肠肽
WD	工作距离
WDS	X射线波谱法
WDX	波长色散法
XC	间苯二甲基二异氰酸盐
YFP	黄色荧光蛋白

图 版

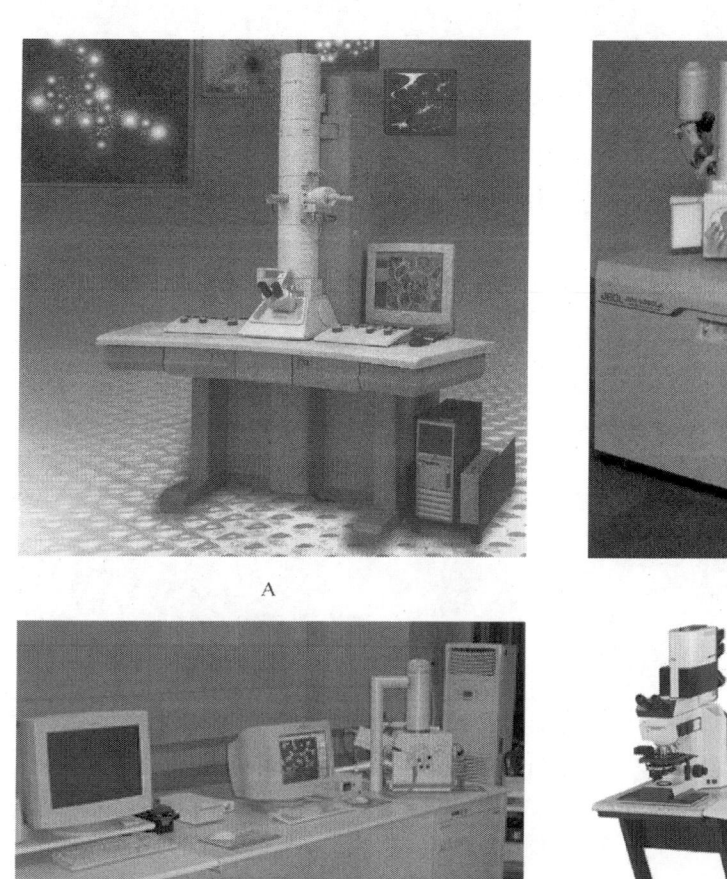
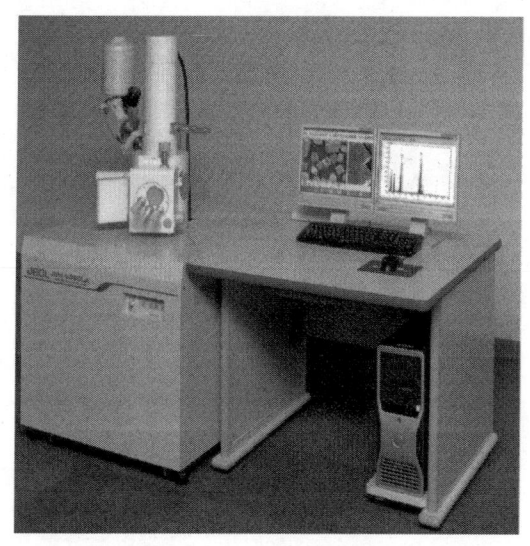
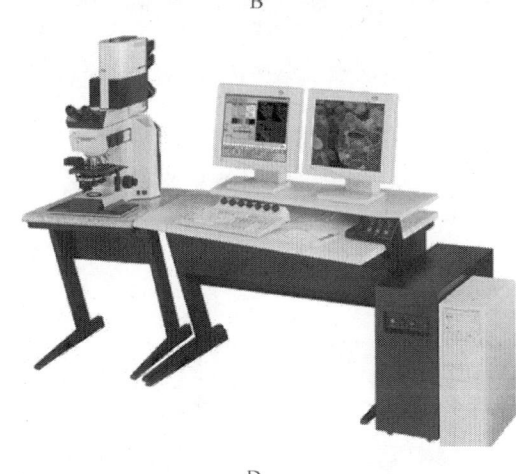

图版 I　各种类型显微镜

A. 透射电子显微镜（H-7650，日立公司，日本）；B. 扫描电子显微镜（JSM-6390，日本电子）；C. 环境扫描电子显微镜（XL30 ESEM，Philips，荷兰）；D. 共聚焦显微镜（Leica TCS SP2，引自莱卡公司官方网）

A

B

C

D

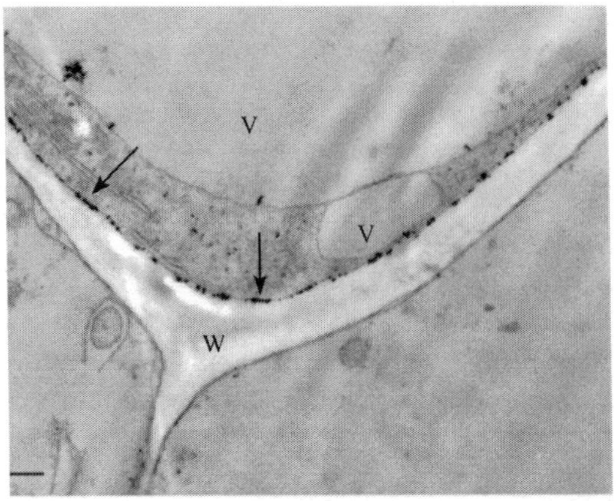

图版Ⅱ 小麦根部 ACPase、Ca^{2+}-ATPase、Ca^{2+}的超微细胞化学定位

A，B. 小麦淹水胁迫中根部酸性磷酸酶（ACPase）定位；C. 小麦淹水胁迫中根部 Ca^{2+}-ATPase 定位；
D. 小麦淹水胁迫中根部 Ca^{2+} 定位

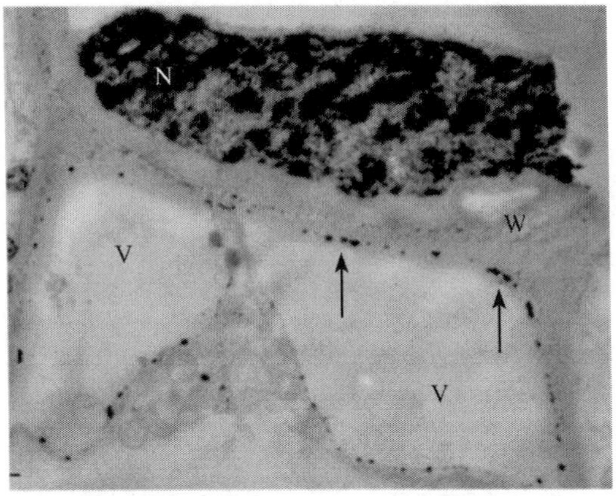

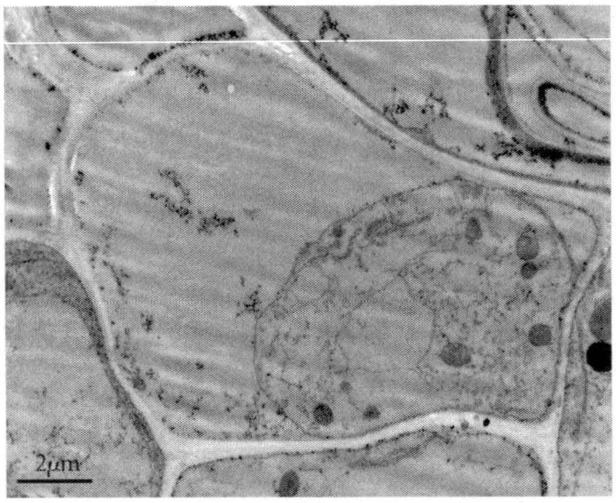

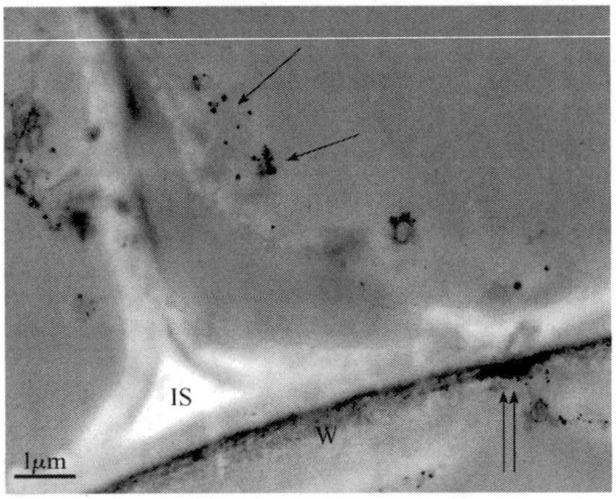

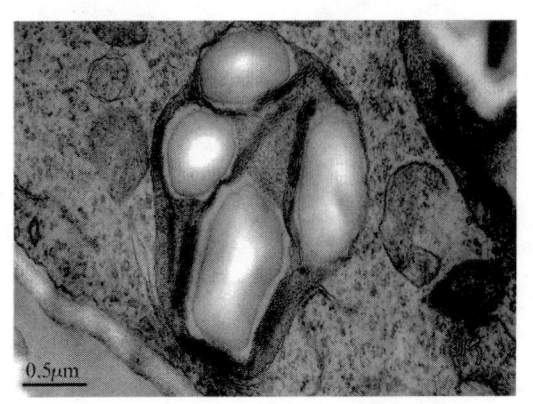

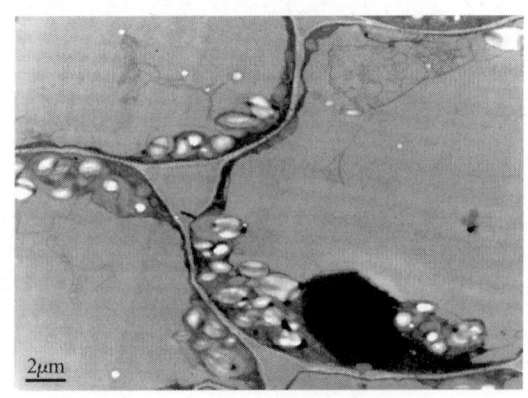

A

B

C　　　　　　　　D

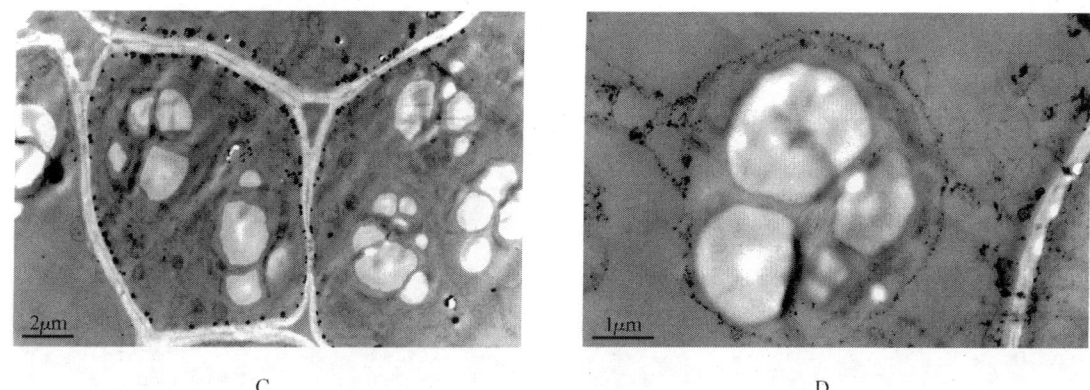

图版Ⅲ　小麦颖果果皮中 Ca^{2+}-ATPase、Ca^{2+} 的超微细胞化学定位

A，B. 果皮中叶绿体内积累的淀粉颗粒；C. 果皮细胞中的 Ca^{2+} 定位；D. 果皮细胞中的 Ca^{2+}-ATPase 定位

A　　　　　　　　B

C　　　　　　　　D

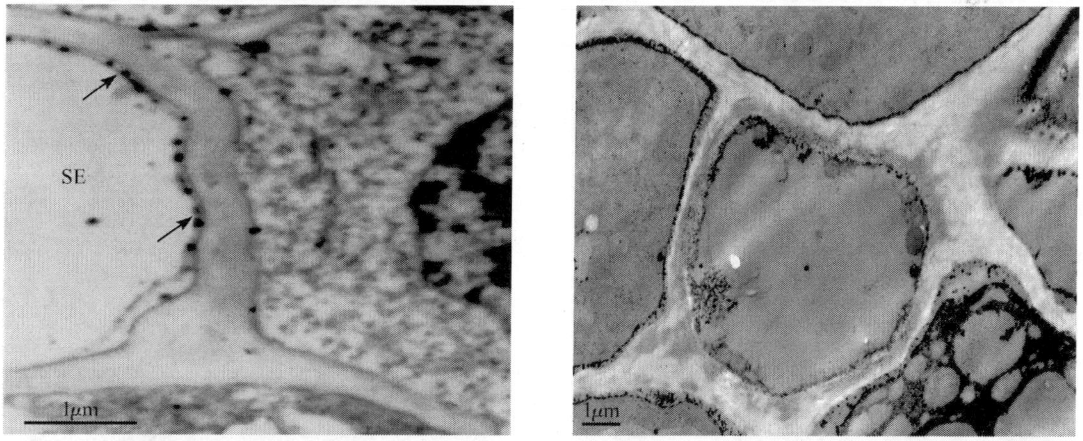

图版Ⅳ　小麦筛分子中 ATPase、Ca^{2+}-ATPase、ACPase 和 Ca^{2+} 的超微细胞化学定位

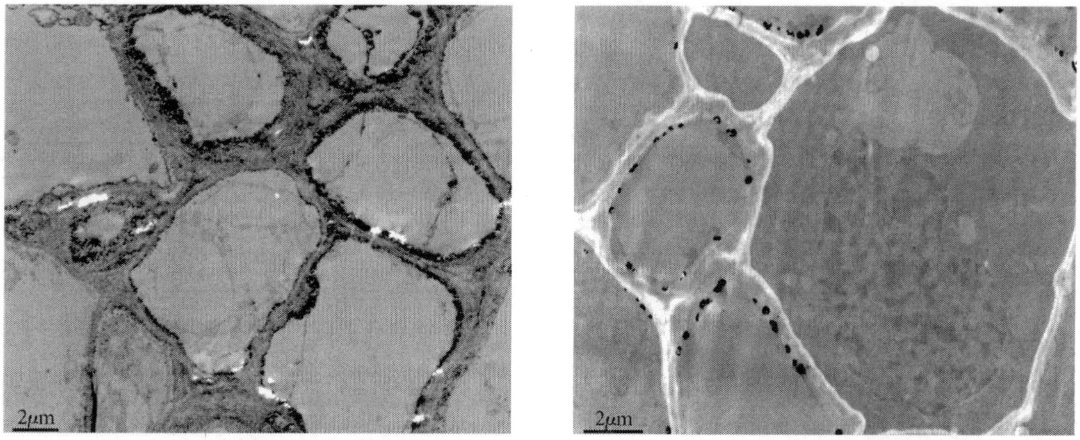

A. 小麦筛分子发育过程中的 ATPase 分布；B. 小麦筛分子发育过程中的 Ca^{2+}-ATPase 分布；
C. 小麦筛分子发育过程中的 ACPase 分布；D. 小麦筛分子发育过程中的 Ca^{2+} 分布

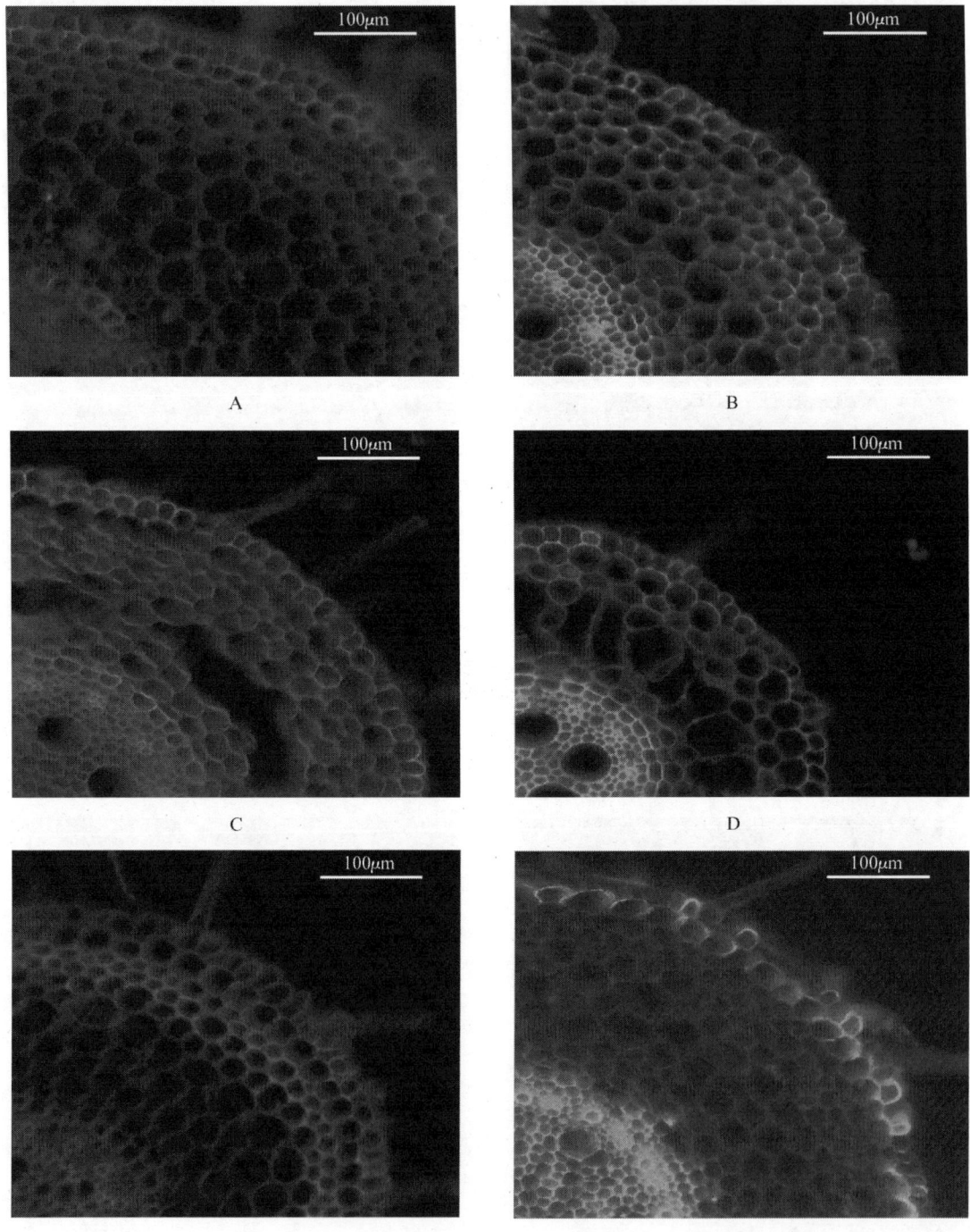

G

H

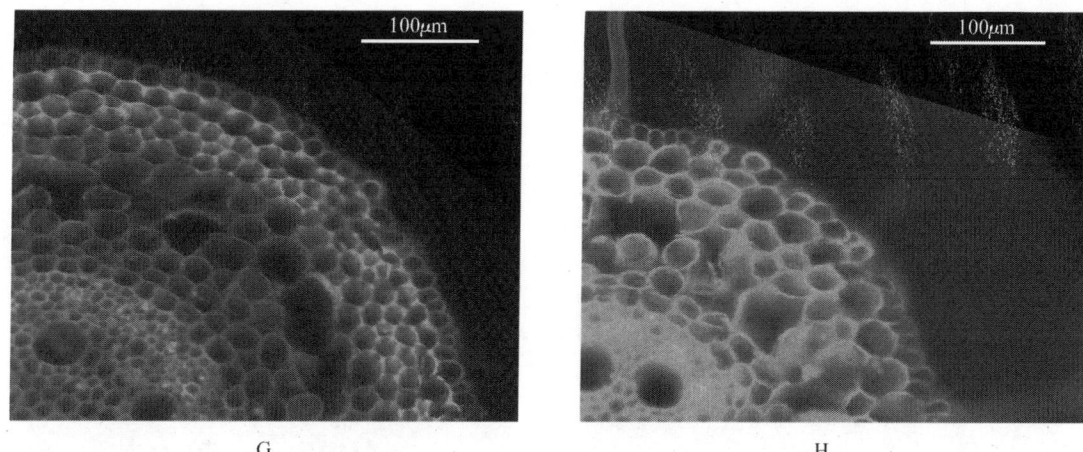

图版Ⅴ　细胞 Ca^{2+} 和 ROS 活性染色显微照片

A，B，C，D. 小麦淹水不同时间根皮层细胞 Ca^{2+} 分布（A. 未淹水；B. 淹水 2 d；C. 淹水 4 d；D. 淹水 8 d）；
E，F，G，H. 小麦淹水不同时间根皮层细胞 ROS 分布（E. 未淹水；F. 淹水 2 d；G. 淹水 4 d；H. 淹水 8 d）

A

B

C

D

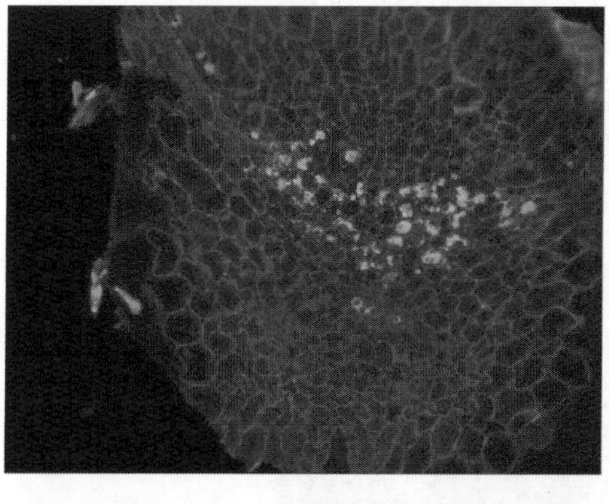

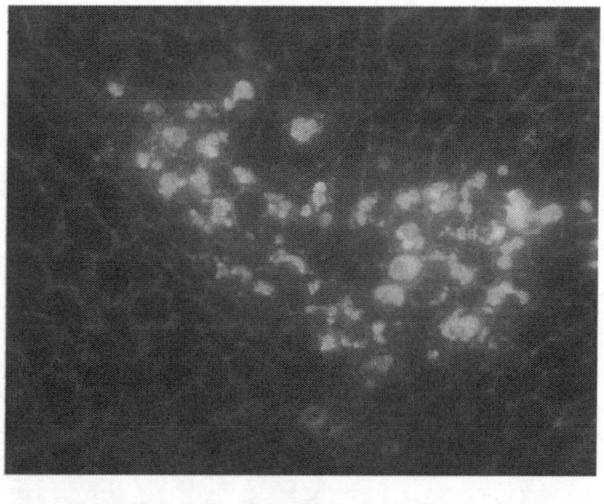

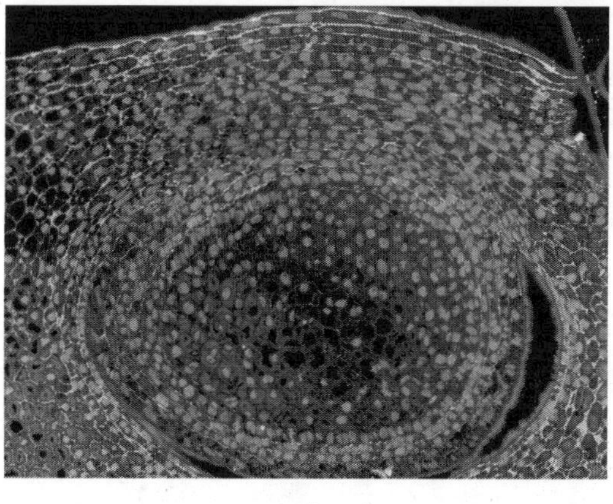

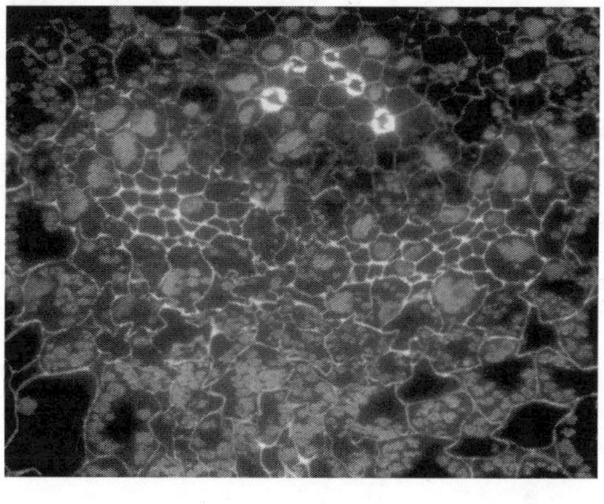

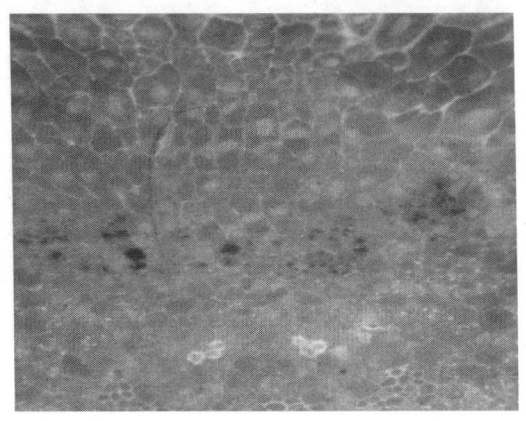
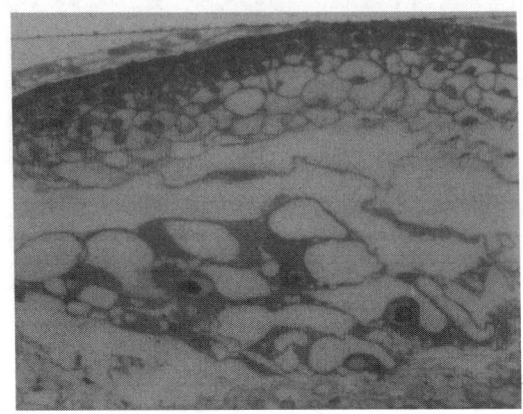

E　　　　　　　　　　　　　　　　F

图版Ⅵ 小麦颖果发育的显微细胞化学照片

A，B. 小麦颖果发育过程中的合点细胞的酸性黏多糖定位（荧光 PAS 反应）；
C. 小麦胚囊横切 (PI＋OA 染色)；D. 小麦颖果韧皮部细胞（PI＋OA 染色）；
E. 小麦颖果维管束结构（苏丹黑染色）；F. 小麦胚囊发育（PAS＋甲苯氨蓝染色）

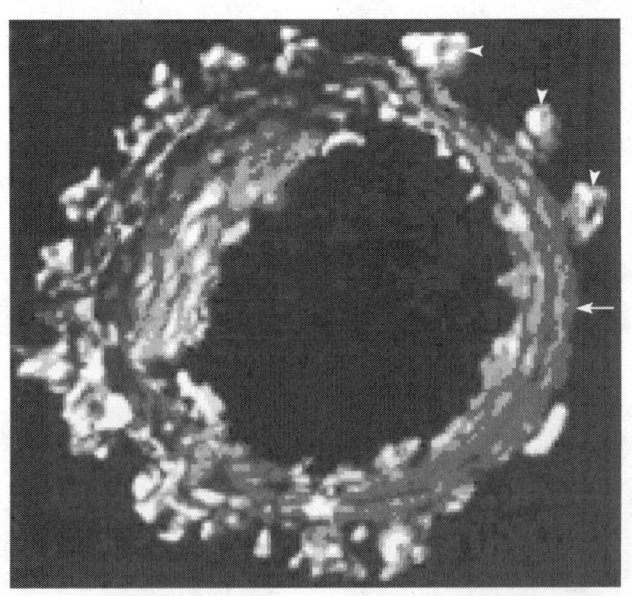

图版Ⅶ 结合了核糖体的内质网三维结构图（Medalia et al，2002）
⟵表示磷脂膜，◂表示核糖体